애니멀카인드

애니멀카인드

잉그리드 뉴커크·진 스톤 지음

김성한 옮김

동물을
위한
—
작은
혁명

추천사

여러분은 이 책을 사서 읽고 다른 사람들에게 전해야 한다. 그래서 모든 사람이 왜 모든 동물을 존중해야 하고 소중히 여겨야 하는지 알 수 있게 해야 한다.

—안젤리카 휴스턴, 오스카상 수상 배우

《애니멀카인드》는 동물들에 대한 더 큰 공감과 진실, 깨달음을 주는 유용한 지침이자 보물 같은 책이다. 또한 동물들의 놀라운 지능과 미묘한 정서를 개괄적으로 다루고 있으며, 동물들에 대한 살육과 착취를 용인하지도 거기에 기여하지도 않을 모든 방법이 담긴 매뉴얼이기도 하다.

—조이 윌리엄스, 『퀵 앤 데드』와 『체인질링』의 원작자

"《애니멀카인드》는 동물을 열등한 존재로 보는 우리의 사고방식을 고쳐줄 확실한 해독제이며, 동물의 인지적·정서적 삶을 완전히 새로운 눈으로 보게 해준다. 많은 생각과 참여로 우리를 이끄는 이 책은 동물이란 누구이고, 우리가 어떻게 그들을 존중하고 그들에게 공감하며, 어떤 방식으로 그들과 상호작용해야 하는지 지금까지 당신이 갖고 있던 모든 관점을 바꿔줄 것이다. 이 책은 동물을 위한 혁명의 게임 체인저가 될 것이다."

—마크 베코프, 《동물의 감정》의 저자

이 책은 실험실 연구의 미래가 다리가 넷 달린 모델이나 꼬리가 달린 모델이 아니라, 인간과 관련된 정교한 첨단 기술을 이용한 동물실험 방법에 기반 하게 될 것임을 정확히 보여준다. 두 저자가 지적했듯이, 이런 최신 기

술을 통해 인간의 건강은 더 개선되고, 환자, 의사, 연구자들에게도 도움이 될 것이다.

— 존 폴로스키, 의학박사, 하버드 의대 의사

동물이 정말 영리하고 그들을 도울 방법이 많다는 사실을 조금이라도 의심하는 사람들에게 이 책을 선물하라. 두 저자는 이 책에서 동물이 실제로 영리하며, 당신이 그들을 도울 방법이 많다는 것을 보여주기 때문이다.

— 에디 팔코, 에미상 수상 배우

이 책은 동물에 대한 잔인한 처우를 전문적으로 다룰 뿐 아니라 동물의 행동을 대단히 흥미로운 시선으로 바라봄으로써, 우리 자신이 동물의 왕국에서 온 제품을 사용하는 관행을 윤리적으로까지는 아닐지 몰라도 효과적으로 다시 생각하게 한다.

— 〈퍼블리셔스 위클리〉

모든 사람이 이처럼 감정을 촉발하고 유익한 정보를 담은 책을 읽어야 한다! 나는 당신이 이 책을 집어 들고 연민과 이해에 관한 아름다운 메시지를 받아들이기를 촉구한다. 지금은 우리 모두가 《애니멀카인드》와 사랑에 빠질 시간이다!

— 마이크 화이트, 영화제작자, 배우, 프로듀서

이 책은 당신의 손을 잡고, 매혹된 당신을 다양한 동물들의 삶이 펼쳐지는 경이로운 세계로 인도한다.

—제임스 크롬웰, 에미상 수상 배우

이 책의 두 저자는 동물이 얼마나 경이로운 존재인지 이해하는 데 도움이 되는 내용을 광범위하게 살펴본 뒤, 몇 장章에 걸쳐 잔인함과 착취에 반대하는 캠페인을 벌인다. 이 책은 동물의 생명을 보존하기 위한 열정적인 탄원서다.

—〈커커스 리뷰〉

동물들은 우리와 함께 이 행성에서 살아가는 이웃이다. 이 책은 우리가 어떻게 해야 더 나은 이웃이 될 수 있는지 보여준다.

—알렉 볼드윈, 에미상 수상 배우

나와 마찬가지로 잉그리드는 우리가 사랑하는 모든 생명체를 보호해야 한다는 믿음을 가지고 있다.

—폴 매카트니, 음악가

헤아릴 수 없이 많은 동물들의 행복을 책임지고 있는
낸시 알렉산더에게 그리고 모든 사람들에게
살아 있는 모든 생명체를 우리 형제자매로 여겨 달라고 부탁한
자이나교 마스터 고故 구루데브 치트라바누지를 추억하며

동물을 존중하는 삶은 아름답다

내가 UCLA에서 신경과학 박사과정을 밟고 있던 2000년대 초만 해도 세상은 지금과는 전혀 다른 곳이었다. 핸드폰은 그냥 전화기였고 명왕성은 아직 행성이었다(명왕성아, 참 안됐다!). 링링 브라더스 앤드 바넘 & 베일리 서커스단도 여전히 공연을 하고 있었다.

우주의 웅대한 계획에서 20년은 그리 긴 시간이 아니다. 하지만 새로운 기술과 24시간 내내 초고속으로 전달되는 뉴스 때문에, 예전에는 배우려면 1년이 걸리던 일을 하루 만에 배우는 것처럼 느끼게 되었다. 진부하게 들릴지 모르지만 또 사람들이 어떻게 받아들일지 모르지만 지식은 실제로 힘이다. 이 책《애니멀카인드》는 독자에게 동물을 '무엇what'으로 대하는 생각을 버리고 그들이 '누구who'인지 이해할 수 있는 지식을 전하며, 동물을 대하는 방식을 바꾸게 하는 힘도 길러준다.

신경과학자이자 동물을 아끼는 사람으로서 나는 우리 모두가 어떻게 생각하고 느끼고 소통하는지를 이해하고 싶다. 비교 신경절제술 연구는 동물에 대한 대중적인 논의뿐 아니라, 과학이 동물의 능력에 대해 취하고 있던 일반적인 관점을 근본적으로 바꾸어놓았다. 대부분의 사람들이 아는 것보다 우리는 동료 동물들과 훨씬 공통점이 많다. 한때는 인간만이 발달된 인지능력을 갖추고 있다고 생각했지만, 지금은 그 생각이 잘못되었음을 안다. 동물들에게는 서로 의사소통하고 함께 놀고 서로에게 배우며, 서로 사랑하는 그들만의 방법이 있다.

과학자로서 나는 《애니멀카인드》를 높이 평가한다. 이 책은 동물의 행동에 대한 과학적 연구와 흥미로운 자료 그리고 놀라운 사실들로 가득 차 있기 때문이다. 비건의 입장에서 내가 이 책을 사랑하는 이유는, 독자에게 동물을 해치지 않고 세상을 살아가는 것이 얼마나 쉽고 보람된 일인지를 보여주기 때문이다. 당신은 전과 다름없이 맛깔나고 영양이 풍부한 음식을 먹고, '진짜' 가죽처럼 보이는 최신 유행 지갑이나 옷을 자랑스럽게 사용하며, 극장이나 서커스 공연장의 대형 천막 아래에서 볼거리를 즐기는 삶을 살아갈 수 있다. 다른 생명체들에 해를 끼치지 않고도 이런 삶을 살아갈 수 있다.

과학자이자 비건인 엄마로서 나는 아이들이 사물에 대해 의문을 품을 수 있도록 키우고 있다. 또한 단순히 쉽고 편리하다는 이유로, 또는 모두가 그렇게 하니까 그 방식을 그대로 따라야 한다고 가르치지 않는다. 나는 아이들에게 정의롭고 친절하라고, 또 현실에 안주하지 말라고 말한다. 아이들이 자라면서 언제나 사실과 공감에 바탕을 둔 삶을 선택해가기를 바란다. 《애니멀 카인드》는 아이들에게 그리고 우리 모두에게 이렇게 살아가는 법을 가르쳐준다. 이 책에서 잉그리드와 진은 동물들이 얼마나 다면적인지를 알려주고, 마땅히 받아야 할 친절과 존경의 태도로 그들을 대하는 것이 얼마나 쉽고 간단한 일인지를 보여준다. 두 분께 감사드린다.

마임 비아릭,
『빅뱅 이론』에서 신경과학자를 연기한 배우이자 신경과학자

동물을 존중하는 세상을 준비하며

당신이 집으로 돌아오면 기뻐서 펄쩍펄쩍 날뛰는 개. 영하의 눈보라를 견디며 새끼를 지키는 황제펭귄. 물속에서 우리를 올려다보며 미소 짓는 돌고래. 기분이 좋아서 그르렁거리는 졸린 고양이. 복잡한 수중발레를 선보이는 쥐가오리. 참으로 멋진 노래를 들려주는 종달새. 동물들 덕분에 인간의 삶과 생각은 1년 내내 즐겁고 황홀하고 풍요롭다.

우리는 과학과 관찰을 통해 지구에서 함께 살아가는 존재에 대해 꾸준히 더 많은 사실을 알아가고 있다. 이런 지식은 우연히 얻어지기도 한다. 우리는 지구를 일주한 최초의 생명체가 선원이 아니라 알바트로스임을 알고 있으며, 침팬지가 컴퓨터게임에서 대학생들을 이길 수 있다는 사실도 알아냈다. 또한 작은 사막쥐가 어떻게 물을 모으는지도 알고 있다. 사막쥐는 자신이 사는 굴 밖에 돌을 놓아두고, 찌는 듯이 더운 날 아침 그 위에 떨어진 아침 이슬을 마신다.

동료 종과 그들의 익살스러움은 아무리 봐도 질리지 않는다. 우리는 도시의 떠돌이 개, 강에 서식하는 수달, 나뭇잎으로 배를 만들거나 자신들의 몸으로 다리를 만들어 하천을 건너는 개미들의 알려지지 않은 삶을 조명한 다큐멘터리를 본다. 야생동물 공원을 방문하고 다람쥐에게 먹이를 주고 고래를 관찰하러 가며, 카메라를 가지고 아프리카로 사파리 여행을 떠난다. 젊은 이들이 희망하는 직업에서 수의사는 높은 순위에 있다. 집에서 동물과 함께 사는 것을 동물을 잘 돌보는 것이자 즐거움으로 여기고, 열심히 번 돈으로 개 사료나 고양이 가구를 구매하며, 사랑하는 반려동물에게 안락한 침대를 마련해주는 것이 널리 유행하고 있다.

매일 보는 뉴스에는 귀엽고 우스꽝스러운 일부터 진지하고 숭고한 일에 이르기까지 동물에 관한 이야기가 가득하다. 동물들이 폭풍, 화재 또는 여러 위험에서 인간을 포함한 다른 동물들을 구조하는 영상은 심심치 않게 돌아다닌다. 소방관들과 평범한 일상 속 영웅들이 서로 도움을 주고받는 영상도 흔히 볼 수 있다. 뉴욕의 영상박물관은 최근 '고양이들이 어떻게 인터넷을 장악했나'라는 매우 유명한 전시회를 열었다. 어떤 고양이 영상들은 조회수가 1억 번에 달했다. 오로지 고양이 영상만 그런 것은 아니다. 얼마 전 '박쥐 세계보호구역Bat World Sanctuary'이라는 비영리 단체는 어미를 잃은 사랑스러운 박쥐에게 면봉으로 먹이를 먹이는 짧은 영상을 인터넷에 올렸는데, 하도 많은 사람이 영상을 시청하는 바람에 이 단체의 사이트가 다운될 정도였다.

우리는 동물들의 특이한 능력에 경탄을 금치 못한다. 최근 들어 동물에 대해 더 많은 사실이 알려지면서 인간의 전유물로 여겨온 능력이 동물에게도 있음을 깨달았고, 이런 능력을 이용하는 그들의 모습을 보며 또다시 경탄하지 않을 수 없다. 예를 들면 동물들은 숫자를 셀 수 있다. 닭과 곰은 적어도 5까지 셀 수 있고, 양은 최소한 60마리의 양을 식별할 수 있으며, 사진을 보여주면 이 사람과 저 사람을 구별할 수 있다. 양에게는 두려운 존재인 보더콜리 체이서는 1,000개가 넘는 장난감의 이름을 익혔다. 유명 과학자 닐 디그래스 타이슨이 체이서를 공영 방송에 출연시켜 실험했을 때 체이서는 깜짝 놀랄 능력을 보여줬다.

다른 동물들에 대해 더 많이 알수록, 그들의 능력을 더 많이 이해할수록 그들과 우리의 관계에 대해 더 많은 의문을 품게 된다. 아마도 어렸을 때 파티에서 이런 질문을 숱하게 받았을 것이다. "만약 네가 동물이라면 어떤 동물이 되고 싶니?" 지금이라면 당신은 어떻게 대답하겠는가? 새? 늑대? 아니면 코끼리?

만약 수세기 전에 이 질문을 받았다면 대답하기가 쉽지 않았을 것이다. 탄광으로 내려보낸 카나리아부터 전쟁에 동원된 말에 이르기까지, 그동안 사람들은 대부분 오직 인간에게 쓸모 있는 동물만 좋다고 생각했기 때문이다. 그 당시 개를 돌보는 사람은 보호자가 아닌 '주인'이었다. 이 단어를 언제 마지막으로 들었는가?

물론 그때에도 많은 사람이 자신의 개를 사랑했지만 한계가 있었다. 뉴욕 거리에서 붙잡힌 길 잃은 개들은 허드슨강에서 익사당했다. 고래 지방은 등불을 밝히는 데, 고래 뼈는 여성 코르셋에 사용되었다. 닭은 단지 당신의 식사거리였을 뿐, 당신이 후원하는 농장동물 보호구역에서 살아가는 새가 아니었다. 토끼는 임신 테스트를 할 때마다 '희생양'이 되었고, 소년들은 아빠를 따라 사냥을 해본 뒤에야 비로소 남자가 되었다. 동물들이 어떤 취급을 받았는지는 단지 추측만 할 수 있을 따름이다. "어떤 동물이 되고 싶니?"라는 질문에 대한 답변에는 선택지가 얼마 없었다. 인간과 접촉한 동물들은 대개 힘겹게 살아가며 불행한 최후를 맞이했기 때문이다.

오늘날에도 여전히 선량한 동물들에게 나쁜 일이 일어나고 있지만 그간 커다란 변화가 있었고 머지않아 더 많은 일이 일어날 것이다. 세상에서 가장 규모가 큰 동물 서커스단은 이제 천막 말뚝을 뽑았고, 유서 깊은 서커스단 동물 마차는 인간의 뛰어난 재주와 숙달된 묘기를 보여주는 무대로 바뀌었다. 전서구(우편배달을 하게 훈련시킨 비둘기 — 옮긴이)와 역마차를 끄는 말은 전자통신으로 대체되었다. 부활절 식탁에 오르기 전에 구조된 칠면조, 순회동물원에서 해방된 곰을 위한 훌륭한 동물보호소가 세계 곳곳에 세워지고 있다. 재킷의 칼라를 장식하는 털은 진짜보다 가짜 털일 가능성이 훨씬 높다. 마지막으로 꽤 많은 개와 고양이에게는 자신들만의 고급 휴양시설, 동물 유치원, 심지어 빵집도 있다.

동물행동학자 콘라트 로렌츠와 제인 구달, 비루테 갈디카스, 프란스 드 발, 다이앤 포시 등 영장류학자, 자크 쿠스토와 그의 가족 같은 해저탐험가 그리고 동물들을 돕기 위해 끊임없이 부지런히 노력해온 수많은 동물권 운동가 덕분에 이제 사람들의 눈은 '동물이 누구인지'에 열려 있다. 그리고 우리는 우리가 보는 대상을 좋아한다. 오늘날 우리는 모든 동물을 사랑하고 이해하며 존중하게 되었고, 그들에게 관심을 가지면서 느끼는 즐거움의 양상은 새로운 시대로 접어들고 있다.

이 책의 앞부분은 그런 관계가 맺어지고 있음을 축하하는 내용으로 채워져 있다. 여기에는 동물이 누구인지, 다시 말해 그들의 많은 재능과 언어, 복잡한 문화에 대한 탐구가 담겨 있다.

이 책의 후반부는 앞부분의 논리를 이어받아, 우리에게 다음의 질문을 던진다. 동물에 관해 새롭게 알게 된 사실을 바탕으로, 동물의 개성과 재능을 존중하며 그들을 대하는 방법은 무엇일까? 달리 말해 동물을 착취하지 않으면서 어떻게 우리의 삶을 행복하고도 효율적으로 영위할 수 있을까?

이 책을 통해 당신은 상상을 초월하는 일을 해내는 동물들, 즉 놀이를 발명하고 놀라운 여정을 떠나며, 과학자들을 쩔쩔매게 하는 동물들, 인간은 꿈도 못 꿀 위업을 이룰 수 있는 동물들 이야기에 매료될 것이다. 진짜 침팬지와 구별할 수 없을 정도로 사실적이지만 영화에서는 더 다양한 연기가 가능한 컴퓨터 그래픽 침팬지, 인간 관련 데이터로 프로그래밍한 고성능 컴퓨터를 이용해 동물실험 없이 하룻밤 만에 개발되는 약품들, 살아 있는 닭에서 취하지 않은 닭다리 이야기에 마음이 움직일 것이다. 모든 동물들이 마땅히 누려야 할 충만하고 행복한 삶을 영위할 수 있도록, 혹은 최소한 괴롭힘을 당하지 않고 살아가도록 도울 많은 방법을 찾아 배워나갈 수 있을 것이다.

만약 모든 인간이 실제로 동물이 누구이고 무엇인지 완전히 이해하고자 할 때 우리는 화이트 리버의 수Sioux족 여인 '구름을 이끄는 제니Jenny Leading Cloud'가 표현한 신념에 한층 가까이 다가갈 수 있을지 모른다. 그녀는 다음과 같이 말했다.

"버펄로와 코요테는 우리 형제다. 새는 우리 사촌이다. 심지어 작은 개미도 머릿니도, 당신이 발견한 가장 작은 꽃들마저도 모두 우리 친척이다. 우리는 미타쿠예 오야신(mitakuye oyasin, 나의 모든 친척, 모든 것은 하나로 연결되어 있다는 뜻의 북미 인디언 다코타족 인사말—옮긴이)이라는 말로 기도를 마치는데, 이 대륙에서 자라고 기어 다니고, 달리고 살금살금 움직이고, 깡충깡충 뛰고 날아다니는 것들 모두가 우리의 친척이다."

● 차례

일러두기

1. 인명, 지명은 외래어표기법을 따랐다.
2. 단행본은 《 》으로, 잡지·신문·논문·단편은 〈 〉으로, 방송·영화·앨범은 『 』으로 표기했다.

1부

동물들의

놀라운
능력

독일의 막스플랑크진화인류학 연구소 연구진은 어안이 벙벙했다. 그들이 흥분한 것은 새로운 화석이나 이전에 알려지지 않았던 인류의 조상을 발견했기 때문이 아니었다. 이는 보더콜리 리코 때문에 벌어진 일이었다. 2004년에 시행된 실험에서 극히 평범해 보이는 10살 된 이 개는 200개 이상의 물건을 명령에 따라 가져오는 방법을 배웠고, 한 달 후에도 이것들을 모두 기억했다. 리코가 가진 능력의 한계를 파악해보기로 한 연구팀은 리코에게 일련의 인지 실험을 실시했고, 그 결과 리코에게 놀라운 문제 해결 능력이 있음을 밝혀냈다. 리코는 다른 방에서 자신에게 익숙한 물건들을 쉽게 가져올 수 있었다. 그런데 새로운 물건, 즉 이전에 들어보지 못한 물건을 가져오라고 하자, 그는 자신이 알지 못하는 단어는 자신이 모르는 물건이어야 할 것이라고 정확하게 추론했고 바로 그런 물건을 가져왔다. 보더콜리의 인지능력은 결과적으로 유인원, 돌고래, 앵무새 그리고 최종적으로 인간 어린이와 비교되었다.

연구자들은 흔히 동물의 지능을 알아보는 실험을 하다가 마지막에 가서는 꼭 인간과 비교한다. 그런데 동물과 인간의 지능 혹은 동물과 동물의 지능을 비교하기가 실제로 쉬울까? 리코가 모르는 물건을 하나씩 제거해 테니스공을 정확하게 가져올 수 있었다면, 매년 북극과 남극 사이를 왕복하느라 7만 900km를 여행하는 북극제비갈매기보다 더 똑똑하다고 할 수 있을까? 피아노를 연주하는 고양이가 인간과 DNA의 99%를 공유하고 수화를 배울 수 있는 침팬지보다 더 머리가 좋은가?

동물 간 지능을 비교하는 것은 인간끼리 지능을 비교하는 것에 비해 결코 쉽지 않다. 누가 더 머리가 좋은가? 아리스토텔레스가 좋은가 플라톤이 좋은가? 뉴턴인가 아인슈타인인가? 모네인가 마네인가? 지느러미로 걸어 다니는 어류 붉은입술부치와 중국장수도롱뇽 중에 누가 더 머리가 좋은가? 인도코끼리인가 아니면 아프리카코끼리인가? 종합해보면 동물의 상대적인 지능 순위를 매기는 것은 부질없는 짓이다. 그뿐 아니라 최근의 한 연구는 지구상에서 살아가는 약 900만으로 추정되는 종들 가운데 우리가 알고 있는 것은 15% 미만이라는 사실을 밝혀냈다. 대양의 심연에, 저 높은 성층권 너머에, 빽빽한 정글 깊숙한 곳에 어떤 환상적인 생명체가 살고 있는지 누가 알까? 그들이 어떤 환상적인 지능을 보여줄지 혹은 우리가 이해할 수 없는 기상천외한 지능을 보여줄지 누가 알 수 있겠는가?

어떤 동물이 연민을 느낄 만한지 그렇지 않은지를 결정할 때 흔히 지능을 유일한 기준으로 생각하는 경향이 있다. 하지만 우리는 인간의 지능에 대해서도 여전히 잘 모르는 형편이다. 그러므로 동물의 뇌가 우리와 얼마나 비슷한지를 바탕으로 형제 동물들의 뇌를 측정하고 평가하는 일은 별 의미가 없다. 아니면 지능이 어떤 존재의 중요성을 판단하는 현명한 방법이 아니라고 말해야 할지도 모르겠다.

이 책의 목표는 단지 이와 같은 우월감에 의문을 제기하거나, 동물들이 어떻게 우리처럼 생각하고 행동하는지를 보여주는 것에 그치지 않는다. 그들이 우리와 어떻게 다르고, 그 차이를 존중하는 방법이 무엇인지를 파악하는 것 또한 이 책의 중요한 목표다. 숲속을 뛰어다니는 긴팔원숭이의 지능과 심해를 유영하는 거대한 흰긴수염고래의 노래를 어떻게 비교할 수 있을까? 동물들마다 뛰어나게 잘하는 것이 다 다르다. 동물들은 매우 독특한 방식으로 생각하고 길을 찾고 소통하고 사랑하며 놀이를 즐긴다. 이런 사실들을 이 책에서 거듭 확인하게 될 것이다.

그러나 오랫동안 과학자들은 동물에게서 중요한 것은 지능뿐이고, 이런 지능이 연속성을 띠며 발달의 최종 지점에는 인간이 있다고 믿었다. 모든 생물종은 이 스펙트럼 안에 적절하게 배치될 수 있었다. 이 개념은 위대한 박물학자 찰스 다윈이 1871년에 출간한 《인간의 유래와 성선택》에서 예고한 바 있다. 그는 "인간의 마음과 고등동물의 마음의 차이는 분명 정도의 차이일 뿐 종류의 차이가 아니다"라고 말했다. 이 주장을 통해 다윈은 모든 동물이 본질적으로 공통의 조상에서 유래했고, 이 때문에 정신

능력이라는 동일한 도구를 공유하되 다만 다른 정도로 공유한다는 것을 말하고자 했다.

이런 생각이 새로운 건 아니다. 2,400년 전 아리스토텔레스는 '자연의 사다리Scala Naturae'라는 생각을 내놓았다. 다윈과 마찬가지로 아리스토텔레스는 모든 생명체에 알맞은 순위를 매길 수 있다고 주장했는데, 한쪽 끝에는 벌레처럼 더 낮은 동물을, 중간에는 개와 고양이 같은 동물을, 다른 쪽 맨 끝에는 원숭이와 인간 같은 동물을 더 높은 동물로 배치했다. 중세 시대 기독교 신학자들은 아리스토텔레스의 가르침을 '거대한 존재의 사슬' 이론으로 확장시켰다. 이는 가장 높은 곳에 있는 신에서 시작되어 천사와 인간, 동물, 식물, 광물 순으로 이어지는 계층 구조였다.

사슬의 각 층위에도 각기 나름의 계층이 있었다. 예를 들어 인간 층위에는 왕과 귀족 및 상류층이 맨 위에 있고 농민들은 맨 아래로 강등되었다. 가장 높은 지위의 동물은 사자나 호랑이 같은 대형 육식동물이었는데, 그들은 길들여질 수 없으므로 개나 말 같은 유순한 동물보다 우월한 존재로 파악되었다. 곤충도 세분되었는데, 꿀을 생산하는 벌이 모기와 초식 딱정벌레보다 순위가 높았다. 맨 아래쪽에는 뱀이 있었다. 에덴동산에서 아담과 이브를 속였다는 이유로 뒤로 밀려난 것이다.

심지어 20세기에도 과학자들은 인간의 지능을 기준으로 동물의 순위를 매길 수 있다는 생각을 고수했다. 과학자들은 동물의 인식 능력을 파악하는 데 일반적으로 사용할 수 있는 더 잔인한 실험들을 계속 고안해냈는데, 위스콘신대학교 매디슨 캠퍼스의 심리학자 해리 할로가 다수의 실험을 주도했다. 할로는 1950년대부터 시행해온 일련의 실험으로 이미 매우 잘 알려져 있었다. 히말라야원숭이라고도 부르는 붉은털원숭이 새끼에게서 어미를 떼어낸 뒤 철사로 만든 대리모를 제공한 실험이었다. 정신적 충격을 받은 원숭이들은 스트레스 때문에 가짜 어미에게 위안을 받고자 필사적인 노력을 기울였는데, 이는 모성 격리, 의존의 필요성, 사회적 고립에 대한 연구의 기초가 되었다(이후 많은 역사학자가 동물해방운동이 활발해진 요인으로 할로를 지목한다).

이후 할로는 '학습 세트learning set'라는 실험들을 개발했는데, 이를 통해 실험자는 실험 대상의 학습 능력을 효과적으로 확인할 수 있었다. 예를 들어 어떤 동물 앞에 문이 2개 있는데, 한쪽 문을 열고 들어가면 음식이 있다. 실험은 이 동물이 음식이 있는 문을 정확히 맞힐 때까지 반복된다. 과학자들은 아리스토텔레스의 자연의 사다리와 매우 유사한 실험을 고안해, 세상의 동물들을 술 세우는 나름의 종간種間 'IQ 테스트'를 창안했다.

초기 실험은 뇌의 크기에 관한 전통적인 믿음을 지지하는 듯했다. 학습 세트에서 인간은 침팬지를 능가했고 침팬지는 고릴라를 능가했으며, 고릴라는 흰 담비를, 흰 담비는 스컹크를, 스컹크는 다람쥐를 능가하는 식으로 순위가 이어졌다. 그러나 실험 대상 동물의 수가 많아질수록 적절하게 들어맞는 경우가 줄어드는 것 같았다. 과학자들은 파랑어치와 다른 조류들도 연구했는데, 이들은 실험 대상이던 전체 포유류의 절반보다 높은 지능을 보였다. 한 연구자가 말했듯이 "일부 과제에서는 비둘기가 원숭이를 앞설 수 있다."[1] 과학자들은 동물들의 순위를 매기기에는 동물의 왕국이 너무 복잡하다는 사실을 곧 깨달았다. 결국 동물들의 몸이나 정서에 충격을 주는 이런 실험은 상당수 중단되었다. 1969년에 발표된 한 논문은 다음과 같이 결론을 내렸다. "인간을 맨 위에 둔 연속적인 '계통발생 등급'에 따라 모든 살아 있는 동물을 배열할 수 있다는 생각은 동물 진화를 바라보는 현대적 관점에 부합하지 않는다. …… 연구를 위해 동물을 선택하거나 행동의 유사성과 차이를 해석할 때 동물 진화의 동물학적 모델을 염두에 둔 비교심리학자들은 커다란 실패를 맛보았고, 이로 인해 예측의 가치를 갖는 일반화의 발전이 심각하게 저해되었다."[2]

동물의 지능은 특정 종의 진화 경로라는 맥락에서만 이해되거나 적어도 연구가 이루어질 수 있다. 우리가 현재의 모습을 하게 된 것은 단지 우리의 직립보행과 큰 두뇌 때문만이 아니다. 우리가 지금과 같은 모습을 하게 된 이유는 우리의 개성과 예술과 음악 때문이다. 우리는 창의성 덕분에 언어, 불, 요리를 발견했다. 하지만 이 책에서 거듭 확인하게 될 것처럼 많은 동물들 또한 이런 기술을 가지고 있다. 어떤 동물들은 우리가 이해할 수도 없는 매우 다른 특성에 의존해 살아간다.

개미는 1억 4,000만 년 이상 집단 본능을 연마하는 과정을 거치면서 진화해왔다. 혹시 개미 군체를 저속 촬영한 영상을 본 적이 있는가? 개미들은 집단 내에서 각각 특정한 역할이 있고, 각 집단은 뚜렷한 목적을 가지고 있다. 미국 비영리 공공방송 C-SPAN에서 중계하는 합동의회 장면을 본 사람이라면 누구나 인간들 사이의 의사소통이 얼마나 쉽게 아귀다툼으로 전락할 수 있는지 알 것이다. 그러나 개미 군체는 수억 마리의 개미 집단으로 성장할 수 있으며, 모두가 공동의 선을 위해 일사불란하게 협력한다. 다리가 여섯인 우리의 곤충 친구들은 인간처럼 언어로 의사소통을 할 수는 없겠지만, 그럼에도 냄새와 촉각, 소리를 이용한 복잡한 언어를 사용해 번식, 건축, 자원 수집, 심지어 전쟁까지도 조율한다. 누가 한 개미 군체의 집단 지성이 인간의 개성만큼 심오하지 않다고 말할 수 있겠는가?

심지어 뇌의 크기조차 지능을 나타내는 적합한 지표가 아니다. 인간의 뇌 크기는 향유고래, 코끼리, 돌고래 다음으로 네 번째다. 두뇌 대 신체 질량 비율에서는 인간이 개미, 나무두더지, 작은 새, 쥐에 뒤지는 다섯 번째다. 어떤 동물이 다른 동물보다

'더 머리가 좋은지' 예측할 수 있는 뚜렷한 해부학적 지표는 없다. 설령 그런 것이 있다고 해도 연구해야 할 변수들이 너무 많다. 새들은 비교적 뇌가 작고 신경세포와 신경망도 적지만 인상적인 지적 능력을 보여준다는 사실이 밝혀졌다.

우리가 생각지도 못한 생명체들이 놀라운 능력을 가지고 있기도 하다. 예를 들어 점균류는 '영리하다'라는 말을 생각할 때 가장 먼저 떠오르는 생물은 아닐 것이다. 식물도 동물도 곰팡이도 아닌 점균류는 단세포로 이루어진 땅속 아메바다(참고로 인체는 무려 37조 개의 세포로 이루어진 것으로 추정된다). 점균류는 격자벌집구조와 무지갯빛 아이스크림처럼 모양이나 색깔이 이국적인 것도 있고, 흔히 3m 길이의 둥글납작한 덩어리로 성장한다. '개 토사물dog vomit'이라는 매력적인 균류가 있는데, 이름에서 추측할 수 있듯이 이 점균류는 개 토사물과 생김새가 유사하다. 모든 대륙에는 각각 900종 이상의 점균류가 존재하며, 과학자들은 지금도 연구를 계속하고 있다(아칸소대학교 생물학 교수이자 점균류 전문가인 프레더릭 슈피겔은 "나는 이들이 내가 본 것 중 가장 아름답고 숭고한 생물이라고 생각한다"[3]고 말했다). 과학자들은 뉴질랜드의 표본이 미국의 표본과 유전적으로 동일하다는 사실을 확인했는데, 이는 그들이 날개나 발, 다리 없이 어떻게든 세계의 절반을 돌아 이동했음을 의미한다. 설령 절반으로 찢겨도 점균류는 계속 성장해 지치지 않고 번식해나갈 수 있다. 매우 흥미로운 한 연구에서 밝혀졌듯이 점균류는 미로 찾기 게임도 할 수 있다.

미로 찾기는 여러 동물들의 인지능력을 판단하는 데 종종 활용되는데, 그 이유는 미로 찾기를 수행하려면 상당한 기억력과 문제 해결 능력이 필요하기 때문이다. 특히 미로 찾기는 뇌 측두엽에 있는 해마의 능력을 시험하는 데 활용되는데, 이는 척추동물의 뇌에서 진화적으로 가장 오래된 영역 중 한 곳에 있다. 또한 길을 찾는 데 사용되는 공간 인식뿐 아니라 단기 기억에서 장기 기억으로 정보를 통합하는 데도 중요한 역할을 한다. 흔히 한 종에서 해마가 발달했다는 사실은 그 종이 지능이 있는지 판단하는 기준이 되며, 미로 찾기는 이를 시험하는 가장 손쉬운 방법이다. 소량의 점균류를 미로의 한쪽 끝에 두면, 번식을 통해 다른 쪽 끝에 놓인 음식을 향해 자라난다. 막다른 길에 이르면 점균류는 가지를 뒤로 젖히고, 자신이 걸어온 길을 되짚어 가며 다른 길을 모색한다. 이들은 몇 시간 안에 목표물에 이르는 가장 짧은 길을 찾아낸다. 이후의 연구에서 시드니대학교 연구원들은 점균류가 공간 기억력을 갖고 있고, 반투명한 점액을 남김으로써 이미 가본 장소를 찾아낼 수 있음을 알아냈다. 점액이 있으니 굳이 뇌가 필요하지 않은 것이다.

점균류에게 예술적 창조나 사랑에 빠지는 일은 불가능하겠지만(우리가 아는 한), 그들의 기이한 존재 양식을 보면 지능에 대한 정의를 다시 생각하게 된다. 특정 동물을 '영리하다'고 하면 그것은 곧 '멍청한' 동물도 있다는 말이지만, 이제까지 멍청한 동물의 특정한 진화 경로를 이해하려는 시도는 없었다. 오늘날까지 살아 있기 위해 어떤 동물의 조상들은 우리의 이해를 훨씬 넘어선 고통을 견뎌냈으며, 다음 세대로 자신들의 DNA를 물려주기 위해 온갖 역경을 이겨냈다. 점균류와 마찬가지로 해파리도 그리 지능적인 존재로 보이지 않을 수 있다. 하지만 해파리는 지느러미가 발로 진화하기 훨씬 전 그리고 대륙이 분화하기 훨씬 전 5억 년이 넘는 시간 동안 바다를 누비며 극한의 빙하시대부터, 해양생물의 96%가 떼죽음을 당한 거대한 화산 폭발이 있던 시기에 이르기까지 모든 고난을 견뎌냈다. 당신이 다음에 찬장을 기어 다니는 개미 한 마리, 공장식 농장의 돼지 한 마리, 현미경 아래 있는 박테리아를 본다면, 고난을 견뎌내고 번창했다는 단순한 이유만으로도 지구의 이곳저곳을 돌아다녀본 가장 영리한 생명체를 보았다고 할 수 있을지 모른다.

20세기 초 영국의 심리학자 콘위 로이드 모건은 "만약 어떤 동물의 활동이 심리 진화와 발달의 계층 구조에서 더 낮은 위치를 차지한다고 해석하려면, 그런 활동은 어떤 경우에도 고등한 심리 과정으로 해석되어선 안 된다"고 말했다. '모건의 공준'으로 알려진 이 선언은 동물의 행동을 의인화하는 것, 다시 말해 인간의 감정과 의도를 동물에 귀속시키는 것이 지구에 살고 있는 생명체의 상대적인 지능을 판단할 때 역효과를 낸다는 것을 의미했다.

인간의 마음이 돌고래의 마음과 다르듯이 돌고래의 마음은 쥐의 마음과 다르다. 이들의 서식지와 삶의 모습이 너무 다르기 때문에 이들을 비교하려고 시도해 봤자 얻는 게 별로 없다.

같은 과科에 속한 동물들끼리 인식 능력을 비교하는 것도 어려울 수 있다. 긴팔원숭이를 예로 들어보자. 나무를 흔들 수 있을 정도로 팔 힘이 강하며 몸집이 작고 호리호리한 이 생명체는 수년 동안 다른 영장류에 비해 정신적으로 열등하다고 여겨졌다. 여러 연구에서 침팬지는 다양한 도구를 구별하는 법을 배울 수 있었고 단순 작업을 신속하게 익힐 수 있던 반면, 긴팔원숭이는 멍청해 보였다.

미국의 영장류학자 벤저민 벡은 동물원에서 사육하던 타마린 원숭이를 자연으로 돌려보낼 준비를 돕고 있었는데, 1960년대에 이르러서야 그는 왜 긴팔원숭이가 실험에서 다른 동료 유인원들에 비해 그렇게 형편없는 결과를 보였는지 밝혀낼 수 있었다. 침팬지와 달리 긴팔원숭이는 나무에서만 산다. 근육질의 긴 팔부터 나뭇가지를 잡기 편하게 생긴 고리 모양의 손에 이르기까지 긴팔원숭이는 땅 위에 사는 유인원과 신체적으로 닮은 점이 거의 없다. 이전 실험에는 긴팔원숭이를 우리에 가두고 이들이 평평한 바닥에 놓여 있는 물체를 조작하게 하는 과제가 있었다. 엄지손가락이 갈고리 모양인 긴팔원숭이는 신체구조상 물체를 집어 들지 못한다. 이 때문에 과학자들은 긴팔원숭이가 지능이 낮다고 착각했다. 백이 땅 대신 어깨 높이에 놓인 도구로 실험을 반복했을 때, 긴팔원숭이는 다른 유인원들과 다를 바 없이 임무를 잘 수행했다.

물리학자 베르너 하이젠베르크는 1958년 《물리와 철학》에서 "우리가 관찰하는 대상은 자연 그 자체가 아니라 우리의 질문 방식에 노출된 자연임을 기억해야 한다"고 썼다. 여기서 하이젠베르크는 사실상 양자역학 분야의 원자 측정 방식을 언급하고 있지만, 이런 원리는 동물 연구에도 적용할 수 있다. 우리는 생쥐와 쥐, 갈매기와 알바트로스, 고양이와 개 그리고 결국에는 모든 동물의 행동을 우리 자신과 비교하게 된다. 이 책은 뭔가 다른 작업을 하고 있다. 우리는 눈 없이 지구의 자기장을 분석해 돌아다니는 장님쥐의 길 찾기가, 매년 6만 5,000km 가까이 비행하여 이주하는 북극제비갈매기의 길 찾기만큼이나 놀랍다고 생각한다. 또한 어떤 대가를 치르더라도 새끼 곰을 보호하기로 마음먹은 큰곰처럼, 극도로 가혹한 남극의 날씨 속에서 태어나지도 않은 새끼 펭귄을 지키고 따뜻하게 보호해주는 아빠 아델리펭귄의 행동도 사랑이라 생각한다.

동물들은 날고 기고 미끄러지고, 깡충깡충 뛰고 수영하고 사랑하며, 수다를 떨고 즐겁게 뛰어논다. 다음 장에서 우리는 이 놀랍고도 신기하며 대개는 이해할 수 없는 방식을 탐구해볼 것이다. 간단히 말해 동물들이 어떻게 살아가는지를 탐구할 것이다.

먼저 동물들이 대양을 항해하는 놀라운 방법에 대해 살펴볼 것이다. 인간과 마찬가지로 많은 동물이 길을 찾기 위해 태양과 별을 이용한다. 동물은 인간이 생물학적으로 사용할 수 없는 방법, 즉 후각 지도, 자신들의 내부에 있는 나침반, 반향 위치 측정 같은 방법에 의존하기도 한다.

다음으로 동물들의 의사소통의 세계를 탐색할 것이다. 지저귀는 새들, 꽥꽥거리는 올빼미들, 노래하는 고래들, 꾸룩꾸룩거리는 개구리들─이것이 동물 왕국의 언어다. 최근 과학은 무작위적인 소음의 불협화음으로 보이는 것들이 사실상 믿을 수 없을 정도로 복잡한 의사소통 시스템임을 보여준다.

다음으로, 살아가면서 느끼는 가장 강력하고도 신비로운 감정인 사랑의 문제로 뛰어들 것이다. 동물들이 서로를 사랑하고 아끼는 방법을 전부 다 이해하기를 바랄 수는 없겠지만, 그럼에도 그들이 서로를 껴안고 구애하고, 짝짓기를 하고 보호하는 방법을 기록할 수는 있다.

마지막으로 우리는 아마도 지구상에서 가장 보편적인 활동인 놀이를 검토할 것이다. 인간과 마찬가지로 동물도 놀이를 좋아한다. 놀이 싸움play-fighting부터 물속에 잠깐 몸을 담그는 것까지, 놀이는 과학자들이 여전히 이해할 수 없는 방식으로 종의 장벽을 넘어선다.

동물들이 어떻게 움직이고 수다를 떨고 사랑을 나누고 즐겁게 뛰노는지 알게 되면, 동물들이 누구인지, 즉 그들의 수많은 재능, 언어, 매혹적인 문화를 알게 될 것이다. 또한 동물을 추동하는 것이 무엇인지 더 많이 이해함으로써 우리 인간이 어떻게 혜택을 누릴지 알게 될 것이다.

● 길 찾기 미스터리

동물들은 어떻게 발자취 하나 없는 지역에서, 길 없
는 숲을 통과하면서, 텅 빈 사막을 가로지르면서, 어
디가 어딘지 분간할 수 없는 바다 위아래에서 길을
찾을 수 있을까? 물론 그들은 나침반, 육분의, 크로
노미터, 해도를 보지 않고도 길을 찾을 수 있다.

—로널드 로클리, 박물학자이자 《동물의 길 찾기》의 저자

2016년 5월 안개가 자욱한 밤, 온타리오주 토버모리에서 경찰은
도요타 승용차를 몰다 휴런 호수에 빠진 한 여성의 조난신호를
수신했다. 그녀는 위성위치확인시스템GPS의 안내를 충실히 따라
선창다리로 회전했지만, 오대호 중 두 번째로 큰 호수의 탁한 물
속으로 추락하는 사고를 피할 수 없었다(그녀는 무사히 탈출했다).

　인터넷에 검색해보면 GPS가 알려주는 대로 생각 없이 가다
가 기차역 승강장이나 바다, 절벽 아래, 골프장 벙커는 물론 거실
한복판으로 돌진하는 등 난감한 상황에 처한 운전자들의 이야기
가 무수히 나온다. 기술이 정교해질수록, 우리는 길을 찾는 선천
적인 능력을 좀처럼 사용하지 않게 된다. 어느 방향으로 가야 하

는지 앱이 알려주는데 왜 굳이 거리 표지판을 읽겠는가? 우버를 이용하면 훨씬 편한데 왜 굳이 걷겠는가? 찰스 린드버그는 나침반을 이용해 대서양을 횡단했다. 오늘날 항공기 조종사들은 지구상의 어떤 공항으로든 갈 수 있는 정교한 자동조종시스템에 의존한다. 2015년 한 연구에서는 초보 의사들의 절반 가까이가 중상 환자를 치료하러 가는 도중에 길을 잃었다고 말했다.

인간이 스마트폰에 의존해 길을 찾는 멋진 신세계에서 기록을 갱신하는 와중에, 동물들은 A에서 Z 지점까지 이동하는 능력으로 우리를 계속 어리둥절하게 하고 있다. 예를 들어 한 평범한 집고양이 이야기를 해보자. 2012년 11월, 제이콥 릭터와 보니 릭터는 캠핑카로 플로리다 웨스트 팜비치에서 300km 남짓 떨어진 데이토나 비치까지 여행을 떠났다. 목적지에 도착했을 때, 그들의 4살짜리 카오스 고양이 홀리가 캠핑카에서 튀어나갔다. 고양이는 데이토나 인터내셔널 스피드웨이 근처에서 사라졌다. 그들은 이 카레이싱 경기장 주변을 정신없이 수색했지만 결국 홀리를 영원히 잃었다고 생각했다. 희망을 버리고 웨스트 팜비치로 되돌아온 지 두 달 뒤, 그들은 전화를 한 통 받았다. 홀리가 그들의 집에서 불과 1.6km 떨어진 이웃집 마당에서 발견되었다는 것이다. 고양이는 집으로 돌아오기 위해 자동차와 악어, 사람들을 피해가며 플로리다 해안을 따라 300km 넘게 여행한 것이다.

어떤 사람들은 홀리의 놀라운 여정을 우연한 일로 치부해버렸다. 어쩌면 고양이가 누군가의 차에 올라타서 적절한 시기에 정확히 뛰어내렸을지도 모른다고 말이다. 하지만 이런 생각을 뒤엎는 증거가 있었다. 홀리의 발톱은 찢어지고 피가 났는데, 이는 홀리가 먼 길을 걸어왔다는 뜻이었다. 발톱은 다 닳았고, 6kg이던 체중은 불과 3kg으로 줄어 있었다. 홀리를 치료한 수의사는 홀리가 웨스트 팜비치에 도착했을 때 서 있기 힘들 정도였다고 말했다. 홀리가 온갖 역경을 뚫고 집으로 돌아온 최초의 고양이는 아니다. 1989년 무르카라는 카오스 고양이는 러시아의 보로네시에서 모스크바에 있는 자기 집까지 525km를 걸어갔다. 1997년 닌자라는 8살짜리 태비 고양이는 시애틀 교외에서 예전에 자신이 살던 유타 교외에 있는 집까지 1,400km 가까이 걸어갔다. 1978년 실내에서만 살았던 페르시안고양이 하위는 집으로 돌아가기 위해 호주의 오지를 가로지르며 1,600km 이상을 걸었다.

동물들은 지도나 GPS, 주유소 안내 표지판의 도움 없이도 어떻게 먼 길을 찾아갈 수 있을까? 홀리가 해낸 이러한 일들은 동물의 왕국에서는 일상일 뿐 아니라 통상적인 것이기도 하다. 실제로 많은 종의 생존은 수천 킬로미터 떨어진 곳에서 정확히 동일한 장소로 되돌아올 수 있느냐 없느냐에 달려 있다. 천문 항법부터 자기 감각magnetoreception에 이르기까지, 동물들은 가장 능숙한 인간 탐험가들조차 수치심을 느끼게 하는 엄청난 기술에 의존하고 있다.

새들의 길 찾기 ━━━

깃털이 아름답고 다리가 긴 클레페탄과 말레나를 만나보자. 이 두 마리 황새는 크로아티아 슬라본스키 외딴 마을의 작고 붉은 지붕에 살고 있다. 대개 황새는 겨울의 여러 달 동안 남쪽으로 날아가는 철새다. 그들은 한 치의 오차도 없이 정확한데, 매년 같은 날 같은 장소로 어김없이 돌아온다. 매년 겨울, 클레페탄은 붉은 지붕을 떠나 남아프리카로 8,000km를 날아간다. 슬프게도 말레나는 함께 가지 않는다. 말레나는 1993년 한 사냥꾼의 총에 맞은 뒤, 지역 학교 선생님에게 구조되어 건강을 되찾았다. 이 선생님은 말레나가 지붕에 둥지를 틀게 도와줬지만 그래도 말레나는 다시 날 수 없었다(말레나는 겨우내 선생님과 함께 집 안에서 지낸다). 클레페탄은 말레나를 지붕 위에서 발견했고 그 이후 둘은 늘 함께였다. 여름이 되면 두 황새는 새끼를 낳아 키우고, 클레페탄은 새끼들에게 비행을 가르친다. 클레페탄과 말레나는 그들의 삶을 기록한 라이브 웹캠으로 지역에서 유명인사가 되었다. 한번은 클레페탄이 예상 도착 시간에 나타나지 않자, 마을 사람들이 가벼운 공황 상태를 겪기도 했다. 마침내 엿새 후 클레페탄이 도착했을 때, 그가 장애 요인들을 극복하지 못한 건 아닌지 염려하던 지역주민들은 그제야 안도할 수 있었다. 실시간으로 경로를 탐색해주는 GPS와 구글 지도의 시대에 클레페탄 같은 황새나 다른 수많은 새들은 매년 수만 킬로미터를 여행하고, 흔히 같은 날 같은 장소로 되돌아온다.

철새들은 가을에는 계절이 변한다는 사실을 알기 때문에 식량이 풍부하고 따뜻한 장소를 향해 이동하며, 봄에는 온난해진 지역으로 다시 돌아온다. 전 세계 1만 종의 조류 가운데 약 1,800종이 이런 패턴을 따른다(그 외의 종은 텃새라서 1년 내내 같은 장소에 머문다). 어떤 새들은 가능한 한 짧은 시간 내에 여행하도록 정해져 있는 반면, 어떤 새들은 더 여유롭고 유람하듯 여행하는 것을 선호한다. 도요목의 그레이트스나이프는 이동 속도가 시속 100km에 달하고 이틀 동안 6,500km를 여행한다. 큰뒷부리도요는 한번 배를 가득 채운 뒤 멈춰서 쉬거나 먹지 않고 1만 킬로미터 이상을 날아간다. 반면 몸집이 통통하고 주둥이가 긴 미국 멧도요American woodcock는 밤에 낮은 고도로 비행하면서 여유롭게 이동하는 방식을 선호한다. 간혹 소규모의 멧도요 무리들이 시속 48km라는 상당한 속도로 비행하는 경우도 있지만, 이들은 대체로 시속 8km의 낮은 속도로 비행한다(이들보다 느리게 나는 새는 없다).

수천 년 동안 인간은 하늘을 날아다니는 새들에 경탄을 금치 못했다. 3m 길이의 양 날개를 이용해 미끄러지듯 날아가는 알바트로스부터 작은 날개를 초당 70회 파드닥거리며 공중에 떠 있는 벌새에 이르기까지, 새는 실로 다양한 모습과 크기를 보여준다. 그러나 그들이 공중에 떠 있을 수 있는 것은 동일한 비행 원리에 따른다.

비행의 기적은 새의 날개나 깃털이 아니라 그들의 뼈에서 비롯된다. 뼈에 골수가 채워진 포유류와 달리 새의 뼈는 속이 비어 있다. 그래서 새들은 더 가볍고 더 쉽게 공중에 떠 있게 되지만, 속이 빈 뼈에는 놀라운 두 번째 비책이 담겨 있다. 그 안에는 공기가 가득하다. 새들의 뼈는 폐와는 별개로 산소를 받아들일 수 있는 작은 공기 주머니로 가득 차 있는데, 새들은 이를 통해 날개를 퍼덕이며 공중에 떠 있는 데 필요한 많은 에너지를 지속적으로 보존할 수 있다. 새의 나머지 신체 부분은 공기역학적으로 생겼고 이빨처럼 불필요한 부분이 없다. 새의 위에는 모래주머니라고 불리는 부분이 있는데, 먹이를 분쇄하는 근육질의 두꺼운 벽으로 이루어져 있다.

비행 원리는 모두 동일하지만 새들의 이륙 방법은 다양하다. 대형 수생 조류인 아비는 부리가 뾰족하며 머리는 색이 어둡고 매끈한데, 바람을 타고 맹렬히 날아가며 간혹 수백 미터를 그렇게 날아간다. 매는 절벽이나 높은 곳에서 다이빙하기를 좋아하는데, 이때 속도는 시속 300km가 넘는다. 지구상에서 가장 빠른 속도다. 반면 헬리콥터와 비슷한 벌새는 수직으로 이륙할 수 있다. 그러나 어떻게 하늘로 날아오르든 모든 새들은 비행기 날개처럼 에어포일airfoil 역할을 하며 부드럽고 점차 가늘어지는 깃털 층에 의존해서 공중에 떠오른다.

깃털 덕에 공기가 날개의 위쪽보다 아래쪽에서 더 빨리 흐르는데, 이렇게 생성된 압력의 불균형이 새를 하늘 위로 '밀어 올린다.' 새가 날개를 아래쪽으로 퍼덕이면 날개 아래쪽에 고압의 공기가, 날개 위쪽에 저압의 공기가 만들어지는데, 이로 인해 새는 더 높이 솟아오를 수 있다. 일단 이륙한 새들은 상승을 유도하는 따뜻한 기류와, 바람이 장애물에 부딪쳐 위로 흐를 때 생성되는 상승기류 같은 자연 현상을 이용해 난다. 날갯짓을 덜 할수록 더 많은 에너지를 비축해 더 멀리 날아갈 수 있다.

새들이 이주할 때 이동하는 거리는 새마다 매우 다르다. 북미에 서식하는 푸른들꿩blue grouse은 겨우내 태평양 연안 산맥 산악지대의 소나무 숲을 차지한다. 봄이 오면 그들은 힘을 들여 고도가 낮은 지역으로 275m 거리를 이동해 그곳에서 둥지를 틀고 싱싱한 잎과 씨앗을 마음껏 먹는다. 반대쪽 극단에는 북극제비갈매기가 있다. 이 작은 새는 매년 그린란드와 남극 사이 7만 킬로미터 이상 되는 거리를 쏜살같이 왔다 갔다 한다. 무게가 120g도되지 않는 새가 움직이는 경로가 비효율적으로 보일지 모르지만결코 그렇지 않다. 그들은 적절한 기류에 편승하여 바람을 거슬러 날아갈 필요 없이 대륙과 대륙을 오가는 것이다. 북극제비갈매기는 30년 이상 살 수 있는데, 이 점을 감안하면 이 새는 죽을때까지 달을 세 번 왕복하는 거리를 비행하는 셈이다.

새들은 어떻게 그처럼 정확하게 이동할 수 있을까? 몇 가지

답이 있을 수 있다. 과학자들은 부화한 새끼 새들이 태양, 별, 지역의 주요 지형지물을 머릿속에 각인해놓는 것이 아닌가 생각한다. 새의 귀 안에 있는 미량의 철은 눈[眼] 속의 뉴런과 상호작용을 할 수 있는데, 이것이 자북磁北을 파악하는 데 도움을 줄 수 있다. 부리는 또 다른 중요한 항해 도구다. 과학자들은 일종의 후각 지도가 새들이 이 장소에서 저 장소로 날아가는 길의 냄새를 맡는 데 도움을 준다고 믿는다. 새 부리에는 3차신경trigeminal nerve(3개의 신경으로 된 다섯 번째 뇌신경이며 뇌신경 가운데 가장 굵다—옮긴이)이 있어 자기력을 감지할 수 있는데, 철새들은 이를 이용해 지구의 극지방에서 얼마나 멀리 떨어져 있는지 감지하게 된다.

지구의 자기장은 상당히 약해서 1테슬라의 4,000만 분의 1 정도다(비교하자면 MRI 기계 한 대가 방출하는 자력은 최대 3테슬라다). 일부 이론들은 새들이 빛에 민감한 광화학 물질들로 이루어진 내면의 나침반을 가지고 있으며, 이것이 그들의 망막에 직접 각인되어 있다고 주장한다. 새들이 빛과 접촉하면 이 광화학 물질이 자기장의 미세한 변화에 민감해지는데, 이론상 이 변화 덕분에 새들은 빛을 감지하는 방법으로 길을 찾을 수 있다. 이 원리는 왜 새들이 고전압과 통신 장비 주변에서 이상 행동을 보이거나 비정상적으로 비행하는 경우가 흔한지를 설명할 수 있다. 최근 독일의 연구자들은 새들이 오른쪽 눈 속에 있는 광화학 물질로 자기장을 '본다'고 주장했다. 이런 분자들은 왼쪽 뇌와 상호 작용하면서 지구 자기장의 강도에 따라 밝거나 어두운 음영을 생성하는데, 본질적으로 이것이 새들이 목적지를 오가며 쉽게 읽을 수 있는 지도를 만들어낸다는 것이다.

어떤 새들은 길 찾기를 위한 보조 도구로 하늘을 활용하는 듯하다. 약 3,500년 전까지도 인간은 해시계를 발명하지 못했고 불과 300년 전에야 육분의를 발명했지만, 새들은 오래전부터 천체항법술을 통달하고 있었다. 1950년대 초, 연구자들은 많은 종의 새들이 태양 나침반을 이용해 길을 찾는다는 가설을 세웠다. 그들은 깃털이 윤기 나는 검은색이고 반짝이는 금속처럼 광택이 나는 아름다운 유럽찌르레기들을 사로잡아 관찰했다. 그 후 이 새들이 하늘에 떠 있는 태양의 위치를 바탕으로 이주 패턴을 조정한다는 사실에 주목했다. 연구자들은 추가 연구를 통해 새들이 자신들 내부의 생물학적 주기 리듬에도 의존한다는 사실을 발견했다. 새들은 이런 리듬의 도움을 받아 온종일 태양이 움직이면서 그리는 호에 맞추어 이주 방식을 조정한다. 오늘날 우리는 시간뿐 아니라 위치를 파악하는 데도 스마트폰이 필요하다. 이에 반해 찌르레기와 다른 철새들은 현재 지구상 어디에 있는지를 정확히 알아내야 할 때 태양을 바라보기만 하면 된다.

비둘기는 이보다 훨씬 놀라운 길 찾기 능력을 갖고 있다. 이들은 시속 150km에 육박하는 속도를 낼 수 있고, 1,600km나 떨어진 곳에서 집으로 돌아가는 길을 찾을 수 있다. 인간은 오랫동안 이러한 비둘기의 능력을 높이 평가해왔다. 이들이 어떻게 이런 일을 해낼 수 있는지는 거의 알려진 바가 없지만, 최근 연구를 통해 전서구들이 주변의 초음파 신호를 기억할 수 있고, 집으로 가는 길을 효과적으로 '들을' 수 있다는 사실을 알 수 있다. 비둘기를 널리 연구하는 지구물리학자 존 해그스트럼은 "그들은 소리를 이용해서 자신들의 집을 둘러싼 지형을 이미지화하는데, 이는 우리가 눈을 이용해 집을 시각적으로 인식하는 것과 유사하다"[4]고 말했다.

1918년 9월, 미군 대대 소속 500명이 독일군의 총성에 둘러싸인 채 언덕 기슭에 포위되어 있었다. 불과 하루 만에 겨우 200명만 살아남았다. 게다가 수 킬로미터 떨어진 곳에 주둔하고 있던 미군 포병대가 이들을 독일군으로 착각하고 언덕 기슭에 폭탄을 비 오듯 퍼붓고 있던 터라 상황은 더 안 좋았다. 포위된 미군들은 무전을 칠 수 없게 되자 포병대에 공격 중단을 요청하기 위해 전서구 두 마리를 날려 보냈는데, 독일군이 곧바로 총을 쏘아 떨어뜨렸다. 결국 찰스 휘틀시 소령은 유일하게 남은 비둘기 셰르 아미Cher Ami의 다리에 '제발 멈춰'라는 절박한 메시지를 달아 날려 보냈다. 8살 된 비둘기 셰르 아미가 날아오르자 또다시 독일군의 총탄이 쏟아졌다. 셰르 아미는 가슴과 다리에 총을 맞고 한쪽 눈이 멀었으나, 맹렬한 속도로 동맹국 전선까지 40km 거리를 단 25분 만에 도착했다. 상처가 심한 셰르 아미의 다리에는 생명을 구해달라는 메시지가 담긴 조그마한 금속 캡슐이 매달려 있었다. 미군 포병대는 이내 공격을 중단했고, 마침내 대대는 연합군 진영으로 겨우 빠져나올 수 있었다. 셰르 아미에게 고마움을 느낀 부대원들은 비둘기의 상처를 치료하고 작은 의족을 만들어주었다. 미국 원정군 사령관인 존 퍼싱 장군은 셰르 아미를 직접 집으로 보내주었다.

비둘기가 어떻게 길을 찾는지는 여전히 미궁에 빠져 있지만, 다른 새들은 우리와 마찬가지로 주로 눈에 의지해 길을 찾는다. 대부분의 맹금류는 머리의 측면에 눈이 있지만 올빼미는 사람처럼 눈이 앞을 향해 있다. 이들은 빛이 별로 없는 상황에서 사냥할 때에도 대상을 매우 잘 인식할 수 있다. 인간의 눈과 달리 올빼미는 눈이 눈구멍에 고정되어 있어서 사물을 보려면 계속 고개를 돌려야 하는데, 14개의 목 척추뼈(인간은 7개) 덕분에 270도까지 회전 가능하다. 우리와 비교하면 그들의 시력은 월등히 발달되어 있다.

올빼미는 몸길이 12cm 남짓에 체중 28g인 엘프 올빼미부터, 71cm에 4kg 넘는 수리부엉이에 이르기까지 크기가 매우 다양하다. 인간과 마찬가지로 올빼미는 두 눈을 이용해 3차원 이미지를 지각하는 능력, 즉 양안시를 가지고 있다. 하지만 최근

박쥐는 실제로 눈이 멀었을까

통념과 달리 박쥐는 실제로 눈이 멀지 않았다. 박쥐에는 1,300종이 넘는 종이 있으며 습성과 먹이가 각기 다르다. 어떤 박쥐들은 꽃을 선호하고 또 어떤 박쥐들은 곤충을 잡아먹는다. 팔라스긴혀박쥐 같은 일부 종은 눈이 거의 발달하지 않았다. 이들은 미끈미끈하고 가는 혀를 이용해 식물에서 즙을 추출하는 중남미산 소형 동물이다. 이들은 특별한 시각수용체를 가지고 있어 주광색뿐 아니라 자외선까지 볼 수 있다. 많은 박쥐 종들은 인간 못지않게, 심지어 더 잘 볼 수도 있다. 하지만 이들은 초음파 탐지에 의존해 사냥하며 주로 밤에 활동하는 야행성 생물이다.

해군 함정이 수중 음파탐지 펄스를 방출해 해저 지도를 구성해내는 것과 마찬가지로, 박쥐는 고주파의 울음소리를 발산해 인근 물체와 동물에서 돌아오는 반향을 듣는다. 이들은 최초의 호출과 후속 반향 사이의 시차를 계산해 장애물과 먹이와의 정확한 거리를 정밀하게 파악해낼 수 있다. 일반적으로 인간은 20kHz 이상의 고주파 소리를 들을 수 없지만, 박쥐는 110kHz에 달하는 고주파 소리를 들을 수 있다. 박쥐는 온갖 스펙트럼의 울음소리를 발산함으로써 햇빛이 있을 때에도 인간이 쉽게 놓치는 환경의 미묘한 점을 감지하고 돌아다닐 수 있다.

까지 과학자들은 부엉이의 뇌가 많은 양의 시각 정보, 예를 들어 변하는 배경 속에서 움직이는 표적을 발견할 수 있다고 생각하지 않았다. 그러려면 높은 수준의 시각적 처리 과정이 필요한

데, 이전까지 이는 오직 영장류에서만 확인되는 능력이었기 때문이다. 하지만 새로운 연구는 올빼미와 다른 맹금류들이 실제로 사람과 매우 유사한 방식으로 세상을 파악함을 보여준다. 이스라엘의 연구진은 회색 배경에서 움직이는 검은 점을 보는 원숭이올빼미 머리에 카메라를 달아 목표 점의 방향 변화를 처리하는 데 걸리는 시간을 측정했다. 그 결과 올빼미는 뚜렷이 식별되는 대상과 이들의 배경을 구별할 수 있었고, 바람 부는 들판을 달리는 쥐나 무리에서 이탈한 새와 같은 개별 대상을 지각할 수 있었는데, 이를 통해 올빼미의 두뇌 발달 수준이 높다는 것을 알 수 있다.

종합하면, 조류의 뇌는 이전에 생각했던 것보다 훨씬 복잡하다. 최근 연구를 보면 조류의 온스당 뇌세포 수가 대부분의 포유동물보다 훨씬 많으며, 문제 해결 능력도 영장류와 유사함을 알 수 있다. 조류를 깊이 연구해본 결과, 이제 '새대가리'라는 말은 모독이 아니라 칭찬이라고 해도 그리 틀린 말은 아닐 것이다.

바다의 장거리 여행자들 ───

바다는 지구 표면의 3분의 2 이상을 뒤덮고 있고, 우리가 아는 한, 최소한 지구에 살고 있는 종의 15%가 살아가는 보금자리다. 인류가 달에 도달했고 별과 별 사이로 탐사선을 보냈을지 모르지만, 대양의 80% 이상에 대해서는 아직 지도도 만들어지지 않았고 탐사도 이루어지지 않았으며 여전히 미지의 장소로 남아 있다. 물은 공기보다 800배나 밀도가 높아 얕은 깊이에서도 빛을 삼킨다. 수심 4.5m 깊이에서는 더 이상 빨간색을 볼 수 없으며 7.6m 깊이에서는 오렌지색을 볼 수 없다. 10m 남짓한 깊이에서는 노란색을, 21m 깊이에서는 초록색을 볼 수 없다. 210m가 넘어가면 바다가 우주의 가장 먼 곳만큼 어두워진다.

바다에는 100만 종으로 추정되는 종들이 서식하는데, 이들은 한 치의 오차도 없이 길을 찾아가야 한다. 일부 바다 생물들은 태양의 안내를 받아 수면 근처에서 길을 찾아간다. 푸른바다거북은 열대 바다와 아열대 바다를 미끄러지듯 헤엄쳐 다니는데, 이들은 자신들의 먹이 터와 알을 낳는 해변 사이의 엄청난 거리를 여행하는 것으로 유명하다.

암컷 바다거북은 2~4년마다 번식을 하기 위해 동남아시아, 인도, 서태평양의 외딴 섬으로 4,000km나 되는 거리를 헤엄쳐 간다. 인간 선원들은 크로노미터의 발명으로 정확한 경도를 측정할 수 있기 전까지 바다에서 길을 잃기 일쑤였다. 하지만 암컷 바다거북들은 태어난 지 수십 년 후 수천 킬로미터 떨어진 곳에서 자신들이 알을 깨고 나온 바로 그 해변으로 돌아간다. 현재 사냥(합법이든 불법이든), 알 채취, 보트와의 충돌 등으로 멸종 위기에 처한 이 위엄 있는 동물은 지구 자기장을 감지할 수 있는 두뇌 속 결정체의 인도를 받을 가능성이 크다. 하지만 이들은 태양의 인도를 받는 방법을 통해서도 올바른 방향을 찾아갈 수 있다. 플로리다애틀랜틱대학교 연구원들은 바다거북이 방위각으로 알려진, 하늘에 떠 있는 태양의 높이를 모니터링해 위치를 계산할 가능성이 있음을 알아냈다.

대부분의 어종은 대양이나 호수의 한구석에서 지내는 데 만족하지만, 수백 종의 어종은 1년에 수백, 수천 킬로미터를 여행한다. 어떤 어종은 먹이를 찾아 담수와 염수를 오가기도 한다. 이런 어류들이 치르는 의식 중 가장 호기심을 끄는 것은 태평양 연어들의 의식이다. 그들은 할리우드 블록버스터 같은 삶을 살아간다. 그들의 삶에는 상류로 향하는 힘겨운 질주, 굶주린 회색 곰의 위협, 맹렬하지만 덧없는 로맨스 그리고 영웅적인 죽음이 담겨 있다. 실로 시간을 다투는 짜릿한 경주라고 할 수 있다.

치누크연어, 흰연어, 은연어, 곱사연어, 홍연어 등 다섯 종의 태평양 연어의 이주는 편도 여행이다. 태평양 연어는 생후 첫 몇 달을 담수천에서 보낸 후 고운 은빛 비늘로 확인할 수 있는 스몰트smolt라는 청년기에 접어든다. 시간이 지남에 따라 몸의 화학적 성질이 변하기 시작하고, 이때 어린 스몰트는 더 소금기 있는 물을 갈망하게 된다. 스몰트가 충분히 성장하면 어린 시절을 보내던 강을 떠나 외양外洋의 광활한 먹이 터로 향한다. 이런 젊은 연어들은 여러 해 동안 더 크고 강력한 힘을 갖추기 위해 가능한 한 많이 먹는다. 그들은 마지막 여행을 앞두고 최대한 에너지를 축적한다.

태평양 연어는 바다에서 수천 킬로미터를 방황하며 돌아다니다가도 결국 자신들이 태어난 바로 그 강으로 돌아온다. 과학자들은 그들이 어떻게 그처럼 정확하게 길을 찾아 돌아올 수 있는지 정확하게 설명하지 못한다. 어떤 이론은 연어가 지구의 자기장을 이용해 길을 찾는다고 주장한다. 다른 이론에 따르면 모든 강에는 특유의 독특한 냄새가 있고, 연어는 집으로 가는 길을 찾기 위해 뛰어난 후각을 이용할 수 있다. 태어난 강을 찾는 것은 전체 여행에서 쉬운 부분에 해당한다. 강은 바다로 흐르기 때문이 태평양 연어는 물살을 거슬러 이동해야 하는데, 이런 이동을 연어들의 질주salmon run라고 부른다. 질주가 시작될 즈음 연어에게 극적인 생리적 변화가 나타나는데, 색깔이 칙칙해지고 꼬리가 부풀어 오르며 수컷은 날카로운 이빨이 자라난다. 대양에 있는 동안 근육을 강하게 키우고 다량의 지방을 축적하게 된 연어는 자신의 모든 에너지를 이용해 공중으로 튀어 오르면서 상류로 돌진한다. 그들은 공중으로 3.6m까지 튀어 오르면서 급류와 폭포를 거슬러 올라가며, 이 과정에서 곰, 독수리, 인간을 포함한 포식자들을 피하기 위해 애쓴다. 연어들은 쉬지 않고 헤엄치며, 수백 킬로미터에 이르는 이주가 마무리될 때까지 먹지 않는다. 아이다호 중부에서 태어난 치누크연어와 홍연어는 거의 1,500km를 여행해야 하고, 2km 이상 거슬러 올라가야 자신들의 고향인 산란지에 도달할 수 있다.

겨우겨우 고향에 도착한 태평양 연어는 딱 한 가지 일만 더할 수 있을 만큼 매우 야위고 에너지가 거의 바닥난 상태다. 암컷 연어는 산란 둥지를 짓고 대략 완두콩만 한 크기의 알을 5,000개까지 낳는데, 이를 어란魚卵이라고 한다. 이 와중에 수컷들은 서로 물고 뜯고 뒤쫓곤 하는데, 가장 힘이 센 수컷이 암컷들에 합류해 어란에 정자를 방사한다. 성체가 된 몸은 어렸을 때 살던 담수를 견디지 못하고 산란 후에는 몸도 급속도로 나빠진다. 몸은 망가지고 먹이도 별로 없는 상태에서 기력이 쇠해진 연어는 태어난 그곳에서 죽음을 맞이한다. 이렇게 그들의 임무는 마무리된다. 대부분의 연어 종이 산란 후 죽는 반면, 북대서양으로 흐르는 강에서 발견되는 암컷 대서양 연어 중 극소수는 겨우겨우 짠 바다로 탈출해 힘을 되찾고, 그곳에서 살아가다 다시 번식을 한다.

바다 내에서 이주하는 일은 대부분 태평양 연어보다 덜 위험한 상황에서 이루어진다. 세계의 모든 대양에서 발견되는 백상아리는 매년 수천 킬로미터를 이동하는데, 그 이유는 분명하지 않다. 영화 『죠스』는 거대한 백상아리를 인간을 잡아먹는 사나운 동물로 묘사했지만, 이들이 인간을 공격하는 경우는 극히 드

가장 긴 거리를 이동하는 포유류

북극제비갈매기는 연간 최장거리 이동 세계 기록을 보유하고 있다. 그들은 날 수 있다는 장점이 있다. 포유류 중에서는 현재 어떤 동물이 기록을 보유하고 있을까? 연구자들은 귀신고래에게 타이틀이 돌아갈 것이라 생각한다. 이들은 가까운 친척인 혹등고래를 근소한 차로 앞서는데, 매년 적도 부근의 번식지에서 먹이가 풍부한 북극해나 남극해까지 1만 6,000km를 헤엄쳐 간다. 몸길이 15m 남짓한 우아하면서 경이로운 이 동물은 러시아에서 멕시코까지 거의 2만 3,000km를 여행하고 다시 돌아온다.

1949년 국제포경위원회가 고래 보호 결정을 내리기 전까지 귀신고래의 개체수는 포경 때문에 심각하게 감소했다. 그 후 비록 특정 집단, 특히 북서 태평양에 서식하는 집단은 여전히 심각한 멸종 위기에 처해 있는 것으로 파악되지만, 개체수는 서서히 회복되고 있다.

물다. 하지만 그들이 다른 바다 생물들에게 동일한 자제력을 보이는 것은 아니다. 그들은 바다거북에서 돌고래, 바닷새에 이르기까지 무엇이든 즐겨 먹는다. 그중 가장 좋아하는 먹이는 지방이 많고 느리게 움직이는 바다표범이다.

최근까지 백상아리들은 연안 해역 가까이에 사는 지역 어류로서, 바다표범 개체군을 뒤쫓으며 수백 킬로미터를 이곳저곳 여행할 뿐이라고 여겨졌다. 그러나 2009년 〈영국왕립학회보 B Proceedings of the Royal Society B〉에 발표된 한 연구는 대형 백상아리들이 사실은 대양을 횡단하는 상어로, 지구상에서 가장 먼 바닷길을 일상적으로 횡단한다는 사실을 보여주었다. 스탠퍼드대학교의 한 연구팀은 대형 백상아리들이 한곳에 머물지 않고 먹이가 부족한 외해를 가로질러 5,000km까지 여행할 수 있음을 밝혀냈다. 어떤 백상아리들은 1.2km 깊이의 심해까지 내려가는데, 아마도 심해산란층으로 알려진 그곳에 밀집해 있는 물고기와 오징어 떼를 잡아먹기 위해서일 것이다.

과학자들은 대형 백상아리의 이주 패턴을 확인하는 데 어려움을 겪고 있지만, 일부 지역은 그들이 반복해서 방문한다고 알려져 있다. 예를 들어 태평양에서는 흥미롭게도 대형 백상아리들이 흔히 한겨울에 캘리포니아 중부, 하와이와 멕시코의 바하 칼리포르니아 사이의 황량한 바다로 이주한다. (인간에게) 알려지지 않은 이유로 그들은 먹이를 풍족하게 먹을 수 있는 캘리포니아를 떠나 흔히 '백상아리 카페'라고 불리는 이 먼바다에 모여든다. 일단 이곳에 도착하면 대형 백상아리들은 바다의 가장 깊은 곳에 이르는 다이빙을 시작하는데, 신비로운 이 활동에 많은 에너지를 소모한다. 오랫동안 대형 백상아리를 추적해온 연구자 샐 요르겐센은 다음과 같이 말한다. "상어들은 밤낮으로 매우 빠르게 수심 50m에서 250m 사이를 위아래로 움직입니다. 때로는 하루에 100번 이상, 물속에서의 종단終端 속도보다 빠르게 헤엄쳐 다니죠."[5] 과학자들은 그들이 짝을 찾거나 특별히 맛있는

어류는 자기를 인식할 수 있을까

물고기에 관한 가장 그럴듯한 통념 중 하나는 그들이 고통을 느낄 수도, 감정을 느낄 수도 없다는 것이다. 이런 생각이 맞다면 낚싯바늘로 물고기를 잡아 물 밖에서 질식하도록 내버려두어도 그리 가혹하지 않을 것이다.

물고기는 분명 고통을 느끼며 자신을 개체로 인식한다. 동물이 자기 인식 능력을 갖추고 있는지 시험해보는 한 가지 방법은 동물의 몸 한 부분을 칠해 거울 앞에 두는 것이다. 만약 동물이 거울을 들여다보고 나서 표시된 부분을 건드리거나 유심히 살펴본다면 그 동물은 거울 속의 자신을 인식한다는 것이고, 곧 자기 인식 능력이 있다고 말할 수 있을 것이다(거울 실험이 자기 인식 능력을 판단하는 많은 실험 중 하나라는 점에 주목할 필요가 있다. 동물들이 인간한테서는 측정되지 않는 방법으로 자기 인식을 할 수 있다는 것은 학계의 정설이다. 자고로 자기 인식을 못 한다고 알려진 동물이라도 여전히 고통과 트라우마는 물론 여러 감정들을 경험한다).

일본 오사카시립대학교 연구진은 청줄청소놀래기를 대상으로 거울 실험을 해보기로 했다. 청줄청소놀래기는 동아프리카와 홍해에서 프랑스령 폴리네시아로 이어지는 산호초 군락에서 발견되는 작은 물고기다. 대개 이들은 더 큰 물고기들의 몸에 붙어 있는 기생충을 뜯어먹으며 그들과 호혜적 관계를 형성한다. 청줄청소놀래기들은 상당히 사업가적 면모를 지니고 있다. 이들은 서로 연대하여 큰 물고기의 '몸을 청소해주는 장소'를 만들어놓고, 춤과 유사한 동작을 취하면서 몸의 뒷부분을 위아래로 꿈틀거리며 신규 고객을 끌어모은다. 연구원들이 청줄청소놀래기 앞에 거울을 갖다 놓아보았더니 처음에는 이들이 원기 왕성한 텃세 행동을 했는데, 이는 거울에 비친 자기 모습을 다른 물고기로 간주한다는 사실을 의미했다. 그러나 며칠이 지나면서 잠잠해지기 시작했고, 연구가 끝날 무렵에는 스스로의 움직임을 분명 인식할 수 있었다. 이들은 연구원들이 몸에 부착한 꼬리표를 제거하기 위해 거울에 비친 자신의 모습을 이용하기도 했다.

물고기를 찾고 있으리라 추측한다. 그러나 이것은 추측일 뿐이며 현재로서는 해답을 찾을 방법이 없다.

작은 생명체들의 여행

벌들은 고작 뉴런이 100만 개이고 폭이 반 밀리미터에 불과한 작은 뇌를 갖고 있다. 그럼에도 이들은 벌집에서 최대 3,200m 떨어진 곳까지 이리저리 돌아다니다 윙윙거리면서 집으로 돌아간다. 이들은 뜻하지 않게 차창에 갇혔다가 풀려나도, 심술궂은 과학자가 잡았다가 가까운 곳에 놓아줘도 방향을 바꿔 집을 찾아 날아갈 수 있다. 해마, 내후각피질 같은 여러 발달된 뇌 구조도 갖추지 못했고 수명이 몇십 일에 불과한 이런 작은 생명체들이 어떻게 정확히 집으로 돌아갈 수 있을까? 과학자들은 답을 알지 못한다. 벌들이 아주 작은 뇌에 영역 지도를 각인해놓고 익숙한 지표들을 탐색하며 윙윙거리면서 집으로 돌아간다고 추측할 뿐이다. 벌이 방향을 잡기 위해 내부 시계를 이용하고, 동시에 태양의 위치를 관찰한다고 주장하는 연구도 있다. 이는 벌 나름의 경도와 위도 계산법에 해당한다.

모래벼룩도 이와 유사한 방법을 사용한다. 이 작은 갑각류는 황혼이 지난 후 만조 표지판 주변의 모래 해변을 따라 뛰어 다니곤 한다. 흔히 바다벼룩이라고도 불리는데, 유감스럽게도 이는 적절치 못한 명칭이다. 모래벼룩은 사실상 벼룩이 아니며 물지도 않기 때문이다. 멀리서 보면 춤추는 갈색 콩처럼 생긴 이 생명체는 축축한 모래사장에 터를 잡고 주변을 이리저리 돌아다닌다. 모래사장은 모래벼룩이 해안선 근처에서 먹이를 구하기 위해 낮 동안 은신해 있는 장소다. 일반적으로 이들은 동서 축선을 따라 이동하는데, 이는 태양이 하늘을 가로지르는 경로와 동일하다. 밤에는 달빛을 길잡이로 삼는다.

어떤 곤충은 별을 이용해 길을 찾는다. 어둠을 틈타 지저분한 작업을 즐겨 하는 쇠똥구리는 밤하늘을 이용해 방향을 잡고, 노동의 대가를 가득 안고 집으로 돌아간다. 쇠똥구리는 굴려서 공 모양으로 만든 다른 동물의 배설물을 토양의 부드러운 장소에 묻으면서 저녁 시간을 보낸다. 이런 작업이 특별히 힘들어 보이지 않을지 모르지만, 런던 퀸메리대학교 연구원들에 따르면 수컷 쇠똥구리는 자기 몸무게의 1,100배 이상을 운반할 수 있다. 사람으로 치면 사람을 가득 태운 이층 버스 6대를 한 사람이 끄는 것에 해당하는 무게다.

똥 덩어리를 굴리는 것은 이를 해본 적이 없는 사람들이 생각하는 것과 달리 그리 쉬운 작업이 아니다. 쇠똥구리는 똥 덩어리에 올라타려고 하는 작은 생명체들을 수시로 쫓아버려야 한다. 그러다 길을 잃을 수 있고 방향도 바꿔야 한다. 자세히 관찰한 바에 따르면, 일반적으로 쇠똥구리는 집으로 돌아가기 전에 새로 굴려놓은 덩어리 위로 기어올라 원을 그리며 춤을 추는데, 이는 길을 찾는 번거로운 과정의 하나다. 마리 다케 연구원은 2013년 과학뉴스매체 라이브 사이언스LiveScience에 "쇠똥구리 눈의 등쪽(윗) 부분은 편광, 즉 빛이 진동해오는 방향을 분석하는 데 특화되어 있다"[6]고 말했다. 쇠똥구리는 밤하늘의 편광 패턴을 이용하기 때문에 같은 자리를 맴돌지 않는다. 실제로 연구자들은 어떤 쇠똥구리 아종이 나선형 은하수가 뚜렷하게 드러나며 별이 반짝이는 청명한 밤에 훨씬 효율적으로 방향을 찾아 이동한다고 생각한다.

보잘것없는 쇠똥구리부터 '세상에서 가장 화려한 자연 현상 중 하나'로 칭송받는 제왕나비에 이르기까지, 곤충들은 놀라운 길 찾기 습관을 연마해왔다. 제왕나비는 1년에 한 번 대이동을 하는 모든 동물 가운데 가장 놀라운 방식으로 이동하는데, 이동을 끝마치는 데는 4세대가 걸린다. 1세대는 3~4월에 시작된다. 이들은 부화한 지 4일 만에 유충이 된다. 약 2주 동안 아기 애벌레들은 변태 과정을 시작할 준비가 될 때까지 기어 다니며 식물이 분비하는 유액을 섭취한다. 애벌레들은 줄기나 잎에 몸을 부착한 후 몸을 회전시켜 번데기라고 불리는 단단한 비단 고치에 몸을 숨긴다. 겉으로 보기엔 번데기가 가만히 있는 것처럼 보일 수 있지만, 그 속에는 애벌레였을 당시의 신체 부위가 날개로 변형되는 극적인 과정이 숨겨져 있다. 그 후 열흘쯤 시간이 흐르면 이제 제왕나비가 날개를 펴고 하늘로 날아오른다. 제왕나비의 인생은 아름다운 만큼이나 짧다. 제왕나비는 죽기 전, 단 2주에서 6주 사이 남은 시간 동안 가능한 한 많은 알을 낳아야 한다.

5~6월에 태어나는 2세대, 7~8월에 태어나는 3세대와 더불어 이 순환은 반복되고 또다시 시작된다. 각 세대의 나비들은 따뜻한 날씨를 따라 북쪽, 심지어 캐나다까지 이동한다. 그러나 9~10월에 태어나는 4세대는 다르다. 그들의 여정은 이전 세 세대의 여정보다 훨씬 고되다. 날씨가 점점 추워지면 이 나비들은 남쪽의 멕시코를 향해 여행을 나서야 하며, 이를 혼자 해내야 한다. 이 나비들은 2~6주가 아니라 6~8개월 동안 생존할 수 있으며, 월동 장소로 가기 위해 장장 4,000km 거리를 여행한다. 월동 장소 중 가장 잘 알려진 곳은 멕시코시티에서 북서쪽으로 100km쯤 떨어진 제왕나비 생물권 보호구역으로, 이곳은 동부의 거의 모든 제왕나비 겨울 개체군의 고향이다(로키산맥 서쪽에

사는 제왕나비들은 대개 캘리포니아 남부에서 여러 달 동안 더 추운 날들을 보낸다). 이어지는 몇 달 동안 그들은 4세대 주기를 새로 시작하여 북쪽으로 돌아가는 여정이 준비될 때까지 오야멜전나무 Abies religiosa에서 겨울잠을 잔다.

과학자들은 한때 제왕나비가 곤충 가운데 가장 먼 거리를 이동한다고 믿었지만, 최근 연구를 보면 이 영예가 '떠돌아다니는 글라이더Wandering glider'라는 이름에 걸맞은 한 특별한 잠자리에게 돌아갈 것 같다. 바로 된장잠자리다. 홑눈들이 모여 다면적인 시야를 만드는 겹눈, 억센 날개, 길쭉한 몸뚱이를 가진 잠자리들은 지구상에서 가장 잘 알려져 있지만 가장 오해를 많이 받기도 하는 곤충에 속한다. 동식물 연구자들은 오래전부터 일부 잠자리가 이주성 곤충임을 알고 있었지만, 그 크기와 재빠른 움직임 때문에 긴 거리를 추적하기 어려웠다. 힘센 공중 곡예사인 잠자리들은 여섯 방향으로 추진해 나아갈 수 있고, 시속 48km로 급발진하듯 날 수 있다. 그러나 많은 잠자리들은 이주성 곤충이 아니며, 한두 달 사는 동안 수 킬로미터 이상 이동하지 않는다. 하지만 된장잠자리는 다르다.

이 신비한 곤충의 비밀은 생물학자 찰스 앤더슨이 2009년 〈열대생태학 저널Journal of Tropical Ecology〉에 발표한 연구를 통해 비로소 밝혀졌다. 앤더슨은 된장잠자리를 옛날 방식, 즉 관찰을 통해 연구했다. 그는 인도, 동아프리카 및 여러 지역에서 관찰한 내용과 계절적 기후 패턴을 상호 연결시켰다. 이를 통해 많은 된장잠자리가 제왕나비와 마찬가지로 목적지에 도착하기까지 여러 세대의 잠자리가 태어나고 사라지는 매우 긴 여행을 한다는 사실을 발견했다. 처음에 앤더슨은 왜 자신을 드러내지 않는 이 노란 곤충들이 고향땅이 있는 몰디브(인도와 스리랑카 남서쪽, 열대 산호섬으로 이루어진 섬나라)에 나타났다 신비롭게 죽음을 맞이하는지 궁금했다. 15년 이상 관찰한 후, 그는 된장잠자리들이 계절에 따라 내리는 몬순 비를 좇아 인도양을 건넌다는 사실을 발견했다. 된장잠자리들은 폭우 속에서 짝짓기 하는 것을 매우 좋아하며, 이 때문에 몬순을 따라 거의 1만 6,000km나 여행하는 것이다.

어떤 동물들은 날개나 발이 없어도 고향으로 돌아가는 길을 찾을 수 있다. 2009년, 루스 브룩스라는 한 영국 할머니는 먹이를 찾아 나선 달팽이가 득실거리는 정원을 보고 격분했다. BBC는 "달팽이들이 할머니의 상추를 먹고 피튜니아 꽃을 헤집어놓았으며 할머니의 콩을 망쳐놓았다"[7]고 보도했다. 브룩스 할머니는 워낙 마음이 여린 사람이라 이 작은 연체동물들을 죽이지 않고 인근의 땅으로 옮겨주었다. 달팽이들이 바로 그다음 날 돌아온 건 아니지만(달팽이의 이동 속도는 시속 약 47m에 불과하다), 브룩스 할머니의 배고픈 달팽이들은 결국 피튜니아를 먹어치우러 정원으로 되돌아왔다.

어디에 데려다놓든 달팽이들은 돌아오는 길을 찾았다. 브룩스 할머니는 엑서터대학교 생물학자 데이브 호지슨 박사에게 연락을 취했고, 그는 정원의 여러 구석으로 다시 옮겨놓은 달팽이 65마리를 대상으로 실험을 했다. 그 결과 거의 모든 달팽이들이 26m 가까이 되는 거리를 이동해서 원래 위치로 되돌아갔다. 호지슨 박사는 다음과 같이 말했다. "현재로서는 몇 가지 분석이 필요하지만, 제가 아는 한 이는 정원 달팽이에게 귀소 본능이 있다는 상당히 놀라운 증거고, 제가 지금까지 바라온 것보다 훨씬 훌륭한 능력입니다."[8]

포유류의 기나긴 여행

새, 물고기, 날아다니는 곤충들(이들은 우리보다 훨씬 많이 혹은 적게 여행한다)이 먼 거리를 이동하는 것은 쉽게 상상할 수 있다. 그런데 가장 크고 가장 느린 육지 포유류도 매년 길을 찾아 수백 킬로미터, 심지어 수천 킬로미터를 이동한다. 상아 무역 때문에 아프리카 코끼리들이 대량으로 살해되기 전까지만 해도 이 위풍당당한 동물은 먼 거리를 여행하는 일이 드물었다(최근 추정에 따르면 1900년대 초 이래 코끼리의 개체수는 97% 감소했으며, 당시 1,200만 마리에서 현재 35만 마리로 줄어들었다). 암컷 코끼리 중 가장 나이가 많고 현명한 암컷을 흔히 암컷 가장家長이라고 하는데, 이 우두머리가 이끄는 아프리카 코끼리들은 신뢰할 수 있는 이동 경로를 따라 수백 킬로미터를 돌아다녔다. 이들은 더 비옥한 땅을 찾아 비를 쫓아다녔다. 코끼리들이 하도 많이 밟고 다녀서 다져진 길은 인간이 다니는 길의 토대가 되었다. 오늘날 코끼리의 이동은 인간의 활동과 밀렵 때문에 크게 방해를 받고 있으며, 일반적으로 보호구역 안에서만 다닐 수 있도록 이동이 제한된다. 하지만 일부 코끼리 개체군은 여전히 조상들의 발자취를 따라가고 있다.

이런 유랑생활을 하는 코끼리 가운데 으뜸은 아프리카 나미브사막과 사하라사막에 터를 잡고 살아가는 코끼리들이다. 사막 코끼리로 알려진 이들 개체는 물을 찾아 하루에 56km까지 이동하며 하루하루를 보낸다. 비영리단체 세이브 더 엘리펀트의 설립자인 생물학자 이언 더글러스 해밀턴의 설명에 따르면, 사막 코끼리들은 "가장 극한 상황에서 모험적인 삶을 살아가고 있다."[9] 여느 코끼리들과 다를 바 없이 그들에게 가장 큰 위협은 밀렵꾼이다. 비록 대대적인 보존 노력으로 코끼리 개체수가 반등할 수 있었지만, 나미비아와 말리의 사막 코끼리 수는 각각 대략 600마리와 400마리 정도다. 이 코끼리들은 위험을 감수하고 약초, 풀, 관목, 나무껍질, 나뭇잎, 씨앗, 과일을 포함한 온갖 식물을 먹으면서 매년 수백 킬로미터를 여행한다. 사막 코끼리는 매일 최대 250kg

의 음식을 먹고 160L의 물을 마셔야 하기 때문에 이것저것 따질 여유가 없다.

길 찾기 능력을 타고나는 새 같은 동물과는 달리, 코끼리는 경험을 통해 이런 능력을 터득해야 한다. 코끼리 무리의 생존은 암컷 가장에게 달려 있다. 암컷 가장은 수천 년 동안 전해져 내려온 지식이 거의 없이, 지표를 통해 안전한 경로와 신뢰할 수 있는 수원의 위치를 학습한다. 수년에서 수십 년을 거치면서 가장은 어떤 경로가 안전하고 어떤 것이 위험해졌는지를 기억하며, 우호적인 코끼리의 소리인지 낯선 코끼리의 소리인지를 식별할 수 있게 된다. 가장 현명한 가장은 수사자와 암사자의 으르렁거리는 소리(수사자가 몸집이 더 크고 새끼 코끼리를 사냥할 가능성이 더 높기 때문에, 이 소리를 구별하는 것은 중요하다)까지 구별할 수 있다. 코끼리 무리는 연평균 강수량이 100mm에 불과한 나미비아 북부의 쿠네네Kunene 같은 곳을 지나가야 한다. 식량이 부족한 상황이면 가장은 기지를 발휘해야 한다. 예를 들어 다수의 무리들은 가장의 인도에 따라 나미비아 서부의 호아닙Hoanib강으로 가서 나무의 씨앗 꼬투리를 먹으며 어려운 상황을 극복한다.

2008년 타랑기레 코끼리 프로젝트Tarangire Elephant Project의 주목할 만한 연구에서 연구자들은 21마리로 구성된 코끼리 일가를 긴 가뭄 기간 추적했다. 나이가 가장 많은 가장을 둔 집단, 즉 30년 전 큰 가뭄에서 살아남은 가장을 둔 집단은 멀리 떨어져 있어 코끼리들이 거의 가지 않았던 곳에 있는 음식과 물을 찾을 가능성이 훨씬 높았다. 수십 년 동안 그곳에 가지 않았어도 가장들은 오랜 기억을 되살려냈고, 일가를 안전한 곳으로 안내할 수 있었다.

아프리카 동부 해안 근처에서는 매년 또 다른 멋진 대이주가 일어난다. '대이동' 또는 '야생동물 월드컵'으로 불리는 이 이동에서는 매년 누 150만 마리, 얼룩말 20만 마리, 가젤 약 40만 마리가 탄자니아의 응고롱고로 보호구역에서 케냐의 마사이마라 국립보호구역으로 질주해 이동한다. 이주는 대부분 탄자니아 북부에서 케냐 남서부에 이르는 310ha 규모의 생태계인 세렝게티 내에서 일어난다. 연례행사인 이 이동에서 상당수를 차지하는 동물은 누다. 누는 코와 주둥이 부분이 넓고 갈기가 텁수룩한 뿔을 가진 우제류인데, 무게는 최대 250kg이며, 시속 80km까지 달릴 수 있다(영화 『라이온 킹』에서 심바의 아버지 무파사는 누 떼가 놀라서 우르르 도망치는 도중에 목숨을 잃었다). 일반적으로 대이동은 1~2월에 탄자니아에서 시작되는데, 이때 누 암컷들은 몇 주 안에 약 35만 마리의 새끼를 낳는다. 이 같은 동시다발적인 출산은 누에게 진화적인 이점이 된다. 대개 하이에나와 사자가 누를 잡아 먹는데, 이 동물들은 늘 일시에 배를 채우고 대부분의 새끼들을 해치지 않고 내버려두기 때문이다.

새끼 누는 출생 후 몇 분 안에 일어서서 걷는다. 다른 우제류

육상동물은 하늘 높이 솟아오르는 영화를 누리지 못한다. 그들은 발이나 발굽을 이용해 걸어서 계절에 따라 이동해야 한다. 모든 육상동물 중에서 가장 힘든 여정을 거치는 동물은 순록이다. 이들은 북아메리카, 유럽, 아시아, 그린란드 북부 지역에 터를 잡고 살아가는데, 매년 이 300만 마리의 뿔 달린 동물들은 더 푸른 목초지를 찾아 북극 툰드라를 가로질러 여행한다. 여름 몇 달 동안 그들은 툰드라의 싱싱한 풀을 먹는데, 매일 5.4kg의 식물을 섭취한다. 눈이 내리기 시작하면, 은신할 수 있는 지역을 향해 동쪽으로 방향을 트는데, 그곳에서 해조류와 유사한 이끼lichen를 먹는다. 일부 순록, 특히 캐나다 북서부 먼 지역에서 발견되는 삼림 순록woodland caribou은 1년에 최대 5,000km 가까이 이동한다. 이는 육상 포유동물 중 가장 먼 거리를 이동하는 것이다.

보다 빠르다. 이들은 이동할 준비가 되어 있어야 한다. 3월이 되면 땅이 말라붙을 기미가 보이고, 누 떼는 비와 새로운 풀의 성장을 따라 북쪽으로 이동을 시작하기 때문이다. 이제 그들은 세렝게티 중심부, 좀 더 구체적으로 말하면 풍성한 풀을 먹을 수 있는 작은 담수호를 향해 달려간다. 6월 즈음에 누는 그림같이 아름다운 그루메티 사냥 금지 보호구역에 도착한다. 이곳은 1994년 탄자니아 정부가 누 떼의 이주를 위해 조성한 보호구역이다. 그럼에도 위험은 여전하다. 여행 내내 누 떼는 사자, 하이에나, 표범, 치타 및 다른 포식자들의 집요한 추적을 받으며, 물결이 거세어 예측이 불가능한 강을 건너야 한다. 이런 강에서는 일시에 누 수십 마리가 익사할 수도 있다. 8월에 이르러 지친 누 무리는 마침내 케냐 남부의 마사이마라 국립보호구역에 도착하고, 그곳에서 몇 달 동안 기력을 회복하고 고향으로 가는 여정을 준비하면서 시간을 보낸다. 장맛비가 다시 내리는 10월 하순이 되면 그들은 세렝게티로 돌아가는 오랜 여행을 시작하는데, 이번에는 세렝게티의 동부 삼림지를 통과한다. 고향에 도착할 즈음 암컷들은 만삭 상태인데, 곧 태어날 다음 세대들은 이듬해가 되면 오랫동안 지속해온 이주 여행을 다시 떠날 것이다.

동물들이 날고 걷고 헤엄치고 유유히 나아가고 질주하고 구르는 방법은 인간을 매혹시킨다. 이런 복잡한 과정을 알면 알수록, 우리가 동물들에 대해 아는 것이 얼마나 적은지 더 깊이 깨닫기 때문이다. 우리 뇌와 비교하면 고작 한 조각 정도의 뇌를 가진 새들이, 어떻게 매년 수천 킬로미터 떨어진 동일 장소로 정확히 날아갈 수 있을까? 어떻게 바다거북들이 대양을 횡단해 10년 전에 태어난 작고 외진 섬을 찾아갈 수 있을까? 요컨대, 어떻게 인간보다 동물이 지구상에서 훨씬 길을 잘 찾을 수 있을까? 과학은 계속해서 새로운 설명을 내놓지만, 이 세상에는 우리가 결코 풀지 못할 수많은 미스터리들이 있다.

인간은 지구상의 어떤 스타벅스로든 우리를 데려다줄 더 새

중동에 서식하는 털 많은 설치류 장님 쥐는 과할 정도로 지하 터널을 많이 파놓는 것으로 유명하다. 이들은 지구의 자기장을 분석해 자신이 있는 지하의 위치를 모니터링할 수 있다. 장님쥐는 작은 눈 위에 피부가 한 겹 덮여 있기 때문에 눈으로는 전혀 볼 수 없다. 그렇다고 이들이 양파와 덩이줄기를 찾아다니는 긴 여행을 못 하는 것은 아니며, 수확물을 복잡한 터널망 어디에 두었는지 몰라서 나중에 못 찾는 일도 없다. 짧은 거리를 갈 때는 방향을 제대로 잡기 위해 균형 감각과 후각에 의존한다. 하지만 더 긴 거리를 갈 때는 더 정교한 길 찾기 시스템을 이용한다. 즉, 자기장을 참고해 길을 찾는 것이다. 장님쥐가 어떻게 자기 나침반을 이용하는지는 분명하지 않다. 하지만 후각 부위에 자석 결정체가 박혀 있고, 이를 이용해 집으로 가는 길을 찾는 것으로 보인다.

장님쥐가 지구의 자기파를 감지할 수 있는 유일한 포유류는 아닐 것이다. 예를 들어 붉은여우는 북동쪽 방향으로 먹이에 덤벼드는 경우가 압도적으로 많은 것으로 밝혀졌다. 당신이 개와 함께 산다면 배변 습관을 주의 깊게 살펴보자. 2년 동안 37종의 품종과 5,000건 이상을 관찰한 연구가 〈동물학 전선Frontiers in Zoology〉에 게재되었는데, 연구 결과에 따르면 "개들은 몸이 남북 축과 나란해질 때 배변하는 것을 선호한다."[10]

롭고 멋진 스마트폰을 발명해낼 것이다. 자율주행차는 언젠가 도로표지판을 쓸모없게 만들지 모른다. 그러나 동물들은 작동하지 않거나 멈추거나 배터리가 방전되는 경우 없이, 여태 해왔던 것과 동일한 방식으로 또 언제나처럼 성공적으로 계속해서 길을 찾아갈 것이다. 지구상에는 아직 발견되지 않은 약 700만 종의 생물이 더 있을 것으로 추정된다. 우리는 이들이 어떤 인상적인 방법으로 지구를 돌아다닐지 그저 추측할 따름이며, 어쩌면 우리가 그들에게서 배워야 할지도 모른다.

● 동물들의 의사소통

동물의 눈은 위대한 언어를 말할 수 있는 힘을 가지고 있다.

—마르틴 부버, 히브리 철학자

20세기 초를 전후해서 독일은 한 마리 말에 흠뻑 빠져 있었다. 오를로프 트로터종의 말로 이름은 한스였는데, 말 주인은 빌헬름 폰 오스텐이었다. 그는 이 말이 문장을 이해할 수 있고 수학 문제도 풀 수 있다고 주장했다. 언론이 인용한 바에 따르면 영리한 한스는 발굽을 땅에 탁탁 두드리며 더하고 빼고 곱하고 나누며 분수를 계산했다. 또한 시간을 볼 줄 알고, 수준 높은 여러 과제들 가운데 독일어 철자를 말하고 이해할 수 있었다고 한다. 폰 오스텐은 한스를 널리 알렸는데, 독일 교육위원회는 마침내 한스 위원회라는 전문가 위원회를 조직해 기적과 같은 말의 언어 실력을 조사해보았다. 최종적으로 위원회는 한스가 정말 영리하긴 하지만 사실은 오스텐의 무의식적인 몸짓 언어를 보고 거기서 얻은 단서들에 반응하는 것이라고 판단했다. 한스는 주인의 얼굴에 나타나는 긴장 상태를 살펴서 언제 발굽을 두드려야 하고 언제 가만히 있어야 하는지를 구분할 수 있던 것이다. 비교심리학자들에게 이 현상은 '영리한 한스 효과'로 알려져 있다. 이는 연구자들이 동물의 인지능력을 시험할 때 무심코 실험 대상 동물에게 단서를 전달하는 경향을 말한다.

영리한 한스 효과는 오랫동안 과학자들을 괴롭혀온 문제를 제기한다. 동물들이 우리처럼 의사소통을 할 수 있는가? 아니면 단지 의사소통하는 것처럼 보일 따름인가? 둘 다 아니라면 그들이 우리가 이해할 수 없는 방식으로 의사소통을 하는 것일까?

오래전부터 우리의 전통문화 속에는 인간과 동물이 의사소통하는 특징이 자리 잡고 있었다. 인도에서 가장 오래된 우화집 중 하나인 《판차탄트라》는 동물들끼리 하는 이야기와, 동물과 인간이 하는 이야기만으로 이루어져 있다. 러시아 민화에도 의인화된 동물들이 등장하는데, 특히 기분에 따라 동물로 변신할 수 있는 신비한 여성 바바야가 이야기가 눈에 띈다. 1700년 대 초, 한 프랑스 주교가 프랑스 동물원에서 오랑우탄을 처음 보았다. 이 유인원은 똑바로 서서 걸었고, 인간과 너무 비슷해 보여서 주교는 자신도 모르게 "말해보라! 그러면 세례를 주겠노라!"고 외쳤다.

우리의 뒷마당부터 도시의 거리, 광활한 세렝게티에 이르기까지 동물들은 우리 주변에서 말을 하고, 우리는 이제야 그들의 말을 조금씩 알아듣기 시작했다.

개의 의사소통 ────

동물들이 사람의 말을 이해할 수 있을까? 개를 키우는 사람이라면 누구나 당연히 그렇다고 대답할 것이다.

여러 연구에 따르면 평균적인 갯과 반려동물은 인간 단어를 200개 정도 이해하고 반응할 수 있으며, 전문적인 훈련을 받으면 더 많은 것을 파악할 수 있다. 오랫동안 개들이 특정 단어에 반응하는 것인지 아니면 우리의 목소리 음조에 반응하는 것인지 분명하지 않았지만, 한 연구는 개들의 복잡한 언어능력을 보여준다. 헝가리 외트뵈시롤란드대학교 연구원들은 집에서 키우는 개 13마리를 선발해서 기능성 자기공명영상장치fMRI에 가만히 앉아 있도록 훈련시켰다(연구자들은 이 개들이 갇혀 있거나 묶여 있지 않았고 언제든지 돌아다닐 수 있었다고 강조했다). 과학자들은 녹음한 훈련사의 말을 틀어놓고 개들의 뇌파에 어떤 변화가 있었는지 연구했는데, 그들은 개들이 음색과 단어를 따로따로 처리할 수 있다는 사실을 발견했다. 개들은 '착한 녀석'이나 '잘

했어' 같은 칭찬을 들었을 때 뇌의 좌반구가 밝아졌다. 인간의 뇌가 언어를 처리하는 바로 그 부분이다. 또한 인간과 마찬가지로 개들은 우뇌에서 긍정적인 어조와 부정적인 어조를 처리했다. 연구원들은 우리가 밝은 목소리로 말할 때에도 개들은 오직 칭찬의 말에만 반응한다는 사실을 발견했다. 수석 연구원인 아틸라 안디치는 "개들은 우리가 '말한 내용'과 '말하는 방법'을 구분할 뿐 아니라, 이 둘을 결합해 그 단어들이 의미하는 바를 정확하게 해석할 수 있다. 게다가 이런 작업은 인간의 두뇌가 하는 바와 매우 비슷하다"고 지적했다.[11]

더 많은 연구들은 갯과 반려동물들이 그저 듣기만 하는 것이 아님을 보여주었다. 인간에게는 개들끼리의 상호작용이 으르렁거림이나 요란하게 짖어대는 소리의 불협화음처럼 들릴 수도 있지만, 개들은 어조를 바꾸어 저마다 의미가 있고 놀랄 만큼 다양한 소리를 낸다. 짖는 소리의 높이, 타이밍, 진폭 등을 바꾸는데, 이는 자신이 속한 집단에 의도를 전달하기 위한 방법으로 여겨진다. 예를 들어 개들은 먹이를 두고 몸싸움을 할 때 '음식에 대한 으르렁 소리'를 내고, 모르는 사람을 발견했을 때는 이와 확연히 다른 '위험에 대한 으르렁 소리'를 낸다는 사실이 밝혀졌다. 연구원들이 뼈 주변을 맴도는 개에게 으르렁 소리를 녹음해 들려주었는데, 개는 낯선 사람에 대한 으르렁 소리에 비해 음식에 대한 으르렁 소리를 듣고 훨씬 머뭇거렸다. 이와 반대로 다른 실험에서는 졸던 개들이 음식에 대한 으르렁 소리보다 낯선 사람에 대한 으르렁 소리를 들었을 때 벌떡 일어설 가능성이 더 높다는 사실이 확인되었다.

개의 가까운 친척인 늑대도 의사소통 방법이 복잡하다. 회색늑대는 유럽, 아시아, 북아메리카의 외딴 지역에서 발견된다. 과학자들은 한때 오늘날의 개들이 약 1만 년 전 회색늑대에서 진화했다고 믿었다. 하지만 최근의 유전자 연구는 오늘날의 개들이 9만 년에서 3만 4,000년 전 선사시대 유럽에서 살았던 늑대와의 공통 조상에서 유래되었을 가능성을 시사한다. 늑대는 개에 비해 다리가 호리호리하고 몸이 홀쭉하며 발이 튼실해서 험한 환경에서도 먼 거리를 여행할 수 있다. 길들여진 개가 달리는 모습을 보면 몸이 위아래로 흔들리면서, 우아하지는 못해도 활기차게 황급히 달려간다. 그러나 늑대는 통통 튀기보다는 성큼성큼 걸으며, 그러면서 줄곧 소리 없이 유연하게 움직인다. 늑대의 턱은 뼈를 부술 수 있을 정도로 개에 비해 월등히 크다. 개는 털과 눈 색깔이 가지각색이지만, 늑대의 털은 일반적으로 환경에 따라 위장할 수 있는 흰색, 검은색, 회색 또는 갈색이며, 눈은 노란색이나 황색이다.

외로운 늑대라는 말이 유명하지만, 늑대는 매우 사회적인 동물이다. 그들은 생존을 위해 매우 복잡한 관계와 계층 구조에 의존해 살아간다. 일반적으로 늑대들은 5~11마리로 무리를 이

개는 왜 사람을 잘 따를까

인간과 개의 관계에서는 '최적자 생존' 측면보다는 '가장 우호적인 자들의 생존'이라는 측면이 더 부각된다. 늑대가 북아메리카와 유라시아의 외딴 황무지를 끊임없이 이리저리 떠돌아다니는 반면, 개는 집 안에 살면서 새로운 인간 친구를 가능한 한 많이 사귀고자 한다. 개와 인간의 유대는 오래되고 흔들림이 없으며, 새로운 연구에 따르면 이 유대는 우리가 생각한 것보다 뿌리가 깊고 오랫동안 유지돼왔다.

2014년 시카고대학교 연구원들이 〈PLOS제네틱스PLOS Genetics〉에 발표한 연구에 따르면, 개와 인간의 유전자군은 수천 년 동안 나란히 진화해왔다. 소화, 질병과 관련된 유전자들이 특히 더 그러하다. 이는 그들이 환경을 공유함으로써 나타난 결과일 가능성이 높다. 개와 인간은 상호의존성을 발전시키면서 점차 다사다난한 환경에서 함께 살게 되었고, 그 때문에 자연이 그리고 마침내 인간 자신이 더 우호적인 개를 선택했다. 개와 인간은 너무 오랫동안 함께 살고 진화했기 때문에(이따금 건강에 해로운 음식에 대해 비슷한 습관을 발달시키면서) 비만, 간질, 암, 강박증 같은 질병까지 공유한다.

개는 인간의 발달에 매우 중요했다. 연구자 브라이언 헤어와 바네사 우즈가 《개의 천재성》에서 주장하듯이 "우리는 개를 길들이지 않았다. 그들이 우리를 길들였다"[12]고 말할 수 있을 것이다.

루어 살아가며, 무리는 대개 일부일처의 성체 2마리, 젊은 개체 3~6마리, 새끼 1~3마리로 구성된다. 젊은 개체들이 성적 성숙기에 이르면 짝을 찾기 위해 무리를 떠나 그들만의 가정을 꾸린다. 늑대 무리들이 먹이가 제한된 혹독한 환경에서 살아남으려면 긴밀하게 협력하면서 먹잇감에 몰래 접근하고 쫓아야 하는데, 이런 추적이 수 킬로미터에 걸쳐 이어지기도 한다.

추적은 3개의 개별 감각이 개입되는 매우 복잡한 의사소통 시스템을 통해 이루어진다. 첫 번째는 시각적인 감각이다. 늑대들은 무리의 기본 규칙을 공유할 때 몸짓언어를 사용한다. 여기서 가장 중요한 것은 한 무리가 리더와 추종자로 구성되어 있다는 점이다. 리더들은 부모이며, 다른 성원보다 나이가 많고 힘이 세고 지혜롭다. 그들은 꼬리를 높이 쳐들고, 우뚝 서서 새끼들에게 이를 상기시킨다. 다른 늑대들은 꼬리를 내리고 구부정한 자세로 엎드려 순종적인 모습을 드러낸다. 서열이 낮은 늑대들은 옆으로 누워서 취약한 복부를 드러내 보여 복종을 표시한다. 늑대는 화가 나면 귀를 곧추세우고 이빨을 드러내 화가 났음을 다른 성원들에게 알린다. 겁을 먹었을 때는 머리에 귀를 납작하게 붙일 것이다. 반면 장난을 치고 싶을 때는 개처럼 춤을 추듯 껑충껑충 뛰거나, 앞발을 뻗어 머리를 낮추고 엉덩이는 올린 자세를 할 것이다. 개와 마찬가지로 늑대도 인간보다 후각이 거의 100배나 발달했는데, 늑대 무리는 이 뛰어난 후각을 적절히 활용한다. 대개 늑대는 전략적으로 몇 분마다 나무와 흙에 오줌을 묻힘으로써 자신들의 영역을 분명히 드러내고 다른 무리들의 영역을 침범하지 않을 수 있다. 마지막으로 늑대의 울부짖음에는 매우 확실한 의도가 들어 있다. 이는 어린 새끼들을 포식자에게서 보호하기 위해 무리를 규합하는 울음소리일 수 있고, 가족을 찾기 위한 사회적 울부짖음일 수도 있다. 또 다른 발성으로 낑낑거림이 있다. 이는 어미들이 새끼에게 젖을 먹일 때 사용하며, 나이 든 늑대에게는 복종을 나타내기 위해 사용한다. 이 밖에 공격성을 드러내기 위해 사용하는 으르렁거림이 있다.

동물도 읽을 수 있을까 ——

어떤 동물들은 기초적인 독해력이 있는 듯 보인다. 수천 년 동안 우리는 말이 머리가 좋고, 여러 명령과 임무를 습득할 수 있을 정도로 훈련이 가능한 동물이라는 사실을 알고 있었다. 영리한 한스 일화 때문에 말이 의사소통 능력을 가지고 있다는 생각은 오랫동안 자취를 감추었다. 그러나 노르웨이 생명과학대학교 연구팀은 말이 담요를 원하는지 알아보는 실험을 통해, 말이 상징을 읽을 수 있고 이를 이용해 자신이 원하는 바를 전달할 수 있다는 사실을 발견했다. 2016년 〈응용 동물행동학Applied Animal Behaviour Science〉에 게재된 이 연구에서 연구자들은 말에게 3가지 신호를 보여주었다. 하나는 전부 흰색이고, 다른 하나는 흰색 바탕에 검은색 가로줄이, 나머지 하나는 흰색 바탕에 검은색 세로줄이 그어져 있었다. 11일 후, 말들은 담요를 등에 덮어 달라거나, 담요를 치워달라거나, 또는 그대로 놔두라는 등 자신이 선호하는 것에 대응하는 신호를 눌러 의사를 표시하는 방법을 습득했다. 연구자들은 말들이 새로운 의사소통 능력을 발견함으로써 눈에 띄게 흥분한다는 것을 알 수 있었다. 이는 말들이 인과관계를 이해할 수 있다는 것을 뜻한다.

우리가 생각했던 것보다 많은 종들이 신호를 보고 그 의미를 이해하는 능력이 있는 것으로 드러났다. 캘리포니아의 오클랜드 동물원에서 행해진 최근의 한 연구에서 34살의 코끼리 도나는 바나나 사진을 진짜 바나나와 연결시킬 수 있었다. 도나는 여러 사진을 훑어보고 좋아하는 음식의 사진을 건드리면 바나나를 얻을 수 있으리라는 것을 알았다. 스탠퍼드대학교 코끼리 전문가 케이틀린 오코넬 로드웰은 "여러분이 마음속에 어떤 사물을 상상할 수 있다면, 이는 여러분이 그 사물을 생각하고 그에 대한 계획을 세울 수 있음을 의미합니다. 도나는 바나나 사진이 진짜 바나나를 나타낸다는 사실을 아는 걸까요? 그렇다면 도나는 마음속으로 그런 상상을 할 수 있다는 뜻일 것입니다"라고 말했다.[13]

농장의 의사소통 능력자들

　농장에서 일생을 보내는 가축들은 동물원에 사는 동물 못지않은 의사소통 능력자들이다. 소는 사실 눈을 맞추는 것만으로도 의사 전달을 할 수 있다.

　영국 중남부의 코츠월즈는 완만하게 경사진 짙푸른 언덕과 돌집들이 마을을 이룬 곳으로, 솔개둥지 농장은 코츠월즈 인근에 위치한 160ha 규모의 유기농 농장이다. 농장주인 로저먼드 영은 수년간 농장의 소들이 상호작용하는 매혹적인 방법을 기록해왔다. 베스트셀러 《소의 비밀스러운 삶》에서 영은 크리스마스 보닛이라는 소에 대해 들려준다. 어느 겨울날 영은 농장을 시찰하러 온 관청 직원에게 농장을 가로질러 어미 소와 새끼 황소들을 데려갔다. 영이 책에 쓴 것처럼, 다른 소들을 데려가는 바람에 크리스마스 보닛은 "가족도 사실상 친구도 없이"[14] 혼자 남게 되었다. 다음 날 영과 그녀의 어머니가 크리스마스 보닛에게 먹이를 주러 갔을 때, 이 소는 그저 물끄러미 그들을 바라보기만 했다. 두 사람이 차에서 내려 왔다 갔다 할 때, 크리스마스 보닛은 두 사람을 번갈아가며 빤히 쳐다봤다. 크리스마스 보닛의 기분이 좋지 않다는 건 누가 봐도 뻔했다. 그들은 크리스마스 보닛에게 미안하다고 말하고 가능한 한 빨리 가족을 만나게 해주겠다고 약속했다. 그래도 마음이 풀리지 않은 게 분명했다. 그들이 떠나자마자 크리스마스 보닛은 산울타리와 문, 펜스를 넘어 가족을 찾아 나섰기 때문이다.

또 다른 농가 사육동물인 돼지는 복잡한 방법으로 서로 의사소통한다. 그들이 내는 20가지 이상의 꿀꿀거리는 소리, 꽥꽥거리는 소리는 짝을 유혹하는 것부터 배고픔을 표현하는 것에 이르기까지 서로 다른 상황에서 사용되는 것으로 확인되었다. 갓 태어난 새끼 돼지는 어미 목소리에 달려가는 법을 배우고, 어미 돼지는 젖을 주면서 새끼 돼지에게 노래를 불러준다. 〈로열 소사이어티 오픈 사이언스Royal Society Open Science〉지에 실린 한 연구가 확인했듯이, 농가 마당에서 들리는 이런 소리들은 그저 아무렇게나 내는 소리가 아니다. 선임 연구원은 "이 연구는 어떤 요인이 돼지의 발성에 영향을 미치는지를 조사하고, 이를 통해 돼지가 어떤 정보를 전달하는지를 더 잘 이해하는 것을 목적으로 한다"[15]고 설명했다.

다양한 사회적 상황에 놓인 72마리의 수컷 돼지와 암컷 돼지를 연구한 결과, 특정 상황에서 돼지가 내는 소리는 독특하고 반복 가능한 것으로 확인됐다. 한 연구원은 이렇게 설명했다. 돼지는 "음향 신호를 다양한 방법으로 사용한다. 예를 들어 먹이를 찾는 동안 집단의 다른 성원들과 연락을 주고받을 때, 부모와 자식이 얘기할 때, 아프다는 걸 표현할 때 내는 음향 신호가 각기 다르다. 돼지들이 내는 소리는 감정, 동기, 생리 상태 등

광범위한 정보를 전달한다. 예를 들어 돼지들은 두려움을 느낄 때 끼익하는 소리를 내는데, 이는 다른 돼지들에게 자신들의 상황을 알리거나 조심하라고 경고하는 것이다."[16]

농장 동물 가운데 소와 돼지만이 고도로 발달된 의사소통 기술을 가진 것은 아니다. 전 세계 주요 동물행동학자들은 닭이 호기심이 많고 흥미로운 동물이라는 사실을 알고 있다. 일부 측면에서는 그들의 인지능력이 고양이, 개, 심지어 일부 영장류보다 더 발달했다. 다른 모든 동물들처럼 닭도 가족을 사랑하고 자신의 생명을 소중히 여긴다. 닭에 사회적 본성이 있다는 것은 그들이 항상 가족과 집단 내 다른 닭들을 돌본다는 사실을 의미한다. 닭과 함께 시간을 보내본 사람들은 닭이 우리처럼 복잡한 사회 구조, 능숙한 의사소통 기술, 뚜렷한 개성을 지니고 있음을 안다.

자연환경에서 닭은 '쪼는 서열'이라고도 알려진 복잡한 사회 계층을 형성한다. 모든 닭은 100마리 이상 다른 닭의 얼굴과 서열을 기억하며, 이를 통해 사회 위계질서 속에서 자기 위치를 파악한다. 닭은 30가지 이상의 발성 방법을 이용해 육지나 상공에서 다가오는 위협을 구분한다. 암탉은 아직 부화하지도 않은 새끼들에게 몇 가지 위협을 가르친다. 암탉이 알을 품는 동안 부드럽게 꼬꼬댁거리면, 새끼들은 껍데기 안에서 어미와 다른 알들을 향해 삐약거리며 반응한다.

고래의 노래

명령을 이해하는 것과 실제 서로 대화를 나누는 것은 차이가 있다. 과학자들은 동물의 지능을 연구할 때, 동물의 언어능력과 의사소통 능력을 대략적으로 구분한다. 개들은 서로 다른 칭찬을 이해할 수 있고 다양한 소리로 으르렁거릴 수도 있지만, 이것을 전통적인 의미의 언어능력으로 간주하지는 않는다. 인간 언어능력의 전형적인 특징으로는 임의의 소리를 단어에 연결시키는 능력(예를 들어 부리를 뜻하는 beak라는 영어 단어는 전혀 부리처럼 생기지 않았다), 과거나 미래의 생각이나 사물에 대해 이야기하는 능력 등이 있다. 하지만 최근 몇 년 동안 과학자들은 '동물들이 우리처럼 말을 할 수 없다'는 가정을 다시 생각하기 시작했다.

이런 과학자 가운데 데니스 허징이라는 해양포유동물학자가 있다. 그는 바하마 해안에 서식하는 야생 점박이돌고래들의 인지능력과 언어능력을 수년 동안 연구해왔다. 오래전부터 과학자들은 돌고래들이 똑똑하다는 사실을 익히 알고 있었다. 인간과 마찬가지로 그들도 일정한 공통의 지적 능력이 있으며, 모든 수생 포유동물 가운데 뇌 대 신체 비율이 가장 크다. 그들은 거울에 비친 자신을 인식할 수 있다. 일부 지역의 돌고래들은 도구를 이용해 사냥한다. 돌고래는 매우 사회적인 동물이며, 12마리 개체로 이루어진 소규모 집단을 이루고 산다. 그들은 놀랄 만큼 공감 능력이 뛰어나다. 예를 들어 돌고래들은 누가 아프거나 다치면 그 돌고래를 돌본다. 그러나 허징의 팀은 찰칵찰칵 소리, 휘파람 비슷한 소리, 비언어 신호로 이루어진 돌고래의 복잡한 의사소통 방식을 파악하는 데에만 주안점을 두었다.

허징은 바하마에 캠프를 차렸다. 바하마는 거의 무한대로 수중 생물을 볼 수 있는 파랗고 투명한 바다로 유명하다. 허징과 그녀의 팀은 20년 이상 매해 여름 18m 남짓한 쌍동선에서 지내면서 매년 같은 돌고래 떼를 관찰했고, 그러면서 그들이 어떻게 의사소통하는지 모니터링했다. 2013년 테드Ted 강연에서 그녀는 이 동물들을 '자연 음향학자'라고 불렀다. "돌고래들은 우리보다 10배 높은 소리를 내고 10배 높은 소리를 듣습니다. 하지만 그들은 또 다른 소통 신호를 사용하기도 합니다. 그들은 시력이 좋아서 몸의 자세를 보며 의사소통을 하죠. 그들은 후각은 없지만 미각이 있으며, 촉각도 있습니다."[17]

돌고래의 피부는 매우 민감해서 물속에서 음파를 감지할 수 있다. 실제로 "돌고래들은 일정한 거리에서 서로 윙윙거림을 느끼게 하거나 간지럽힐 수 있습니다"라고 허징은 말했다.

인간이 이름을 지어 서로를 부르듯이, 돌고래는 각자 자신들만의 독특한 울음소리를 가지고 있다. 어떤 돌고래가 휘파람 소리를 내면 나머지 동료들은 누가 소리를 내는지 안다. 그러나 돌고래 의사소통 방식의 진정한 아름다움은 인간의 청각 범위

밖에 있다. 돌고래는 초음파의 휘파람 같은 소리, 딸깍거리는 소리 그리고 인간이 전문 장비를 사용할 경우에만 감지할 수 있는 소리를 낸다. 허징은 돌고래가 내는 파열 펄스음에 초점을 맞췄다. 이는 분광기로 분석했을 때 인간의 발화 패턴과 매우 유사했다. 이런 착상을 실험하기 위해 연구팀은 돌고래가 내는 소리의 주파수를 수신하고 전송할 수 있는 정교한 양방향 키보드 인터페이스를 조립해 만들었다. 돌고래들이 인위적으로 내는 휘파람 소리를 대상과 연결시키는 방법을 배울 수 있는지 확인하기 위한 장비다.

돌고래들이 공 뺏기 놀이를 하는 모습을 관찰한 후, 허징은 키보드를 자신의 선박에 부착하고, 스쿠버 장비를 이용해 돌고래들이 좋아하는 밧줄과 해초가 포함된 놀이기구 몇 개를 바다로 내려보냈다. 연구팀은 키보드를 이용해 다양한 휘파람 소리와 이런 기구들을 연결시켰다. 얼마 지나지 않아 돌고래들은 독특한 휘파람 소리를 내서 인간에게 놀이 기구를 요청하는 법을 배웠다. 또한 돌고래들이 장난감을 가지고 놀고 있을 때, 허징은 키보드로 휘파람 소리를 내서 장난감을 돌려 달라고 요청할 수도 있었다. 돌고래들은 충실하게 요청에 응했다. 현재 허징은 조지아공대와 협력하여 이동이 가능하고 더 정교한 키보드를 만들고 있다. 이 장비가 완성되면 앞으로 돌고래 의사소통의 비밀을 더 많이 밝혀낼 수 있을 것이다.

돌고래는 잊지 않는다

　　　　　　돌고래들의 기억력이 좋다는 것을 알았
지만, 얼마나 좋은지는 최근까지 아무도 몰랐다. 그런데 최근 그들의 기억력이 아
주 좋다는 사실이 밝혀졌다. 〈영국왕립학회보 B〉에 게재된 최근 연구는 돌고래
들이 20년 동안 보지 못했던 다른 돌고래들의 휘파람 소리를 실제로 인식해낼
수 있다고 보고했다. 시카고대학교 연구원들은 돌고래들이 6개월 전에 마지막으
로 본 친구를 알아보는 것과 유사한 정도로, 20년 전에 마지막으로 본 동료의 휘
파람 소리를 쉽게 인식해낼 수 있다는 사실을 확인했다. 수석 연구원 제이슨 브
루크는 이를 통해 돌고래가 "인간의 사회적 기억과 매우 유사한 수준으로 인지
활동을 하는 동물임을 알 수 있다"[18]고 설명했다.

음파는 공중에서 대략 시속 1,200km로 이동한다. 반면 물
에서는 해수 온도와 압력에 따라 5배까지 더 빨리 이동할 수 있
다. 음파는 잔물결처럼 움직이는데, 점점 더 깊이 내려가 수온약
층에 도달할 때까지 속도가 계속 느려진다. 수온이 급격히 떨어
지는 이 층을 지나면 대양의 온도가 더 이상 떨어지지 않는 깊이
에 도달한다. 여기서 음파는 속도를 높이며 해수면을 향해 튀어
서 되돌아가는데, 이렇게 수천 킬로미터를 이동할 수 있다. 따라
서 유달리 큰 소리를 내는 바다 동물이 먼 거리, 심지어 바다 전
체를 가로질러 의사소통할 수 있음을 알 수 있다.

몸길이 30m에 무게가 170t에 달하는 흰긴수염고래는 지금까지 지구상에 존재한 가장 큰 동물 중 하나다. 그들은 심장 무게만 180kg이나 나간다. 몸이 가늘고 길며 천적이 없는 흰긴수염고래는 깊은 해양을 우아하게 유영하며 모든 대양에서 발견된다. 그들은 덩치가 엄청나게 크지만 막상 먹이는 지구상에서 가장 작은 생물들이다. 흰긴수염고래는 고래수염이라고 불리는 여과 섭식 시스템을 활용해 주로 크릴새우 같은 작은 갑각류를 흡입한다. 흰긴수염고래 한 마리는 하루에 크릴새우 4,000만 마리를 먹을 수 있는데, 무게만 따져도 무려 3.6t에 달하는 양이다. 이 고래는 한때 지구의 대양에 많이 서식했으나 포경선의 남획으로 거의 멸종에 이르렀다. 오늘날에도 여전히 멸종위기종으로 분류되지만, 1966년 국제포경위원회의 보호를 받으면서 어느 정도 개체수를 회복했다.

냉전이 한창이던 시기, 미 해군은 북태평양에서 소련의 핵잠수함을 수색하기 위해 수중청음기를 사용했다. 이때 가장 큰 방해 요인은 흰긴수염고래였는데, 그들은 믿을 수 없을 만큼 큰 폭의 물결을 가로질러 서로를 부르는 것 같았다. 연구에 따르면 모든 종의 고래가 항해나 먹이 탐지 등 다양한 이유로 소리를 활용하지만, 대양 깊은 곳에서는 제아무리 30m 길이의 고래라도 서로의 흔적을 놓칠 수 있다. 흰긴수염고래는 멋진 음성을 이용해 인간 청력의 하한선보다 훨씬 낮은 14Hz의 낮은 소리를 내고, 180dB의 큰 소리를 내기도 한다. 비록 감지되지는 않지만 이런 소리를 냄으로써 고래들은 지구상에서 가장 큰 소리를 내는 생명체로 자리매김한다. 적절한 여건이 마련된다면 흰긴수염고래의 웅웅거리는 소리와 딸깍거리는 소리는 바닷속 수백 킬로미터를 퍼져 나갈 수 있다. 그 때문에 어미와 새끼는 비록 서로 다른 대양에 떨어져 있어도 진정한 의미에서 결코 헤어져 있는 것이 아니다.

이들의 가까운 친척인 혹등고래는 몸길이 13m에 무게가 39t으로 몸집이 흰수염고래에 비해 작고, 이름에서 알 수 있듯이 독특한 혹을 지니고 있다. 혹등고래는 고래 관찰자들에게 인기가 있다. 그 이유는 이들이 평소에 흔히 수면 위로 돌진해 물밖으로 튀어 오르기 때문인데, 이 현상을 브리칭breaching(물 위로 튀어 오르기)이라고 한다. 암컷과 수컷 모두 소리를 내지만 이 중에서 수컷은 아름답고 복잡한 노래를 만들어내기로 유명하다. 고래는 성대가 없지만 목구멍에 있는 후두 같은 구조를 이용해 소리를 크게 낼 수 있다. 그들은 숨을 내쉴 필요가 없기 때문에 한 번에 몇 시간 동안 계속해서 노래를 부를 수 있다. 과학자들은 수컷이 노래를 부르는 이유를 확실하게 알지 못한다. 그러나 대개 수컷 고래들이 "동물계에서 가장 복잡한"[19] 이런 노래들을 번식기에 부른다는 점에 착안한다면 짝을 유혹하기 위해 고안했을 가능성이 높다.

말하는 개구리

　　　　이번에는 땅과 물의 경계에 서식하는 생물에 대해 말해보자. 아마도 '말하는 개구리' 하면 가장 먼저 떠오르는 이미지는 버드와이저 슈퍼볼 광고일 것이다. 이 광고에는 맥주를 좋아하는 버드와 와이즈, 얼이라는 세 개구리 인형이 등장한다. 현실에서 개구리와 두꺼비는 구애 의식을 행하는 동안 다양한 울음소리와 노래를 만들어낸다. 일반적으로 이런 소리와 노래를 만들어내는 수컷은 종에 따라 삑삑 소리, 재잘거리는 소리, 깍깍 소리, 개골개골 소리, 클럭거리는 소리, 삑 소리, 빼 소리, 끙끙기리는 소리 등 여러 소리를 조합해 짝짓기할 준비가 되었음을 알린다. 예를 들어 미국에 사는 황소개구리는 매우 크고 낮은 웅웅거리는 소리나 우렁찬 소리를 낸다. 반면 북태평양의 청개구리들은 더 고전적인 '개골개골 소리'를 낸다. '자기를 알리는 이런 울음소리'는 수컷들이 여러 목적을 이루는 데 기여한다. 즉, 자신의 영역을 확립하고 경쟁하는 수컷들을 견제하며 궁극적으로 암컷들을 끌어들이는 것이다.

　　　　브라질의 리우데자네이루와 상파울루주에서 발견되는 아주 작은 양서류인 브라질토런트개구리는 촉각, 발성, 시각 신호 등 유달리 복잡한 의사소통 방식을 가지고 있다. 꽥꽥 소리부터 머리를 까닥거리거나 팔을 흔드는 것까지 토런트개구리는 자신을 보이게 하고 듣게 하고 느끼게 하기 위해 필요한 모든 신호를 활용한다. 한 연구에서 연구원들은 수컷 토런트개구리가 1년 내내(이상하게도 10월을 제외하고) 소리를 질러대며, 경직된 동작으로 이상한 브레이크댄스를 춘다는 사실을 발견했다. 뱀이 머리를 8자 모양으로 움직이듯 고개를 까딱거리거나 발을 흔드는 것이다. 그들이 내는 소리의 목록에는 삑, 핍, 끽 소리가 포함되며, 상대인 암컷과는 흔히 특별한 촉각 신호로 소통한다. 이는 개구리들 간의 비밀 악수다. 그러나 토런트개구리가 취하는 동작에는 암컷에게 보이기 위한 것만 있는 것은 아니다. 그들은 포식자가 접근할 때 경직된 동작을 취하는데, 아마도 포식자에게 겁을 주거나 근처의 개구리들에게 위험을 경고하기 위해서일 것이다.

코넬 조류학연구소 음향생물학 연구원인 케이티 페인은 고래의 노래를 처음 들었을 때를 회상하면서 "저는 그런 것을 들어본 적이 없었어요"라고 말했다. 그녀는 남편 로저와 함께 혹등고래의 소리를 연구한 최초의 과학자 중 한 명이다. "세상에, 우리 뺨을 타고 눈물이 흘러내렸어요. 그 소리가 너무나 아름답고 힘이 넘치고 변화무쌍해서 그저 완전히 넋을 잃고 놀라고만 있었죠. 나중에 알게 된 것처럼 이는 단지 한 마리 동물의 소리였어요. 딱 한 마리 동물이요."[20]

혹등고래의 노래는 너무 복잡해서 훈련된 음악가만이 제대로 감상할 수 있을 정도다. 페인은 이 노래들을 시각적으로 표현했는데, 이를 분광 사진spectrograms이라 부른다. 그녀는 여기서 일련의 패턴, 즉 멜로디와 하모니의 전형적인 특징을 어렵지 않게 포착할 수 있었다. 노래의 유형은 지역마다 다양한데, 북대서양 혹등고래가 부르는 노래와 북태평양 혹등고래가 부르는 노래가 다르다. 또한 고래들은 저마다 자기만의 고유한 노래를 완벽하게 찾을 때까지 수년 동안 곡조를 세밀하게 변화시킨다. 이 부분의 음조를 조절하고 저 부분의 음높이를 바꾸고 종결부를 새롭게 만드는 것이다. 페인이 연구한 어떤 고래는 불과 2년 만에 노래의 요소를 6개에서 14개로 발전시켰다. 혹등고래 수컷이 왜 노래를 부르느냐는 질문에, 페인은 "우리도 몰라요, 고래에게 물어보세요"라고 대답했다.

영장류의 의사소통

'유인원의 의사소통'이라는 문구를 보면 1968년 영화 『혹성탈출』이 떠오르는데, 이 영화에서 인간 우주비행사는 낯선 행성에 추락한 후 완벽한 영어를 구사하는 고도로 진화한 유인원 사회와 맞닥뜨리게 된다. 그러나 우리가 잘 알고 있듯이 유인원들은 강한 후두근이나 민첩하게 움직이는 성대처럼 음성언어를 구사할 수 있는 해부학적 전제 조건을 갖추지 못했다. 하지만 유인원이 사람처럼 말을 할 수 없다고 해서 의사소통을 할 수 없는 것은 아니다.

1960년 유명한 영장류학자 제인 구달이 탄자니아에서 흰개미 언덕 옆에 쪼그리고 앉아 있는 침팬지를 관찰하면서부터, 생각보다 유인원 종들이 인간과 더 많이 닮았다는 사실을 처음 깨닫게 되었다. 침팬지가 무엇을 하는지 알 수 없었던 구달은 슬금슬금 다가가 보았는데, 이때 침팬지는 흰개미를 낚아내기 위해 풀잎으로 흰개미 언덕을 쑤시고 있었다. 이후 구달은 침팬지들이 나뭇가지에서 잎을 떼어내고 이것으로 개미를 잡는 모습을 관찰할 수 있었다. 깜짝 놀랄 발견의 순간이었다. 이전에 과학자들은 오직 인간만이 도구를 만들고 사용할 수 있는 능력이 있다고 믿었다. 이 믿음은 인류학자 케네스 오클리의 말에 잘 요약되어 있다. 그는 1949년 "과학적 관점에서 가장 만족스럽게 인간을 정의한다면 아마도 '도구를 만드는 인간Man the Tool-maker'이 아닐까 한다"[21]라고 말했다. 하지만 저명한 고인류학자 루이스 리키는 구달이 전보로 보낸 연구 결과를 받고 나서 다음과 같은 명답변을 보냈다. "이제 우리도 도구를 재정의해야 하고, 인간을 재정의해야 하며, 그렇지 않으면 침팬지를 인간으로 받아들여야 할 것입니다." 미국의 생물학자이자 작가 재레드 다이아몬드가 제안한 대로 인간을 '제3의 침팬지'로 생각해야 할지 모른다.

과학이 침팬지를 인간으로 새로이 분류할 만큼 존중할 것 같지는 않다. 하지만 침팬지의 마음은 우리와 매우 비슷하게 작동한다. 2012년 국제 연구팀은 콩고민주공화국의 열대우림에 서식하는 검은 머리의 침팬지 보노보가 우리와 DNA의 약 99%를 공유하며, 인간의 가장 가까운 살아 있는 친척임을 확인했다. 인간과 침팬지는 600만~700만 년 전에 살았던 동일 조상의 후손이다. 다이아몬드가 명저 《제3의 침팬지》에서 설명했듯이 침팬지는 다른 유인원과의 관련성보다 인간과 더 밀접한 관련성이 있다. 가령 붉은눈비레오와 흰눈비레오처럼, 실제로 침팬지는 동일 종의 여러 동물들이 갖는 관련성 이상으로 인간과 밀접한 관련성이 있다.

구달의 관찰 이후 침팬지들이 인간과 유사한 행동을 보이는 모습은 반복적으로 관찰되었다. 예를 들어 콩고의 침팬지 공동체에서는 침팬지들이 도구로 보이는 막대기 2개를 가지고 길을 나섰는데, 하나는 개미 둥지를 파헤치기 위해, 나머지 하나는 개미를 잡기 위해 이용했다. 가봉에 사는 침팬지들의 경우는 꿀을 수확하는 데 특화된 5가지 연장 세트를 가지고 꿀을 채취하는 장면이 목격되었다. 여기에는 벌집을 뜯어내기 위한 망치, 꿀을 저장해두는 밀방을 열기 위한 천공 장치, 경로를 넓히는 장치, 꿀을 추출하기 위한 수집 장치, 꿀을 퍼내기 위한 넓은 나무껍질 조각 등이 있었다. 영장류 동물학자 프란스 드 발은 침팬지들이 모두 합해서 "공동체당 15~25개의 다른 도구를 사용하며, 구체적으로 어떤 도구를 사용하는가는 문화적, 생태적 환경에 따라 다양하다"고 밝히고 있다.[22]

1970년대에 컬럼비아대학교 심리학자인 허버트 테라스는 침팬지가 유아처럼 의사소통하는 방법을 배울 수 있는지 알아보고자 했다. 침팬지들은 단어를 말로 표현하는 능력은 부족하

사냥꾼보다 똑똑한 침팬지

침팬지들은 예리한 지능과 발달된 인지 능력을 갖고 있다. 어느 정도인가 하면, 기니에서 야생 침팬지를 관찰하던 과학자들은 침팬지들이 다치지 않게 조심하면서 자기들(과 지나가는 다른 동물들)을 잡아 죽이려고 만든 덫을 일부러 망가뜨리는 광경을 목격했다. 침팬지는 아프리카 동부와 서부 전역에서 덫 때문에 부상을 입는 경우가 흔하다. 그러나 이들은 차츰 덫을 피하는 방법과, 일부러 덫을 망가뜨리는 방법까지 배우고 있다. 연구자들은 침팬지 스스로 목숨을 구하는 이런 기술이 한 세대에서 다음 세대로 전수된다고 믿고 있다.

지만 손과 손가락은 매우 잘 사용한다(《네이처 커뮤니케이션즈Nature Communications》에 실린 최근 연구는 사실상 인간의 손이 침팬지에 비해 더 원시적임을 확인했는데, 그들은 인간보다 손을 날렵하게 움직일 수 있어서 나무에 쉽게 오를 수 있다). 테라스는 침팬지들과 수화로 대화해보면 어떨까 생각했다. 테라스는 유명 언어학자 놈 촘스키에서 이름을 따온 님 침스키라는 아기 침팬지를 데려와 뉴욕시의 호화 저택에서 인간 가족과 함께 살게 했는데, 이 실험은 상당한 윤리적 우려를 자아냈다. 테라스는 님이 인간의 아이처럼 인간 가정에서 자랄 경우 영어를 이해하고 수화로 의사소통하는 법을 배울 수 있으리라고 추론했다. 이 실험은 한마디로 엉망진창이었는데, 그 이유는 어느 정도 분명했다. 침팬지는 답답한 아파트 건물이 아닌, 우거지고 습한 정글에서 사는 데 익숙하다. 님은 대략 125개의 신호를 이럭저럭 익혔지만, 많은 전문가들은 금세기 초의 영리한 한스처럼 그가 단지 인간 조련사의 몸짓 언어에 반응했을 뿐이라고 주장했다. "자발성은 없었고 사실 문법을 사용하지도 않았다."[23] 테라스 박사는 이를 인정했다.

다른 연구들이 이어졌고, 일부 연구들은 엄청나게 비윤리적이었다. 1960년대 후반에 시작된 한 실험에서는 워쇼라는 침팬지가 실험 대상이 되었는데, 워쇼는 서아프리카의 고향에서 젖먹이일 때 포획되었다. 미 공군은 워쇼를 우주비행사 훈련에 이용했다. 워쇼는 네바다대학교 리노 캠퍼스로 보내졌고, 그곳에서 수화 습득 연구에 참여했다. 님과 마찬가지로 워쇼는 식탁에 앉아 저녁을 먹고, 자기 방과 침대, 옷, 칫솔이 있었으며, 인간의 아이처럼 양육되었다. 워쇼는 350개의 수화를 배웠고, 그녀의 양아들인 룰리스에게 수화를 가르칠 수 있었다.

그 후 1970년대와 1980년대에 과학자들은 코코라는 암컷 서부로랜드고릴라에게 1,000개 이상의 신호를 가르쳤고, 코코는 2,000개가 넘는 구어 영어 단어를 이해할 수 있었다. 코코는 유명해졌고 배우 로빈 윌리엄스부터 베티 화이트에 이르기까지 많은 유명 인사들을 만났으며, 캘리포니아에 있는 고릴라 보호구역에서 삶을 마쳤다.

최근 몇 년 동안 영장류학자들은 아이오와주 디모인의 대형 유인원 트러스트에 살고 있는 칸지라는 중년 보노보에게 약 400개의 그림문자가 포함된 특별 제작 키보드를 사용해 의사소통 방법을 가르쳤다. 그리고 마침내 과학자들은 답을 찾을 수 있었다. 실제로 유인원들은 훈련을 통해 초보적인 의사소통 기술을 배울 수 있었던 것이다.

하지만 이 사실을 알아내기 위해 어떤 대가를 치렀는가? 본래 우리의 영장류 사촌들은 사랑하는 어미와 떨어져 아파트나 연구실 또는 동물원에서 성장하는 삶과 맞지 않다. 시트가 있는 침대에서 잠을 자고 설거지를 배우는 것과도 맞지 않다. 만약 우리와 가장 가까운 동물 친척들이 서로 어떻게 의사소통하는지에 관심이 있다면, 굳이 자연 서식지에서 그들을 납치해야 할 이유는 무엇인가? 수십 년 전 제인 구달 박사의 선구적인 연구처럼, 오늘날 연구자들은 자연 서식지에서 영장류를 관찰하는 수동적인 연구를 선택하는 경우가 점차 많아지고 있다. 2011년, 〈동물 인지Animal Cognition〉는 세인트앤드루스대학교 연구원들이 수행한 광범위한 연구 결과를 게재했다. 이들은 우간다의 야생동물 보호구역에 있는 침팬지를 관찰하고 촬영하면서 266일을 보냈다. 연구팀은 수백 시간의 영상 기록을 분류하고 난 후, 침팬지가 의사소통을 위해 각기 다른 제스처를 적어도 30가지 사용한다는 사실을 알아냈다. 수석 연구원인 캐서린 호바이터 박사는 BBC 뉴스에서 "이전에는 사람들이 이 동물의 일부만 보고 있었다고 생각합니다. 감금된 동물들을 연구할 때는 그들의 모든 행동을 볼 수 없기 때문이죠"[24]라고 말했다. 예를 들어 연구팀은 새끼가 등에 올라타기를 원할 때 어미가 왼팔을 뻗을 것이라는 사실을 발견했다. 호바이터 박사는 "어미는 딸을 붙잡아 줄 수 있지만 그렇게 하지 않습니다. 그녀는 딸의 반응을 기다리는 동안 손을 뻗고는 동작을 멈추고 가만히 있습니다"라고 말했다. 연구원들은 침팬지들 사이에서 확인되는 이러한 상호 작용을 5,000개 이상 기록했다.

하늘에서 울려 퍼지는 새들의 심포니

우리는 동물의 어떤 의사소통 형태들을 날마다 들으며 살아간다. 자연 산책로를 걷든 해변을 거닐든 뉴욕시 5번가를 걸어가든, 여러분은 언제나 새소리에 둘러싸여 있을 것이다. 끼익하는 소리, 꽥꽥 우는 소리, 지저귀는 소리부터 떨리는 소리, 펑 소리, 깍깍 소리에 이르기까지 새들은 설명할 수 없는 방법으로 의사소통을 한다. 모두가 음성을 사용하는 것은 아니다. 예를 들어 목도리뇌조는 날개를 매우 강하게 퍼드덕거려 진공을 만들어내고, 그렇게 발생한 세찬 바람소리가 400m 떨어진 곳에서도 식별할 수 있는 독특한 저주파의 웅웅거리는 소리를 만들어낸다. 도요과에 속하는 수컷 윌슨스스나이프는 땅으로 하강하면서 키질 소리를 내는 특별한 꼬리 깃털을 갖고 있는데, 이런 소리를 내는 것은 암컷을 유혹하기 위한 전략이다. 어떤 새의 의사소통은 소리를 내는 것조차 필요하지 않다. 수컷 공작은 호화스러운 깃털을 활용해 암컷을 유혹하고 경쟁 상대를 물리치며 포식자를 피한다. 수컷 공작은 말 그대로 암컷의 머리를 진동시킬 수 있다. 수컷 공작이 배우자감을 향해 자신의 몸통 뒷부분을 흔들어대면, 그의 웅장한 깃털은 고주파 소리를 발산해 암컷의 머리 볏을 강하게 진동시킨다.

우리가 매일 듣는 새의 노랫소리는 아름다움 그 이상이다. 이런 노래는 실용적인 목적이 있다. 새들은 목소리를 이용해 짝을 부르고 자신이 속한 무리를 찾는다. 또한 자신의 영토임을 주장하고 침입자들을 겁주기 위해, 다른 새들에게 포식자가 나타났음을 경고하기 위해, 이외의 수많은 다른 목적을 위해 목소리를 사용한다. 최근 일본과 스위스의 연구자들은 인간이 이야기할 때 구문을 사용하는 것처럼, 새까만 머리와 새까만 목, 도드라진 흰 뺨이 특징인 일본 박새도 노래를 부르면서 구문을 사용한다는 사실을 발견했다. 언어에서 구문은 중요하다. 예를 들어 "나는 저 식당이 좋다"고 하면 메시지는 분명하다. 그러나 제아무리 『스타워즈』의 마스터 요다라도 "식당 좋다 저 나"라는 문장은 이해할 수 없을 것이다. 최근까지 과학자들은 오직 인간만이 이런 발성된 단어들을 결합시킬 수 있다고 생각했다. 그런데 일본 박새는 음운론적 구문, 즉 개별적으로 아무런 의미도 없는 소리를 집합음으로 결합하는 능력을 활용할 수 있는 인간 외 최초의 동물(지금까지 우리가 알고 있는 한에서)임이 확인되었다. 박새는 자신이 속한 무리에 포식자가 있는지 자세히 살펴보라는 지시를 하거나 짝을 유혹하기 위해 여러 독특한 곡조들을 정확한 순서에 따라 불러야 한다. 만약 이런 곡조를 다르게 부를 경우, 다른 박새들이 반응하지 않을 것이라는 연구 결과가 나왔다.

어떤 새들은 노래로 인간과 소통하도록 진화했다. 모잠비크의 니아사 국립자연보호지구에서는 큰꿀잡이새가 사람이 '브르르흐음' 하고 외치면 주의를 집중한다. 무게가 약 48g인 이 작은 갈색 새는 사람을 향해 이동하고, 이어서 가장 가까운 야생 벌집으로 그를 인도한다. 일단 그곳에 가면 그들은 포상금을 나눠 갖는데, 인간은 꿀을 얻고 큰꿀잡이새는 밀랍을 얻는 것이다. 인간과 새의 이런 관계는 수천 년 동안 지속되어 왔다. 이 새들은 훈련을 받을 필요가 없다. 그들은 태어날 때부터 본능적으로 인간과 일하는 방법을 안다. 케임브리지대학교 연구원들은 2016년의 연구에서 큰꿀잡이새가 주의를 끌기 위해 독특한 울음소리를 내 "적절한 인간 파트너를 적극적으로 모집하려 한다"[25]고 언급했다.

새들에게 도시는 너무 시끄럽다

놀랄 것도 없지만 여러 연구는 도시의 중심지가 점점 더 시끄러워지고 있음을 반복해서 보여준다. 예를 들어 샌프란시스코는 1970년대 이후 연평균 6dB의 소음 증가율을 보였다. 인공적인 소리, 즉 인간이 유발하는 소리는 교통, 자동차 경적, 건설, 사이렌 그리고 대체로 우리가 듣고 싶어 하지 않는 소리들이다. 그러나 새들은 그렇게 소리를 낼 수 없다. 그들은 노래에 의존해 짝을 끌어들이고 영역을 지킨다. 그들은 이런 소리가 들리지 않으면 살아갈 수 없기 때문에 이런 상황에 적응하고 있다. 도시 지역에서 새들은 더 높은 음역으로 노래를 부르기 시작했고, 이렇게 함으로써 트럭, 드릴, 사이렌 등이 내는 불협화음을 넘어 들을 수 있게 되었다.

여기에는 단점이 있다. "새가 어떻게 노래하는지를 보면 많은 것을 알 수 있다. 새가 짝을 끌어들이려는 것인지 아니면 자신의 영역을 지키려는 것인지 등에 대해 알 수 있다"고 조지메이슨대학교 생물학자 데이비드 루서는 설명한다. "새들은 많은 소리들을 물리적으로 만들어내기 어렵기 때문에, 우리는 새의 건강에 대한 정보를 그 울음소리에서 얻을 수 있다."[26] 최근 한 논문에서 루서는 새들이 도시 주변에서 더 크게 소리 높여 노래하지만, 이것이 성대를 손상시킬 수 있음을 알아냈다. 결과적으로 경쟁하는 새들과 포식자들은 그들의 불안정한 노랫소리를 알아차리고 이를 이용할 수 있게 된다.

2007년 9월 초, 하버드대학교 심리학자 아이린 페퍼버그는 사랑하는 회색앵무 알렉스에게 "잘 자"라고 인사를 했다. 알렉스는 늘 하던 대로 "당신은 좋은 사람이에요. 사랑해요. 내일 봐요"라고 대답했다. 전혀 새로울 것 없는 말이었다(회색앵무는 인간의 말을 흉내 내는 능력으로 잘 알려져 있다). 슬프게도 이것이 알렉스가 한 마지막 말이었다. 페퍼버그는 다음 날 아침 그가 죽은 것을 발견했다. 알렉스는 31살이었다. 페퍼버그는 망연자실했다. 단지 자신이 사랑하는 친구를 잃었기 때문이 아니라, 알렉스가 죽는 날까지 우리가 알고 있던 동물의 인식 능력에 대한 생각을 근본적으로 바꿔나가는 중이었기 때문이다. 페퍼버그는 하버드대학교 박사과정 학생이던 1977년에 동네 반려동물 가게에서 알렉스를 발견했다. 그녀는 그 자리에서 알렉스를 사들인 후, 알렉스에게 한 살짜리 아기가 하는 기본적인 인간의 말을 가르치기 시작했다. 앵무새는 이를 장난스럽게 흉내 냈다. 얼마 지나지 않아 페퍼버그는 알렉스가 자신이 반복하는 단어의 의미를 이해하는지 궁금해졌다. 그녀는 일련의 연구 방법을 고안해 알렉스의 의사소통 능력과 문제 해결 능력을 시험했다.

회색앵무의 어휘는 이내 150단어로 늘어났고, 그중 많은 단어를 색상, 수량, 크기 등의 범주로 분류할 수 있었다. 알렉스는 곧 크래커와 젤리 빈으로 기본적인 덧셈을 할 수 있었고, 냉장고 자석을 이용해 1부터 8까지의 숫자를 정확하게 순서대로 나열할 수 있었다. 단어를 기억하는 것이 특이한 일은 아니지만, 알렉스는 실제로 언어를 통해 사물을 식별했고 색깔과 모양을 구

깃털 달린 영장류 앵무새

앵무새는 매우 창의적이어서 과학자들은 앵무새를 흔히 '깃털 달린 영장류'라고 부른다. 예를 들어 인도네시아 전역의 우거진 숲에 서식하는 흰이마유황앵무는 고핀 앵무새라는 이름으로도 잘 알려져 있는데 세계에서 가장 능숙한 도구 제작자 중 하나다. 예를 들어 한 연구는 흰이마유황앵무가 먹이에 접근하기 어려운 상황에 닥치면 판지를 가늘고 길게 찢어 도구로 사용한다는 사실을 발견했다. 흰이마유황앵무와 다른 앵무새들은 다리에 차는 각대satellite holster와 다른 추적 장치들을 잘라내는 것으로도 악명 높다.

앵무새는 사람 목소리를 흉내 내는 것으로 유명하지만, 그들의 의사소통 능력은 거기서 끝나지 않는다. 장난기 많은 노랑목아마존앵무는 멕시코 남부에서 코스타리카에 이르는 태평양 연안을 따라 발견되는데, 이를 연구하는 연구자들은 이들이 수십 년 동안 동일성을 유지하는 색다른 방언으로 의사소통한다는 사실을 발견했다. 인간과 다를 바 없이, 새로운 곳으로 이주한 앵무새들 가운데 어린 세대들은 새로운 서식지에서 사용되는 방언을 더 기꺼이 배우려 한다. 반면 나이든 앵무새들은 자기들끼리 어울리려 하고, 새로운 방언을 배우려 하지 않는다.

별했으며 '더 크다, 더 작다, 다르다'는 개념과 그 외 더 많은 비교 구절을 이해할 수 있었다. 알렉스는 종이가 어떤 색인지 이떤 모양인지 무엇으로 만들어졌는지까지 알려줄 수 있었다. 알렉스는 거울을 보며 "무슨 색?"이라고 물을 수도 있었고, 자신을 묘사하기 위해 '회색'이라는 단어를 배우기도 했다. 과학자들은 기초 언어에 대한 알렉스의 재주를 보면서 일종의 지적 갈증을 느꼈는데, 과학자는 야생, 즉 그들의 고향에서도 이런 새들이 비슷한 능력을 나타내는지 궁금해했다.

동물 왕국의 다양한 언어들

초음파의 찍찍거리는 소리부터 개나 여우 등이 짖는 소리, 물속 1.6km 이상 떨어진 곳에서 들려오는 고래의 울음소리에 이르기까지, 동물 왕국의 동물들은 다른 동물들과 끊임없이 소리를 통해 접촉하며 살아간다. 짖지 않는 개 바센지의 요들부터 코알라 우는 소리, 가면올빼미의 꽥 소리, 엘크의 나팔 소리에 이르기까지 이 모든 의사소통은 저마다 목적이 있다. 최근 연구에 따르면 겉보기에 아무렇게나 으르렁거리고 찍찍거리고 찰칵거리고 꽥꽥기리고 우릉차게 내는 소리는 대개 "나는 수컷입니다! 나와 짝짓기 해요!" 또는 "나는 포식자야! 잡아먹힐 각오를 해라!" 이상의 의미를 담고 있다. 미국 국립수학생물종합연구소의 과학자들은 복잡한 수학을 이용해 가장 자의적으로 보이는 꽥꽥거림조차 우리가 원래 생각한 것보다 훨씬 미묘한 차이와 목적이 있음을 보여주었다.

이 연구가 보여준 것처럼 그들의 발성이 아무리 단순해 보여도, 많은 동물이 이런 방법으로 복잡한 생각을 전달할 수 있다. 예를 들어 흉내지빠귀는 100개 이상의 독특한 소리를 흉내 낼 수 있으며, 이를 복잡한 순서로 조합할 수 있다. 사하라 이남 아프리카 전역에서 발견되며 웅크리고 앉는 것이 특징인 털복숭이 바위너구리는 5가지에 불과한 음성 신호를 가지고 있지만, 이 신호들을 길게 연결해 복잡한 생각을 전달할 수 있다. 연구팀은 큰귀박쥐, 캐롤라이나박새, 십자매, 범고래, 둥근머리돌고래, 바위너구리, 오랑우탄 등의 발성을 녹음한 후, 각 동물들의 소리를 A-플랫, B-플랫, C-샤프처럼 뚜렷이 구분되는 음표로 분류했다. 처음에 과학자들은 동물 울음소리가 단순하고 임의적일 것이라 생각했다. 연구 결과 그들의 울음소리는 생각보다 인간의 발화 패턴과 흡사하다는 사실이 밝혀졌다. 특히 큰귀박쥐, 십자매, 고래는 더 그러했다. 우리에게 소음처럼 들리는 소리는 우리가 해독법을 배우지 못했을 뿐, 사실상 무한정 복잡한 언어일지 모른다.

우리가 듣는 동물의 수많은 소리는 양방향 대화일 수 있다. 이런 대화 방식은 한때 인간의 전유물이라고 잘못 알려져 있던 특징이다. 미국지빠귀는 먹이를 찾아 어슬렁거리는 고양이를 발견하면 날카롭게 '틱틱' 소리를 내고, 매를 우연히 발견했을 때는 갸냘프게 '씨이이이~' 소리를 낸다. 이런 소리는 다른 지빠귀와 대화를 시작하려는 것이 아니라 무리에게 잠재적인 위협을 경고하는 기능을 한다. 최근까지 과학자들은 '대화를 주고받는talking with' 모델보다는 '누구에게 말하는talking at' 모델이 동물 의사소통의 전부라고 믿었다. 그러나 2018년 〈영국왕립학회 철학회보 B: 생물과학〉에 실린 한 연구는 동물들이 양방향 대화를 한다고 주장한다. 인간들 간의 대화를 살펴보면 대개 200밀리초의 간극을 두고 대화가 전환되는데, 이는 뇌가 상대방이 말을 중단했음을 인식하고 어떤 생각을 준비하며 반응하는 데 걸리는 시간이다. 연구원들은 동물들도 교대로 대화를 나눈다는 사실을 발견했다. 일상적으로 참새목은 대화 중에 답을 하기 위해 약 50밀리초를 기다리는 데 반해, 보다 신중한 향유고래는 답하기 전에 자신의 생각을 2초 동안 정리한다.

인간이 누군가의 말을 막는 것을 무례하다고 생각하듯이, 동물들 역시 무례한 행동에 대처하는 방법이 있다. 연구원들은 북미 쇠박새와 유럽찌르레기 같은 특정 종들이 대화를 나누는 동안 '소리가 겹치는 것을 피하려' 한다는 사실을 발견했다. 이는 대화를 나누는 멋진 방식으로, 자신이 말할 차례가 될 때까지 정중히 기다리는 것이다. 과학자들은 "개체들은 소리가 겹칠 경우 침묵하거나 날아가 버리는데, 소리의 겹침을 이 종의 사회에서 용인되는 순서 기다리기의 규칙에 어긋나는 것으로 간주

짹짹거리는 치타

지구에서 가장 사나운 포식자 중 하나인 치타는 2.5초 만에 시속 0에서 시속 72km로 속도를 높일 수 있으며, 최고 시속 112km로 달릴 수 있다. 이들은 근육질의 긴 다리, 마찰을 높이기 위해 절반만 오므릴 수 있는 발톱을 사용하여 한 번의 달음박질에 7m씩 앞으로 나아간다. 치타의 신체 부위는 속도를 내기 위한 모든 특징을 갖추고 있다. 날씬하고 공기역학적인 신체 구조부터 커다란 심장, 아주 큰 콧구멍, 산소 흡입을 극대화하는 폐에 이르기까지 모든 것이 속도를 내기에 적합한 특징이다. 치타는 사나우니까 눈부신 속도만큼이나 무섭게 포효할 것을 기대할지도 모르겠다.

사실 치타는 포효할 수 없다. 사자, 호랑이, 표범, 재규어 같은 대형 고양잇과 동물들은 목구멍에 두 부분으로 된 특별한 설골舌骨이 있어서 입을 크게 벌리고 격렬한 포효 소리를 낼 수 있다. 그러나 퓨마, 눈표범, 구름무늬표범을 비롯해 치타의 설골은 한 부분만으로 되어 있다. 그들은 으르렁거리는 대신 종종 짹짹거림이라고 일컬어지는, 고음의 끼익끼익거리는 콧소리를 낸다. 일반적으로 짹짹거리는 소리는 사냥한 동물 주변에 모이는 경우처럼 흥분을 표출할 때 내며, 어미들이 새끼들을 찾을 때 내기도 한다. 짹짹거리는 소리는 포효만큼 공포스럽지 않을 수 있지만 그럼에도 이는 실용성이 있다. 한 연구는 그 소리가 2km 떨어진 곳까지 들린다는 사실을 발견했다.

함을 알 수 있다"고 썼다.[27]

동물은 인간에게 친숙하거나 이해할 수 있는 방식으로 대화를 하지 못할 수도 있고, 언어를 사용해 시와 소설을 쓰지 못할 수도 있다. 하지만 밖에서 몇 분만 서 있어도 그곳이 히말라야 산맥의 고지건 조용한 연못 옆이건 도시의 공원이건 단지 뒷마당이건 상관없이 아름답고 심금을 울리며 신비로운 언어들을 무수히 들을 수 있다. 새의 노랫소리부터 돌고래의 휘파람 소리, 해질 무렵 매미들이 입을 모으는 잊을 수 없는 합창에 이르기까지, 동물 왕국의 언어는 생생한 사운드트랙 그 자체다.

● 동물도 사랑을 한다

내가 생각하기에 동물에게 감정이 있다는 증거는 부정할 수 없으며, 동물 행동에 대한 오늘날의 지식, 신경생물학, 진화생물학이 이런 사실을 널리 지지하고 있다.

―마크 베코프, 콜로라도대학교 생태학과 진화생물학 명예교수

콩고에서 운다wounda라는 단어는 '죽을 뻔하다'라는 뜻이다. 콩고 공화국에 있는 제인구달연구소의 침풍가 재활센터에서는 심하게 수척해진 한 침팬지를 '운다'라고 불렀다. 운다의 부모는 밀렵꾼들에게 살해당했으며, 구조대원들이 운다를 발견했을 당시에는 혼자 내버려져 거의 죽기 직전의 상태였다. 구달은 과거를 회고하면서 "운다의 사진을 봤을 때 …… 나는 그녀가 어떻게 죽지 않고 살아 있는지 알 수 없었다"고 말했다.[28] 아프리카에서 사상 최초로 침팬지로부터 수혈을 받은 후 운다는 매일 아침 우유 1L를 마시면서 서서히 체중을 회복했다. 운다는 연구소 직원들이 2년 동안 헌신적으로 돌본 덕분에 마침내 건강을 되찾았

고, 그동안 직원들은 비슷한 상황에서 구조된 수십 마리의 다른 침팬지들도 함께 돌보았다.

마침내 2013년 6월 20일, 이별의 순간이 왔다. 운다는 모든 준비를 마치고 쿠일루강 근처에 있는, 사람의 손길이 닿지 않은 친줄루섬의 동물 보호구역에서 살아가게 되었다. 운다와 그녀의 보호자들은 20분 동안 배를 타고 자연 그대로의 섬에 도착했다. 그곳은 구조된 침팬지들이 위험에서 벗어나 평화롭게 살아가고 있는 섬으로, 이곳에서 침팬지의 개체수는 점차 늘어나고 있었다. 자원봉사자들은 초목이 무성한 녹색 공터에 도착한 후 운다가 들어가 있던 이동식 우리의 문을 열어주었고, 그녀는 밖으로 나와 새로운 보금자리의 아름다움을 만끽했다. 그러나 곧이어 그녀는 자신을 치료하고 건강을 회복시켜준 사람들에게 작별 인사를 하기 위해 되돌아왔다. 운다는 우아하게 상자 위로 뛰어올라 구달을 응시했고 그녀를 끌어안았다. 전 세계적으로 수백만 명이 시청한 유명 온라인 영상 속에서 운다는 야생으로 떠나기에 앞서 마지막으로 사랑을 가득 담아 자신의 목숨을 구해준 여성을 껴안았다.

수년 동안 연구자들은 한 가지 간단한 문제를 고민해왔다. 동물이 사랑을 할 수 있을까? 평상시에 유튜브를 보는 사람들은 누구라도 "두말할 것 없이 그렇다"고 답할 것이다. 집에 돌아온 군인들과 재회하면서 기뻐 껑충거리는 개의 영상부터 개와 오리의 진한 우정에 이르기까지 동물이 사랑할 수 있음은 분명해 보인다. 1872년에 《인간과 동물의 감정 표현》을 출간한 찰스 다윈도 이 문제로 고민했다. 앞에서 언급한 대로 애초에 다윈은 벌레 같은 '원초적' 동물을 출발점에, 인간이나 유인원 같은 '복잡한' 동물을 마지막에 배치하면서, 동물의 지능을 스펙트럼 상에 배치할 수 있다고 믿었다. 다윈은 말년에 이르러 동물들이 느끼는 감정에 매료되었는데, 동물들이 "근심, 슬픔, 실의, 좌절, 즐거움, 사랑, 따스한 느낌, 헌신, 언짢음, 부루퉁함, 결심, 증오, 분노, 업신여김, 경멸, 혐오, 죄책감, 거만, 어찌할 수 없음, 인내, 놀람, 경악, 두려움, 덜덜 떨림, 창피함, 수줍음, 겸손"을 경험한다고 썼다.[29]

이후 다윈은 모든 동물들이 갖고 있는 '핵심적인' 특별한 감정 목록을 정리했는데, 분노, 행복, 슬픔, 혐오, 두려움, 놀라움이 그것이다. 그는 우연한 관찰을 계기로 이 결론에 도달했다. 그는 《인간과 동물의 감정 표현》에서 이렇게 썼다. "전에 나는 큰 개를 한 마리 키웠는데, 개들이 다 그렇듯이 산책을 엄청 좋아했다. 개는 내 앞에서 무릎을 높이 들고 의젓하게 종종걸음을 치면서, 고개를 바짝 들어올린 채 귀를 적당히 세우고, 꼬리를 뻣뻣하지 않게 쳐들며 기쁨을 표현했다." 다윈은 개를 키우는 사람이라면 누구나 목격하게 되는 기뻐하는 개의 모습을 묘사하고 있었다. 다윈이 산책을 갑자기 끝내면 개가 "풀이 죽은 모습은 가족들 중 누가 봐도 알 수 있었다. …… 고개를 푹 수그리고 몸 전체를 약간 낮춘 상태에서 거의 움직이지 않았다"고 썼다. 그러나 다윈은 동물들 간의 사랑을 확인하는 데는 더 큰 어려움을 겪었다. 그 주된 이유는, 다윈과 비슷한 시기에 활동한 수많은 시인, 음악가, 철학자들과 다를 바 없이 다윈도 사랑을 정의하는 데 어려움을 겪었기 때문이다. 그는 "우리는 사랑과 연결된 접촉에서 생겨나는 동일한 쾌락의 원리를 동물에서도 확인하게 된다. 개와 고양이는 주인에게 비벼대는 것, 주인이 쓰다듬어주거나 토닥여주는 것을 분명 즐거워한다"고 말한다.

배를 문질러주면 개가 좋아한다는 사실, 머리를 적당히 긁어주었을 때 고양이가 행복해한다는 사실을 의심하는 사람은 없다. 하지만 동물 또한 인간과 마찬가지로 매우 복잡한 방식으로 사랑을 경험한다. 어떤 동물들은 평생 한 파트너에게만 애정을 쏟는 반면, 어떤 동물들은 수백 마리 심지어 수천 마리의 파트너를 갖기도 한다. 비둘기와 거위를 포함해서 90% 이상의 조류 종은 일부일처제를 채택한다. 반면 침팬지와 다른 수많은 포유류는 문란하기로 악명이 높다.

동물들은 우리와 전혀 다를 바 없이 깊고 강력한 유대감을 형성할 수 있다. 이런 사랑은 인간의 것과 매우 유사할 수도, 매우 다를 수도 있다. 윌리엄 셰익스피어부터 테일러 스위프트에 이르기까지 인간은 자신이 느끼는 가장 강력한 감정을 묘사하

최악의 데이트

누구에게나 최악의 데이트 경험은 있다. 당신이 아무리 그날 저녁식사 장소나 향수를 잘못 골랐다 해도, 데이트가 끝날 때까지 머리가 온전히 남아 있을지 두려워할 일은 없을 것이다. 암컷 사마귀는 수컷을 페로몬으로 유인하여 구애 춤을 추게 한다. 수컷의 행동이 깊은 인상을 줄 경우, 수컷에 비해 훨씬 큰 암컷들은 짝짓기에 동의한다. 그러나 수컷이 발을 헛디뎌 신붓감의 호기심을 채우지 못한다면, 암컷은 수컷의 머리를 물어 뜯어 잘라버리고 죽은 몸뚱이를 먹어치운다. 연구 결과 번식기의 암컷 사마귀는 수컷과의 만남 중 13~28% 정도 상대를 잡아먹는다는 사실이 밝혀졌다. 음흉한 속셈을 지닌 일부 암컷들은 짝짓기가 끝날 때까지 기다렸다가 상대를 잡아먹기도 한다.

데이트 앱을 통한 만남이 계획대로 되지 않아 사랑의 상처를 받았는가? 당신이 사마귀였다면 사랑 때문에 말 그대로 머리를 물어 뜯겼을 수 있었음을 기억하라.

기 위해 열심히 노력해왔다. 어떤 이들은 세상을 향해 사랑을 노래하고, 사랑하는 사람에게 키스 세례를 퍼붓는 등의 방법으로 사랑을 표현한다. 세상과 단절한 채 일기장 속 깊은 곳에 자신의 진정한 감정을 숨겨두고 싶어 하는 사람도 있다. 동물들 역시 사랑을 특이하면서도 아름다운 방법으로 표현한다. 하지만 우리는 결코 동물들이 왜, 어떻게 사랑하는지를 엄밀하게 증명하길 기대할 수 없으며, 그들이 보이는 사랑의 형태를 인간의 사랑과 비교해보길 바랄 수도 없다. 우리가 할 수 있는 최선은 동물들이 '사랑해'라고 말하는 스스럼없고, 참되며, 독특한 방식을 찬양하는 것이다.

짝 고르기

인간과 마찬가지로 동물에게도 섹스는 단지 짝을 고르는 과정의 작은 부분에 지나지 않는다. 수많은 종들은 파트너를 선택할 때 심사숙고한다. 예를 들어 남방긴수염고래를 보자. 이 거대하고 위풍당당한 생물은 여름철에는 영양분이 풍부한 남극 해역에서 플랑크톤을 먹고 살다가 겨울이 되면 호주 남부, 브라질, 남아프리카 근처의 얕은 해안으로 이주해 번식을 한다. 그들의 구애는 부드럽고 우아하게 이루어지며 경쟁하는 수컷들 간에는 서로 적대감이 거의 없다. 수컷과 암컷 고래는 구애할 때 지느러미를 부드럽게 어루만지며, 이어서 천천히 애무 동작에 들어간다. 그들은 지느러미로 맞잡은 채 서로 몸을 맞대고 구르고, 나란히 누워 위쪽을 향해 구르기도 한다. 이와 같은 방식으로 그들은 합심하여 함께 잠수하거나 수면 위로 떠오른다. 그러다가 수컷의 움직임에 별다른 감흥을 느끼지 못할 경우, 암컷은 그들이 함께 추던 수중에서의 춤을 중단하고 더 우아한 짝을 찾아간다.

이와 달리 그다지 까다롭지 않은 바다 생물도 있다. 바다거북은 취향을 갈고닦는 데 무려 1억 년이 넘는 시간이 걸렸지만 짝짓기에 대해서는 신기할 정도로 무심하다. 바다거북은 푸른바다거북, 붉은바다거북, 캠프리들리바다거북, 올리브리들리바다거북, 대모거북, 납작등바다거북, 장수거북 등 현존하는 7종으로 이루어진 파충류의 한 과다. 연못 근처나 동네 공원에서 보는 상자거북처럼 바다거북의 몸은 등딱지라고 불리는 작은 갑甲들로 이루어진 껍데기가 보호해준다(유일한 예외는 장수거북leatherbacks인데, 이 거북은 영어 이름에서 알 수 있듯이 등이 딱딱한 껍데기 대신 피부와 기름진 살로 덮여 있다). 물속과 물 밖 어디에서건 살 수 있는 바다거북은 매년 수천 킬로미터의 해양을 혼자 떠돌아다니는데, 짝짓기 계절에는 대개 자신이 태어난 해변으로 돌아온다.

일반적으로 수컷은 해변에 먼저 도착해 첫 암컷이 도착하기를 애타게 기다린다. 바다거북들의 번식은 암컷이 생식에 가장 적합한 수컷을 선택하는 방법이 아닌, 선착순으로 이루어지기 때문이다. 그렇다고 바다거북들이 서로를 알아가는 데 시간을 들이지 않는다는 것은 아니다. 수컷과 암컷은 얕은 물에서 함께 부드럽게 원을 그리며 구애를 시작한다. 찰스턴칼리지의 해양 생물학자 데이브 오언스는 수컷이 암컷의 등에 달라붙기에 앞서 수면 위로 올라가 심호흡을 하고 "24시간 동안 필사적으

온도가 성별을 결정한다

대부분의 종에서 성별은 난자의 수정 과정에서 전적으로 우연히 결정된다. 그러나 대부분의 거북과 악어, 일부 파충류들은 알의 온도가 새끼의 성별을 결정한다.

짝짓기에 성공한 암컷 바다거북은 혼자 힘으로 모래사장 위로 올라와 50cm 깊이의 모래 둥지를 판다. 그곳에 50~350개의 알을 낳은 다음, 조심스럽게 모래로 둥지를 다시 메운다. 그들은 초목으로 둥지를 위장하고 나서 태어나지 않은 새끼들에게 이별을 고하고 대양으로 돌아간다. 서늘한 모래에 낳은 알들은 일반적으로 수컷으로 태어나는 반면, 따뜻한 모래에 낳은 알들은 암컷으로 태어난다.

50~60일이라는 부화 기간을 거쳐 새끼 거북은 알에서 깨어나 바다로 기어들어간다. 그러나 그들 또한 번식하게 될 때까지는 어느 정도 시간이 걸릴 것이다. 대부분의 바다거북 종은 성적 성숙에 이르는 데 30년이 걸린다.

로 암컷을 꽉 붙들고 있다"[30]고 말했다. 짝짓기를 하는 수컷을 다른 수컷들이 꼬리와 지느러미를 물어뜯기까지 하면서 물리치려 할 수도 있기 때문이다. 안타깝게도 바다거북의 로맨스는 시작과 동시에 끝날 만큼 신속하게 마무리된다. 짝짓기가 끝나면 일반적으로 거북은 다시 뜨거운 사랑을 찾아 자신들만의 길을 나선다.

1990년대 중반, 일본 연안의 다이버들은 해저에서 화려한 원형 무늬를 발견했다. 이는 외계인이 만든 수중 크롭 서클이 아니라 최근 발견된 일본 복어가 만든 둥지였다. 수컷 복어는 짝을 유혹하기 위해 지느러미를 맹렬하게 펄럭이면서 동그랗게 원을 그리며 헤엄치는데, 그 과정에서 모래 바닥에 마루와 골을 뚜렷하게 만들어낸다. 복어는 몸길이가 12cm에 불과하지만, 그 작은 몸으로 열흘에 걸쳐 지름이 2m에 이르는 정교한 원을 만들어낸다. 복어는 조개 등의 껍데기와 산호 조각(복어에게 초콜릿과 꽃 장식에 해당하는)으로 둥지의 가장자리를 장식한다. 암컷이 우연히 지나가게 되면 수컷 복어는 둥지가 최대한 아늑하게 보이기를 바라면서 원 가운데에서 모래를 열심히 휘젓는다. 마음에 들면 암컷은 둥지 중앙을 맴돌며 수컷을 가까이로 부른다. 로맨스는 오래가지 못한다. 짝짓기를 하고 둥지에 알을 낳은 후 암컷은 줄행랑을 쳐버리고 다시는 돌아오지 않는다. 반면 수컷은 엿새 후 부화할 때까지 알과 함께 그곳에 남는다. 다행히 수컷의 이런 솜씨는 오로지 보여주기 위한 것만은 아니다. 수컷 복어가 정성들여 만든 융기는 해류의 속도를 25%까지 확실하게 줄여주어 알들을 보호한다.

오직 복어의 세계에서만 암컷이 자신을 위해 수컷이 열심히 사랑 게임을 해주기를 바라는 것은 아니다. 아델리펭귄은 75cm의 키에 몸무게가 약 4.5kg으로, 만화에서 볼 수 있듯이 턱시도를 입은 전형적인 펭귄의 모습을 하고 있다. 멋진 흑백 코트와 분홍색 발을 뽐내는 이 활기 넘치는 새들은 지구상에서 가장 추운 대륙에서 일생을 보낸다. 겨울 여러 달 동안에는 여러 종의 펭귄들이 따뜻한 섬으로 이주해 간다. 번식을 하게 될 거의 400만 마리의 펭귄 쌍들은 남극 해안선을 따라 모여 있는 약 250개의 군락 속에서 살아간다. 인간은 다이아몬드를 헌신의 궁극적인 상징으로 여기는 반면, 아델리펭귄에게는 보잘것없는 조약돌이 모든 암석 중에서 가장 중요하다. 척박한 남극의 풍경에서는 작은 암석을 구하기가 매우 어렵고 수컷들은 며칠이 걸려 이 돌들을 정성껏 모으는데, 대개 다른 수컷에게서 훔친다. 수컷 아델리가 적당한 양의 조약돌을 모으면 얼음에 얕은 홈을 파고, 바깥 테두리에 조약돌을 정렬한다. 수컷은 암컷을 발견하게 되면 자신이 만들어놓은 것을 뽐내며 우뚝 서서 꽥꽥 소리를 낸다. 암컷은 마음이 끌리면 수컷과 절을 주고받고, 수컷은 번식을 위한 안락한 보금자리에 조약돌을 흩뿌린다. 많은 경우 아델리펭귄 커플은 평생을 함께한다.

다른 동물들이 짝을 유혹하기 위해 정성을 들이는 방법이 우리에게는 낯설어 보일 수도 있다. 하지만 우리의 의식儀式은 그들과 과연 얼마나 다른가? 인간 커플이 서로 손을 잡아 애정을 표현하듯이, 아프리카 코끼리는 연인과 코를 서로 뒤얽기를 좋아한다. 민감한 신경 말단으로 빽빽하게 채워진 코끼리의 코에는 4만 개가 넘는 근육이 있으며, 이는 코끼리의 의사소통에서 중심 역할을 한다. 코끼리는 사랑하는 상대가 아파하거나 슬퍼하면 코로 툭 치거나 코로 씨름을 하면서 친구에게 친근감을 표현하며, 구애할 때 상대와 자신의 코를 서로 부드럽게 휘감기도 한다.

동물들이 화려한 색깔로 과시하는 것도 우리와 비슷하다. 인간 남성은 데이트 상대를 스포츠카에 태워 감동시키고 싶어 한다. 공작새는 최대한 인상적이고 현란하게 자신을 과시함으로써 신붓감의 마음을 끌기 위해 화려한 빛깔의 꽁지깃을 펼치고 이리저리 뽐내며 걸어 다닌다. 인간과 공작새는 과연 얼마나 다른 것일까? 두 진화심리학자는 〈과시적 소비가 남성의 테스토스테론 수준에 미치는 영향〉이라는 연구에서, 값비싼 물건으로 과시하는 것이 남성의 테스토스테론 수준에 얼마나 큰 영향을 미치는지 보고했다. 젊은 남성들의 테스토스테론 수치는 구형 세단을 타고 다닐 때보다 몬트리올 시내에서 미끈한 포르셰를 운전했을 때 상당히 높았음이 실험에서 입증되었다. 물론 과시가 지나친 경우가 있고, 동물 세계에서도 마찬가지다. 아마도 존스홉킨스대학교의 카나리아 보고서를 보고 놀랄 여성들은 없을 것이다. 보고서를 보면 수컷 카나리아 중에서 혈중 테스토스테론이 가장 높은 카나리아들이 가장 큰 소리로 노래했지만, 암컷들은 이런 수컷들을 별로 매력적으로 여기지 않았다. 그들은 크고 단조로운 지저귐보다 부드럽고 우아한 지저귐을 선호했다.

사치스러운 선물을 구할 수 없을 때 인간과 동물은 모두 임기응변의 지략을 발휘하는 것으로 알려져 있는데, 가끔은 그 정도가 지나친 경우도 있다. 1888년 말, 네덜란드의 유명한 후기인상주의 화가 빈센트 반 고흐는 왼쪽 귀를 잘라서 사랑하는 사람에게 보냈다. 자주 찾는 카페에서 일하는 어린 소녀였다. 물론이 사건은 반 고흐가 기대한 효과를 낳지 못했다. 푸른얼굴얼가니새라고 불리는 대형 열대 바닷새들 사이에서는 이와 유사하면서 더 성공적인 의식이 진행된다. 수컷 푸른얼굴얼가니새는 작은 돌과 같은 선물을 예비 배우자에게 주지만, 암컷에게 자신의 깃털을 뽑아 주기도 한다. 동물의 왕국을 통틀어, 사랑이란 아픔을 수반하게 마련이다.

동물도 부부끼리 신의를 지킬까?

많은 사람이 평생 일부일처제를 유지하는 반면, 어떤 사람들은 한 파트너와 몇 년 (심지어 며칠) 이상 함께 지낼 수 없는 것 같다. 이와 마찬가지로 동물의 왕국에서도 한 마리의 짝과 영원히 함께 지내는 종도 많고, 번식을 하고 나면 각자의 길을 가는 종도 많다.

조그마한 프레리들쥐는 허세를 부리지 않는 동물이다. '초원의 감자칩'으로 알려져 있는 이런 설치류는 고단한 삶을 살아간다. 몸길이 13cm에 불과한 이들은 족제비, 매, 뱀 등 수많은 포식자들이 좋아하는 별미로, 먹이사슬의 하층부에 가까이 있다. 무성한 풀과 잡초 아래의 마른 땅에서 틈틈이 한숨을 돌리는 프레리들쥐는 배우자와 깊고 지속적인 유대관계를 형성하는데, 그들은 잡아먹힐 위험에 항상 노출돼 있으면서도 이런 방법으로 위험을 헤쳐 나간다.

프레리들쥐 부모는 새끼를 낳은 후 평생을 함께하며, 새끼들을 열성적으로 지키려 하고, 긴장의 순간에도 위안을 준다.《와일드 커넥션: 동물의 구애와 짝짓기가 인간관계에 대해 말해주는 것》의 저자인 제니퍼 베르돌린은 "프레리들쥐들은 배우자가 스트레스를 받을 때 그들 특유의 포옹과 키스에 해당하는 행동을 해줍니다. 그들은 50~60% 이상의 시간(그 이상은 아니더라도)을 함께 보낼 것입니다"라고 말했다.[31]

이 정도 수준의 일부일처제를 유지하는 것은 설치류에서 특이한 일이다(사실 포유류의 3%만이 일부일처제를 선택한다). 심지어 프레리들쥐와 거의 동일한 친척인 목초지들쥐도 그렇게까지 깊은 애착을 형성하지는 않는다. 과학자들은 프레리들쥐가 강한 유대감을 갖는 한 가지 이유로 그들이 짝짓기할 때 배출하는 이례적인 양의 옥시토신, 이른바 사랑의 호르몬이 정서적 유대감을 증진시키기 때문이라고 생각한다. 실제로 프레리들쥐는 배우자에게 매우 충직한데, 이 때문에 이들의 행동은 연구자들이 인간 사랑의 생화학적 기초를 이해하는 데 도움을 주었다.

동물들 가운데 새처럼 배우자에게 헌신적인 동물도 없다. 모든 조류 가운데 가장 큰 사랑을 하는 새는 새 중에서도 가장 큰 알바트로스다. 날개 폭이 3.7m에 달하는 알바트로스는 북태평양에서 하늘 높이 솟아올라 남극까지 이동한다. 삶의 95%를 공중에서 보낸다는 연구 결과가 말해주듯이, 이 위풍당당한 새는 여기저기 방황하는 버릇이 있음에도 거의 바람을 피우지 않는다. 야생 조류 관찰자인 노아 스트리커가 《깃털 달린 것들》에서 설명하듯이 "세계를 유람하는 이런 새들은 평생 부부로 살아가고, 배우자에게 믿을 수 없을 정도로 충실하며, 우리 지구상에 있는 어떤 동물들보다도 배우자에게 강렬한 애정을 표시한다."[32] 알바트로스는 한 번에 알을 하나씩만 낳기 때문에 어린 새끼들은 태어나서 얼마 되지 않은 시기의 대부분을 혼자 살아간다. 부모가 먹이를 찾아 수백, 수천 킬로미터를 여행하기 때문이다. 다섯 번째 생일이 지난 어느 시기에 성적으로 성숙해지면, 어린 알바트로스는 고향 섬으로 이주하여 흥미로운 짝짓기 의식인 춤추기를 시작한다. 스트리커는 이 장면을 이렇게 묘사한다.

두 마리 새는 서로 마주보고 상대의 반사 신경을 시험하면서 앞

뒤로 움직이는데, 이때 살짝살짝 발걸음을 옮기면서 서로의 거리를 좁히고 부리를 하늘로 곧게 쳐든다. …… 이와 동시에 암수 알바트로스는 소름 끼치는 소리를 내면서 각기 총 3.7m 폭의 날개를 활짝 펼쳐 뽐내며, 계속 좋은 자리를 잡으려 하면서 일을 벌일 태세를 갖춘다. 그들은 부리를 부딪치고 다시 머리를 뒤로 젖히면서 소리를 지른다.[33]

알바트로스는 더 많은 파트너들과 춤을 출 것이며, 이는 자신들이 좋아하는 상대를 찾을 때까지 계속될 것이다. 때로는 몇 년이 걸릴 수도 있다. 그러나 알바트로스는 거의 항상 함께 살아가기 때문에 이런 기다림은 의미가 있다(이 우아한 바닷새들에게 이 기간은 50년 이상을 의미할 수 있다).《새들의 동반자 관계》를 쓰기 위해 거의 100종의 새를 연구한 생태학자 제프리 블랙에 따르면, 알바트로스는 지구상에서 가장 충직한 동물로, 그가 관찰하는 동안 단 한 쌍도 헤어지거나 다른 알바트로스와 짝짓기를 하지 않았다. 다른 연구들은 알바트로스가 대개 원래 배우자가 죽고 나서야 새로운 짝을 만난다는 사실을 보여주었다.

다른 조류 종은 어떻게 상대와 결속하는지, 블랙은 뭐라고 말하고 있을까? 약 40~45%에 달하는 미국의 이혼율에 비하면 다수의 조류는 인간보다 훨씬 더 충실한 연인들이다. 동화 속 전설에서 평생을 함께하는 연인들인 고니는 실제로 그 비율이 95%에 이른다. 고니 커플은 목을 뒤얽어서 완벽한 하트 모양을 만들기로 유명한데, 이들은 낭만과는 거리가 먼 쉿소리와 꿀꿀거리는 소리로 이루어진 교향곡을 들려주면서 구애 춤을 춘다(고니들이 죽을 때만 노래를 부른다는 이야기는 근거 없는 미신이다). 고니는 종마다 특별한 구애 방식을 갖고 있다. 예를 들어 호주의 흑고니들은 독특한 검은 깃털을 사용하여 짝을 끌어들인다. 일반 고니Bewick's swan와 북미산 휘파람고니는 서로에게 부드럽게 소리치는 걸 좋아한다. 북미의 울음고니는 자신들의 사랑을 부끄러워하지 않고 세상이 들을 수 있도록 큰 소리로 끼루룩끼루룩 우는 것을 좋아한다.

블랙은 푸른얼굴얼가니새도 연구했는데, 이들은 짝과 헤어지는 비율이 인간과 비슷하다. 북미 해변에서 흔히 볼 수 있고 해안에 서식하는 용맹스러운 모래색 새인 피리물떼새들은 짝과 관계가 끊어지는 비율이 67%인 반면, 붙임성 있는 청둥오리는 열 쌍 중 아홉 쌍이 자신의 짝 곁에 충실하게 머문다. 최근 셰필드대학과 배스대학이 공동으로 실시한 연구에 따르면, 거의 모든 종의 조류는 집단 내 암수의 균형이 심하게 무너졌을 때 부정을 저지를 가능성이 높아진다. 셰필드대학의 안드라스 리커 교수는 "한쪽 성이 다른 쪽 성보다 많아질 경우, 대개 숫자가 적은 성의 성원들은 흔한 성의 성원들에 비해 새로운 짝짓기 파트너를 얻을 가능성이 높습니다. 기본적으로. 숫자가 적은 성은 '이

성과 놀아날' 기회가 더 많으며, 짝을 속이거나 새로운 배우자에게 마음을 빼앗겨 떠날 기회가 더 많습니다"[34]라고 말했다.

그렇다면 어떤 새가 가장 난잡할까? 블랙은 홍학이라고 말한다. 따뜻한 해안 지역에 흔히 서식하며 다리가 길고 깃털이 분홍색인 이 섭금류들은 일반적으로 규모가 매우 큰 군락 속에서 살아가는데, 그 수가 흔히 수천 마리에 이른다. 이는 포식자가 달려들지 못하게 하는 데 도움이 된다고 알려져 있다. 그러나 그렇게 많은 수로 살아갈 경우 홍학은 한눈을 팔 기회가 많아지기도 한다. 이들도 처음에는 군무 의식synchronized dancing rituals이나 목을 쭉 뻗는 행동 같은 정성스러운 구애 과정을 거쳐 짝과 강력한 유대관계를 맺는다. 하지만 블랙의 추정에 따르면, 홍학의 로맨스는 마치 대학 시절 잠깐의 정사처럼 궁극적으로 99%가 새로운 사랑을 찾는 덧없는 행위다.

사람들과 마찬가지로 도시의 새들도 사랑을 한다. 도시 비둘기로도 알려져 있고 뉴욕에서 볼 수 있는 야생 비둘기들은, 전 세계 험준한 바위틈에 깃들어 살고 있는 옅은 회색의 야생 바위비둘기 후손들이다. 초고층 빌딩을 절벽 대신으로 생각하는 야생 비둘기들은 개체수가 폭발적으로 증가했다. 진저리가 난 도시 거주자들은 이들의 개체수를 통제하기 위해 독약을 비롯해 좋지 않은(그리고 잔인한) 방법을 사용해왔다.

그럼에도 브루클린의 예술가 티나 피나 트라크텐버그는 "비둘기가 없으면 도시는 황량한 쇼핑몰이 되어버릴 것입니다. 비둘기는 우리가 살아가는 환경에 수많은 아름다움과 달콤함을 더하죠"라고 말한다.[35] 트라크텐버그는 주변 사람들에게 엄마 비둘기로 알려져 있는데, 그녀는 뉴욕 시민들 사이에서 비둘기의 명성을 회복하기 위한 1인 운동을 진행 중이다. 트라크텐버그는 자신의 집 옥상에서 비둘기 무리에게 먹이를 주다가 급기야 이들과 친구가 되었다. 그 후 7층 창문에서 떨어져 다리가 부러진 러블리 리타라는 새끼를 포함해 수많은 비둘기들을 구출했다("리타는 다리에 매우 조그맣고 귀여운 깁스를 했어요"라고 트라크텐버그는 말한다). 심지어 트라크텐버그는 남편을 설득해 "비둘기는 평생 짝을 바꾸지 않는다"고 적힌 팻말을 들고 비둘기 차림으로 시내를 돌아다니게 하기도 했다.

실제로 비둘기는 평생 짝을 바꾸지 않는다. 과학 저널리스트 브랜든 케임은 해럴드와 모드라는 두 마리의 사랑스러운 비둘기 이야기를 들려준다. 해럴드는 알파 비둘기의 전형이었다. 깃털이 빳빳하며 크고 넓적한 해럴드는 케임이 사는 브루클린의 지붕을 따라 당당하게 걸어 다녔다. 해럴드의 짝인 모드는 겉모습이 전혀 딴판이었다. "머리와 목의 깃털은 들쭉날쭉했고 눈은 짓물렀으며, 수억 년에 걸쳐 여러 갈래의 진화 과정을 뛰어넘은 병 기운이 물씬 풍겼다"고 케임은 설명한다.[36] 한번은 모드가 날 수 없던 적이 있었다. 그녀는 힘없이 날개를 퍼덕이며 겨우 몇 발 내

발정이 나면 폭군이 되는 코끼리

인간 수컷은 시끄럽고 공격적이고 냄새가 날 수도 있지만, 적어도 발정이 나서 광포해지지는 않는다. 반면 성적으로 성숙한 수컷 코끼리들은 과학자들이 아직 밝혀내지 못한 어떤 이유로 발정 광포 musth 기간에 접어든다. 머스트라는 이 용어는 '술에 취한drunk'이라는 뜻의 페르시아어에서 파생되었는데, 이 기간은 매년 한 달에서 두 달 동안 이어진다. 수컷 코끼리는 머스트 기간에 테스토스테론 수치가 정상의 60배까지 치솟는데, 이때는 가장 평온한 수컷들마저 광포하고 매우 폭력적으로 바뀐다.

머스트 기간에 접어든 징후는 여간해선 놓치기 어렵다. 수컷의 뺨에는 일시적으로 농구공 크기만큼 부풀어 오르는 도관導管이 생기는데, 여기서 코끼리를 광폭하게 만드는 혼합 화학 물질을 분비하기 시작한다. 수컷들은 매일 300L의 소변을 배출하기도 한다. 이들은 이 기간에 다른 수컷부터 기린, 인간에 이르기까지 만나기만 하면 싸우려 들며 짝짓기에 집착하게 된다. 머스트의 효과는 인간 남성에서 볼 수 있는 '스테로이드 분노'와 다르지 않다. 이런 분노 증상에는 방해받았을 때 공격적인 감정을 폭발하고, 소음이나 갑작스러운 움직임에 대해 거칠게 반응하며, 친한 친구나 사랑하는 대상을 이유 없이 마구 공격하는 것 등이 있다. 만약 당신이 땀과 소변을 배출하고, 테스토스테론의 힘을 받아 분노하는 수컷 코끼리를 우연히 마주친다면 무조건 도망쳐라. 당신이 암컷 코끼리가 아니라면 말이다.

디뎠지만 이륙할 힘을 낼 수는 없었다. 해럴드는 모드가 날아올라 자신을 따라오기를 기다리며 걱정스럽게 서성거렸다. 더 건

강하고 튼실한 배우자를 찾아 떠날 수 있었음에도 그는 항상 그녀 곁에 머물렀다.

이는 비둘기들에게서 흔히 볼 수 있는 모습이다. 그들의 뇌를 순환하는 호르몬은 메소토신과 바소토신이다. 이는 포유류의 유대감과 사랑에 관여하는 호르몬인 옥시토신과 바소프레신의 조류 버전에 해당한다. 비둘기에게는 보상 체계 신경전달물질인 세로토닌과 도파민도 있는데, 매력과 즐거움을 조절하는 물질이다. 인간 부부처럼 비둘기도 육아 의무를 분담한다. 엄마와 아빠는 다른 한쪽이 쉬고 먹을 수 있도록 교대로 알을 품는다. 맹목적인 사랑을 베푸는 부모 비둘기는 새끼들이 부화하면 철저하게 이들을 보호하려 하며, 새끼들이 다 자랐을 경우에만 둥지를 떠날 수 있게 한다.

동물들의 극진한 자식 사랑 ▬▬

동물이 느끼는 가장 근본적인 사랑은 부모 즉, 어미의 자식 사랑에서 확인된다. 어미가 새끼를 돌보는 본능은 종種을 가리지 않고, 수백만 년의 진화 과정을 뛰어넘어 뇌의 가장 깊고 가장 원시적이며 후미진 곳에 자리 잡고 있다. 모성 본능은 가장 있을 법하지 않은 종에서도 나타난다. 맹목적인 사랑을 베푸는 부모를 생각할 때 점액질의 피를 빨아먹는 호주 거머리가 떠오르기는 힘들 것이다. 그러나 호주 모내시대학교 진화생물학자 프레드 고베디치에 따르면, 이런 환형동물은 새끼를 성숙할 때까지 돌본다고 알려진 최초의 무척추동물이다. 고베디치는 이 생물을 심층적으로 연구한 후 "거머리라는 단어는 흔히 이기성, 착취와 동의어로 간주되지만 거머리 부모들은 대개 헌신적이다"[37]라고 보고했다. 호주 거머리는 새끼들이 부화한 후 몇 주 동안 포식자가 얼마 없는 안전한 장소로 새끼들을 조심스럽게 옮겨 돌보는 것으로 알려져 있다.

크기가 작은 동물이 큰 사랑을 베풀 수 있음을 보여주는 또 다른 증거로는 늑대거미를 들 수 있다. 굉장한 시력을 지녔고 홀로 사는 용감한 사냥꾼인 이 거미류는 엄청난 정확도로 먹이를 덮치는 것으로 알려져 있다. 하지만 이 치명적인 사냥꾼들은 먹잇감을 뒤쫓으면서도 태어나지 않은 새끼가 들어 있는 복부 근처의 주머니를 보호한다. 새끼 거미들은 부드러운 보호용 주머니에서 부화한 후, 어미의 다리를 기어 올라가 혼자 살기에 충분히 클 때까지 어미의 등을 피신처로 삼는다.

지구의 대양도 극진하게 새끼들을 보호해주는 어미들의 고향이다. 많은 물고기들이 포식자에게서 새끼들을 보호하기 위해 위장술과 여타 기술을 사용하는가 하면, 시클리드, 바다 메기, 파이크헤드, 큰입후악치 등 구중부화종mouthbrooders은 태어나지 않은 새끼들을 보호하기 위해 커다란 입을 사용한다. 일단 알이 수정되면 어미들은 식음을 전폐한 채 알 하나도 밖으로 흘리지 않도록 입을 꼭 다물고 있다. 아프리카 시클리드 같은 일부 종에서는 어미가 36일 연속으로 단식을 할 수도 있다. 새끼들이 태어나 스스로 자유롭게 헤엄칠 수 있는 상황에서도 어미는 포식자가 접근할 경우에 대비해 새끼들 곁을 떠나지 않는다. 새로 태어난 새끼들은 위험을 느끼면 어미에게로 헤엄쳐 돌아가 어미의 입 안에서 보호를 받아야 함을 본능적으로 안다. 이 상황에서 아빠도 도움을 준다. 메기나 아로와나 같은 일부 종은 수컷도 새끼들을 보호하기 위해 입을 사용한다.

어쩌면 범고래만큼 양육을 잘하는 바다 생물은 없을 것이다. '바다의 포식자'로 악명 높은 범고래killer-whale는 사실 돌고래다. 지구상의 모든 대양에서 발견되는 이들은 흑백색 몸, 의사소통에 사용되는 교향곡과 같은 삑삑 소리와 찰칵 소리, 타의 추종을 불허하는 사냥 솜씨로 유명하다. 시속 48km 이상으로 헤엄칠 수 있는 범고래는 긴밀한 유대 관계를 갖는 집단별로 함께 여행하고 사냥하는데, 이 집단을 포드pod라고 한다. 이들은 평생의 유대를 형성하며 이 유대는 어린 시절에 시작된다. 이 시기에 나이가 많은 범고래들은 젊은 세대에게 기술을 전수할 때 핵심 역할을 한다. 출생 직후 엄마들은 최초의 호흡을 하도록 새끼들을 해수면으로 인도하고, 이후 여러 해 동안 거의 새끼 곁을 떠

오랑우탄의 애틋한 자식 사랑

보르네오와 수마트라의 열대우림 깊은 곳에서 발견되는 오랑우탄은 오렌지색 털을 가진 유인원으로, 거의 모든 시간을 나무 위 높은 곳에서 보낸다. 혼자 사는 영리한 존재인 오랑우탄은 동물의 왕국에서 가장 깊은 부모 자식 간 유대감을 보여준다.

어미 오랑우탄은 한 번에 한 마리의 새끼를 낳으며, 그 후 여러 해 동안 서로 헤어지지 않고 함께 살아간다. 새끼가 태어난 첫 몇 달 동안 어미들은 새끼와 지속적으로 신체 접촉을 이어간다. 그들은 함께 자고 놀고 사냥한다. 새끼가 9살이 될 때까지 어미가 돌보는 경우도 있다. 이들은 깊은 유대감을 형성한다. 연구원들은 박물관의 수집품들을 확인한 뒤 오랑우탄의 치아에서 바륨이 다양한 농도로 확인된다는 사실을 발견했다. 바륨은 우유에서 발견되는 화학 원소다. 이를 통해 오랑우탄이 먹이 공급 사정에 따라 얼마간 새끼들에게 젖을 먹였다는 것을 알 수 있다. 동남아시아의 열대우림은 오랑우탄이 좋아하는 음식인 과일이 풍부하지만 과일 공급량은 극도로 예측하기 어렵다. 힘든 시기에 어미 오랑우탄은 딱딱한 견과류와 씨앗을 먹고도 살아갈 수 있지만 새끼들은 그렇지 않다. 이들은 젖을 먹으며 근근이 살아야 한다.

이런 이유로 청년기의 오랑우탄이 어미의 품을 떠나기까지 오랜 시간이 걸리고, 그들의 유대감이 강한 것일 수 있다. 어린 오랑우탄은 자신의 가정을 꾸리고 난 후에도 여러 해 동안 어미를 만나러 온다고 알려져 있다.

나지 않는다.

모녀는 특별한 유대 관계를 맺는 경우가 흔하다. 지나칠 정도로 송아지에게 통제를 가하는 어미 젖소들이 있는가 하면, 송아지를 자유롭게 돌아다니게 하는 소들도 있다. 인간 가족과 다를 바 없이 어미와 딸 사이의 관계는 매우 복잡 미묘할 수 있다.

유기농 영농인 로저먼드 영은《소의 비밀스러운 삶》에서 이름이 똑같은 모녀 돌리와 돌리 2세 이야기를 들려준다. 돌리는 나이가 많고 영리한 소로, 돌리 2세가 태어날 때까지 많은 송아지들을 잘 키워냈다. 돌리는 새끼들에게 얼마나 많은 젖이 필요한지 알고 있었고, 언제 젖을 떼고 건초와 풀을 먹게 해야 할지도 알고 있었다. 송아지가 자신을 챙기는 방법을 배울 때가 언제인지도 잘 알았다. 돌리 2세가 생후 약 15개월이었을 때, 어미 돌리는 또 다른 송아지를 낳은 상황이었다. 영은 "돌리 2세는 퇴짜를 맞지는 않았지만 점차 외면당했다. 그리고 나서야 돌리 2세는 자신이 어른으로서 친구를 사귀어야 하고, 엄마가 매우 잘하던 일들을 하도록 내버려두어야 한다는 것을 깨달았다"[38]고 썼다.

이후 돌리 2세가 자신의 새끼를 낳을 준비를 하고 있을 때였다. 당시 그녀는 어미와는 거의 접촉이 없었고, 주인인 영이나 자기 가족이 없는 곳에서 혼자 새끼를 낳았다. 사람들은 돌리 2세를 샅샅이 찾아다닌 끝에 마침내 먼 언덕 기슭에서 그녀를 발견했다. 안타깝게도 돌리 2세는 송아지를 사산했고, 자궁탈출증

자연 속의 동성애

일본에서는 눈원숭이라고도 부르는 일본원숭이 수컷은 힘겹게 살아간다. 이들은 암컷의 애정을 얻기 위해 다른 수컷들과 경쟁해야 할 뿐 아니라 암컷들과 경쟁해야 하는 경우도 많다. 일본원숭이들 간에는 동성애가 흔할 뿐 아니라 대개 일반적이기도 하다. 암컷 원숭이가 다른 암컷에 올라타고 성기를 자극해주는 모습을 상세히 기록하는 것은 연구자들의 일상이다. 암컷들은 서로 털 손질을 해주고 함께 잠을 자며, 위협으로부터 서로를 지켜주곤 한다.

동성애와 양성애는 몸집이 작은 종에서도 관찰된다. 예를 들어 수컷 초파리는 생후 30분 동안 양성애자다. 이때 그들은 성별에 관계없이 가까이에 있는 파리와 짝짓기를 시도한다. 수컷 거짓쌀도둑거저리는 대개 양성애자로, 암컷 및 수컷 양쪽과 교미하길 즐긴다. 바다에서는 돌고래가 암수 모두 끈끈한 사회적 유대관계를 발전시키는 수단으로 동성애 행동을 보이는 경우가 흔히 있다.

평생 배우자와 함께 지내기로 유명한 알바트로스 역시 동성애를 낯설어하지 않는다. 둥지를 짓는 계절 동안 종종 하와이에서 발견되는 레이산알바트로스 암컷 커플은 새끼를 함께 기르는 것이 일상화되어 있다. 영국왕립학회가 발간하는 〈생물학회보Biology Letters〉에 실린 한 연구에 따르면 알바트로스는 새끼의 아버지가 죽거나 짝을 버리는 경우가 드물게 있는데, 이럴 경우 어미는 흔히 다른 암컷과 유대 관계를 맺고 함께 새끼들을 키운다고 한다.

육지에서는 침팬지, 특히 보노보가 암수 모두 문란하다. 사실 보노보는 너무 많은 파트너와 너무 많은 성관계를 맺고 있어서 과학자들은 이 사랑의 장난을 보노보 악수bonobo handshake라고 부른다. 수컷들 사이의 성관계는 거래의 역할을 하는 경우도 있다. 즉, 젊은 보노보 수컷들이 자신이 속해 있는 사회 집단에서 더 크고 더 지배적인 구성원과 유대를 맺기 위해 펠라티오와 다른 성행위를 이용하는 것이다. 연구자들이 과학적으로 '음경 펜싱penis fencing'이라 정의한 게임으로 긴장을 해소하는 보노보들도 있다. 우울하거나 슬퍼하는 친구를 위로하기 위해 동성 간 섹스를 하기도 한다.

으로 고통받고 있었다. 영은 그녀를 편안하게 해주었고, 수의사가 곧 도착해서 돌리 2세의 자궁을 다시 제자리에 꿰매주었다. 그 후 몇 주에 걸쳐 그녀는 서서히 몸을 회복했지만 우울해했고, 여전히 몸이 매우 약한 상태임이 분명했다.

하루는 영이 돌리 2세의 상태를 확인하러 갔는데, 그녀가 온데간데없었다. 다시 한 번 샅샅이 찾아다닌 끝에, 영은 세 목초지만큼 떨어진 곳에서 어미와 함께 있는 돌리 2세를 찾아냈다. 발견 당시 돌리는 돌리 2세의 온몸을 핥아주고 있었다. 두 돌리는 오랜 시간 함께 지내지 못했지만, 위기의 순간이 닥치자 어미는 딸을 위로해주었다. 엿새 후 돌리 2세는 마침내 엄마를 떠날 정도로 완전히 회복되었다.

동물도 슬퍼하고 위로할 줄 안다 ——

2016년 5월 25일 켄터키주 바즈타운에서 경찰관 제이슨 엘리스가 근무 중 총에 맞아 숨졌다. 엘리스는 사단 K-9 부대의 일원으로, 피구라는 네 살배기 독일 셰퍼드와 여러 임무를 수행했다. 엘리스의 장례식이 진행되는 동안 피구는 행렬에 맞춰 걸음을 내디뎠고, 관을 향해 고개를 숙여 인사한 뒤 관 위에 자신의 외로운 한 발을 올려놓았다. 이 장면이 인터넷을 스치고 지나가자 순식간에 수백만 명의 가슴이 무너졌다. 피구의 엄숙한 몸짓은 작은 슬픔의 표시일 따름이지만, 슬픔에 빠신 동물, 특히 개에 관한 이야기는 극히 흔하다.

어떤 오스트리아 남자가 자신이 키우던 개 술탄을 가족에게 맡기고 죽은 사례도 있다. 그의 장례식이 끝난 뒤, 그의 가족은 술탄이 며칠 동안 어디 있는지 찾을 수 없었다. 마침내 그들은 약 5km 떨어진 공동묘지에 있는 옛 친구의 무덤 위에 누워 있는 술탄을 발견했다. 일본의 유명한 이야기에서 하치코라는 아키타견은 주인이 죽은 후에도 변함없이 충성을 바쳤다. 하치코는 매일 오후 정확히 같은 시간에 자신의 주인이었던 우에노 히데사부로라는 대학 교수를 마중하러 근처 기차역으로 갔다. 그러나 어느 날 우에노가 일을 마치고 돌아오지 않았다. 강의를 하다 심각한 뇌출혈로 세상을 떠난 것이다. 그럼에도 그 후

티카와 코북

　　콜로라도에 살고 있는 두 마리의 아름다운 개 티카와 코북에게 사랑은 복잡한 것이었다. 마크 베코프가 저서 《동물에게 귀 기울이기Minding Animals》에서 언급했듯이, 두 개는 평생의 동반자였고 여덟 마리의 강아지까지 키워냈지만, 코북이 언제나 흠잡을 데 없는 신사는 아니었다. 그는 간혹 티카와 몸싸움을 벌여 그녀의 음식을 빼앗았고, 티카가 자신보다 더 많은 관심을 받을 때 칭얼거리기도 했다. 그런데 어느 날 개를 돌봐주던 앤 베코프가 티카의 다리에 덩어리가 생겨나고 있다는 사실을 알아차렸다. 티카가 골종양에 걸린 것이다.

　　티카의 병세가 악화되면서 코북의 행동은 완전히 변했다. 그는 그녀의 음식을 빼앗는 일도 없고 침대 위에서 자게 내버려두었으며, 티카의 털을 손질해주기도 했다. 티카가 다리를 절단하고 난 후 세 다리로 걷는 법을 배우려고 애쓰다 넘어지기라도 하면 코북은 그녀를 위로해주었다. 심지어 그는 앤이 수술을 받고 집으로 돌아온 직후 쇼크에 빠졌을 때 위급 상황을 알리기 위해 짖어 대서 그녀의 목숨을 구하기도 했다.

　　물론 티카가 완전히 회복되고 나자 코북은 티카의 음식을 뺏어 먹고 관심을 가로채고 그녀를 쓰러뜨리는 등 옛날 모습으로 은근슬쩍 되돌아갔다. 속담에도 있듯이 어려울 때 사랑을 보여주는 친구가 진짜 친구다.

9년 9개월 15일 동안 하치코는 매일 옛 친구가 다시 나타나기를 바라며 집을 나와 기차역 한쪽에 앉아 있었다. 마침내 하치코는 충성과 신의라는 일본의 이상理想을 상징하는 존재가 되었다. 그의 동상이 세워졌고 그의 이야기가 책으로 나왔으며, 하치코는 2009년 영화 『하치 이야기』의 주인공으로 등장하기도 했다.

최근 연구는 실제로 개들이 죽음의 영향을 크게 받는다고 결론 내린 듯하다. 미국동물학대방지협회ASPCA가 실시한 연구에 따르면 친구의 사망 이후 개들의 3분의 2가 식욕 저하, 집착, 무기력증 등 슬픔의 징후를 뚜렷하게 보였다. 여기서 한 걸음 더 나아가 뉴질랜드 반려동물상담소의 연구원들은 159마리의 개와 152마리의 고양이에 대한 자료를 연구했다. 그들은 60%의 개와 63%의 고양이들이 세상을 떠난 친구들이 낮잠을 자던 장소를 계속해서 찾아가 확인한다는 사실을 발견했다. 개나 고양이나 거의 같은 비율로 애정에 목말라하기 시작했다. 거의 3분의 1이 먹는 양이 줄었고, 이들 모두 긴 시간 잠을 이루지 못하는 경우가 많았다. 연구자들이 지적했듯이 이것은 흔히 인간이 슬픔을 느낄 때 나타내는 행동이다.

2012년 런던대학교 연구원들은 학술지 〈동물 인지Animal Cognition〉에 발표한 연구에서 개들이 콧노래를 부르거나 이야기를 하고 있는 것이 분명한 사람보다는 울고 있는 사람에게 순순히 다가갈 가능성이 높다는 사실을 발견했다. 이는 개에게 선천적으로 고통에 대한 이해 능력이 있음을 보여준다.

호주의 인류학자 톰 반 두렝Thom van Dooren은 《비행 방식: 멸종 위기에서의 삶과 죽음》에서 인간이 다른 모든 생물보다 우월하다는 믿음인 '인간 예외론'이, 우리가 다른 동물을 이해하는 데 도움이 되지 않는 개념이라고 주장한다. 이 주장은 특히 슬픔과 애도와 관련해서 설득력이 있다. 그 예로 반 두렝은 〈내셔널 지오그래픽〉지와의 인터뷰에서 "까마귀와 여러 포유동물들이 죽음을 슬퍼한다는 사실을 암시하는 아주 훌륭한 증거가 있습니다"라고 말했다.[39] 까마귓과는 까마귀, 큰까마귀, 떼까마귀, 갈까마귀로 더 흔히 알려진 중간 크기의 종으로, 전설 속에서는 불길한 징조가 있을 때 출현한다. 지능이 높은 까마귓과 새들은 죽은 동료들을 위해 장례식을 치른다고 알려져 있다. 머더 오브 크로우murder of crow라는 이름으로도 알려져 있는 미국까마귀Corvus brachyrhynchos 무리는 한 친구가 죽으면 몇 시간 동안 죽은 친구 주변에 모여 있다. 〈동물 행동Animal Behavior〉지에 실린 한 연구는 이런 행동이 단지 애도를 위한 것만이 아니라, 죽음의 전후 상황에 대한 학습을 통해 미래에 스스로를 보호하려는 행동이라고 말한다. 누가 진실을 알 수 있겠는가? 연구원들은 "까마귀가 동료의 죽음과 관련된 장소를 익히고, 더 나아가 이 사건에 연루돼 보이는 사람들에 대해 배우고 기억할 수 있다"는 사실을 알아냈다.[40]

2016년, 온라인에 올라온 사진 한 장이 전 세계인의 심금을 울렸다. 중국의 한 암컷 거위가 오토바이 뒤에 실려 있는 장면이었다. 이 거위는 도축될 운명에 놓여 있었다. 이 암컷 거위와 함께 자란 짝은 뒤뚱거리며 그녀에게 다가가 괴로움이 가득한 목소리로 울부짖었다. 둘은 목을 길게 내밀어 사랑의 키스를 나누었고, 이윽고 암컷은 자신의 운명을 맞이하러 먼지 쌓인 길을 따라 사라졌다.

기러기는 충직하다. 대개 그들은 평생 짝을 바꾸지 않으며 배우자와 새끼를 보호한다. 설령 겨울이 다가오고 무리의 다른 기러기들이 남쪽으로 날아가버려도 흔히 그들은 아프거나 다친 짝이나 새끼 곁을 떠나려 하지 않는다. 짝을 잃은 기러기는 은둔한 채 슬퍼한다. 일부 기러기는 다시는 짝짓기를 하지 않으면서 과부나 홀아비로 여생을 보내기도 한다. 여러 과의 기러기들은 함께 모여 서로를 보살피는 더 큰 집단을 형성하는데, 이 집단을 가글gaggle이라고 한다. 일반적으로 이런 집단에는 다른 기러기들이 먹이를 먹는 동안 포식자의 출현을 감시하는 한두 마리의 '보초'가 있다. 가글의 성원들은 마치 배 위에 우뚝 서서 지켜보는 선원들처럼 보초 임무를 교대로 맡는다. 관찰자들의 언급에 따르면 건강한 기러기들은 간혹 부상당한 동료들을 돌보며, 부상당한 기러기들은 함께 뭉쳐 포식자들로부터 서로를 보호하고 도우면서 먹이를 구한다.

긴밀한 유대를 이루는 집단에서 함께 살아가는 동물들은 가족이 죽고 나면 의식을 치르는 듯한 행동을 할 가능성이 매우

삼각관계에 빠진 기러기들

기러기의 사회 구조는 드라마같이 매우 복잡하게 얽혀 있다. 유명한 조류학자인 노벨상 수상자 콘라트 로렌츠는 《야생 거위와 보낸 일 년》에서 아도, 셀마, 구르네만츠라는 세 기러기 간의 삼각관계를 서술하고 있다.

1976년, 아도는 상태가 좋은 편이 아니었다. 평생의 사랑인 수잔-엘리자베스가 여우에게 당한 것이다. 그는 의기소침하고 다른 무리들과 어울리지 않았으며, 무리에서 사회적 지위가 낮아지기 시작했다. 그런데 로렌츠에 따르면 "1977년 봄, 아도는 갑자기 마음을 가다듬고 셀마에게 강렬하게 구애를 하기 시작했다."[41] 두 거위는 열렬한 사랑을 나누었지만 한 가지 문제가 있었다. 셀마는 구르네만츠라는 다른 수컷과 관계를 맺고 있었는데, 이 수컷과의 사이에서 새끼를 세 마리 낳아 키우고 있었다.

구르네만츠가 이런 낯선 상황을 달가워할 리 없었다. 그는 아도를 하늘로 쫓아버리려 했지만 셀마가 그를 따르곤 했다. 이는 장관을 이루는 공중 추적으로 이어졌고, 이런 일이 벌어지고 나면 세 기러기가 지쳐버리기 일쑤였다. 곧바로 싸움이 벌어져 두 수컷이 서로를 물고 뜯고를 반복했고, 날개 어깨 쪽의 뿔 모양 돌기를 이용해 서로를 가격하곤 했다. 셀마는 누구를 선택할지 결정하지 못하고 괴로워했다.

결국 아도가 그녀를 위해 결정을 내렸다. 그는 구르네만츠에게 싸움을 걸었고, 결국 구르네만츠가 무릎을 꿇고 말았다. 로렌츠는 다음과 같은 기록을 남겼다. "그 후 승리한 아도는 마치 브래스 너클을 과시하듯 날개 어깨 쪽의 뿔 모양 돌기를 드러내 말 그대로 독수리 같은 자세를 취하면서 위용을 뽐냈다." 2년 전의 아도와 마찬가지로 구르네만츠는 깊은 우울증에 빠져 몸치장을 중단했고, 걷지 않고 발을 질질 끌었으며, 삶의 낙을 다 잃은 것 같았다.

높다. 사하라사막 이남 중앙아프리카의 숲에서 살아가는 고릴라는 현존하는 가장 큰 영장류로, 침팬지와 보노보 다음으로 우리와 가장 가까운 친척이다. 《동물들이 슬퍼하는 방식》의 저자인 인류학자 바버라 킹은 "고릴라의 친척들이 죽은 고릴라의 시신 주변에 조용히 둘러 앉아 있거나, 가만히 시신을 만지거나 손을 붙잡고 있는 경우가 있다"고 적고 있다.[42] 2008년 독일의 한 동물원에 사는 11살 된 고릴라 가나가 생후 3개월 된 죽은 새끼를 안고 있는 모습이 발견되었다. 몇 시간 동안 가나는 아들을 다정하게 안고 다니면서 흔들었고, 가나의 몸짓은 더 절박해졌다. 결국 가나가 새끼의 죽음을 인지한 듯했지만 사육사들이 새끼의 시신을 떼어놓으려 할 때도 거친 태도로 죽은 아들을 보호하려 했다.

2003년 10월 10일 케냐의 삼부루 국립보호구역에서 엘리노어라는 코끼리가 쓰러졌다. 엘리노어는 40살 된 무리의 우두머리 암컷으로 한동안 아팠다. 코가 부어올라 흐물흐물해졌고, 이전에 넘어지는 바람에 엄니 하나도 부러져 있었다. 젊은 코끼리 그레이스는 쓰러진 친구 엘리노어에게 달려들어 자신의 엄니를 이용해 그녀를 다시 일으켜 세우려 했다. 하지만 엘리노어는 너무 쇠약해져 있었다. 그레이스는 괴로움에 소리쳤지만 머지 않아 상황을 파악한 듯했다. 그녀는 자리를 떠나지 않고 곁에 남아 친구를 부드럽게 어루만져주었다. 다음 날 아침, 엘리노어가 죽고 나자 코끼리 대열이 그녀의 시신 옆에 모여들었고, 코를 쿵쿵거리며 그녀를 쓰다듬었다. 그 후 닷새 동안 엘리노어 가족의 일원들은 그녀 곁에 머물렀고, 멀리 떨어져 살고 혈연관계도 아닌 코끼리 가족들도 조의를 표하러 왔다. 코끼리를 관찰한 연구팀은 이것이 "코끼리와 인간이 어떻게 연민 같은 감정을 공유하고 죽음을 인식하며 죽음에 관심을 가질 수 있는지 보여주는 사례"[43]라고 결론지었다.

코끼리가 보여주는 동정심은 꼼꼼하게 기록되어 있다. 케냐의 연구원들은 어른 코끼리가 어떻게 아기 코끼리들을 진흙 구덩이에서 탈출시키고 늪을 헤쳐 나가도록 돕는지, 어떻게 전기가 흐르는 울타리를 피하게 하는지 기록했다. 또 다른 사례에서는 코끼리들이 친구를 쓰러뜨린 신경안정제 화살을 제거하고 상처에 흙먼지를 뿌려 파리의 접근을 막기도 했다. 생물학 및 의학 저널인 〈피어제이PeerJ〉지에 발표된 한 연구는 아시아 코끼리들이 자신이 속한 무리의 누군가가 곤경에 처해 있음을 파악할 수 있으며, 이런 상황에서 그를 부드럽게 쓰다듬어 주었음을 보고하고 있다. 영장류학자 프란스 드 발이 이끄는 연구팀은 26마리의 코끼리를 멀리서 연구했는데, 코끼리들이 고통에 빠진 친구 주위에 둥근 보호원을 형성하고, 우르릉거리는 소리와 빽빽거리는 소리로 안심시키는 모습을 확인했다. 드 발은 〈내셔널 지오그래픽〉과의 인터뷰에서 다음과 같이 말했다. "그들은 다른 코끼리들이 곤경에 처한 모습을 보게 되면 가까이 다가가서 그들을 진정시키며, 자신들 또한 괴로워합니다. 이는 침팬지나 인간이 불안해하는 누군가를 안아주는 것과 다를 바 없습니다."[44]

마리우스 맥스웰은 저서 《카메라를 가지고 적도아프리카의 대형 사냥감에 몰래 접근하다Stalking Big Game With a Camera in Eguatorial Africa》에서 한 사냥꾼이 코끼리 무리를 향해 총을 쏘는 장면을 목격한 상황을 서술하고 있다. 총알은 한 코끼리의 뇌를 관통했고 그는 즉사했다. 무리는 무질서하고 어수선하게 도망치지 않고, 빨리 이동할 수 있게 대열을 갖춰 서둘러 그곳을 떠났다. 그러나 맥스웰이 이야기하고 있듯이 "무리들 중에는 치명상을 입은 수컷이 있었는데, 무리의 일부 거대한 코끼리들은 천천히 움직여 이 수컷을 이동시키는 데 성공했다. 그들은 서로 힘을 합해 다친 형제의 옆구리에 자신들의 육중한 몸을 밀착시켜 이런 일을 해낸 것이다." 일촉즉발의 위험에도 무리는 쓰러진 친구를 데리고 갔고, 사냥꾼이 엄니를 뽑아갈 수 없는 수백 미터 떨어진 곳에 조심스럽게 그를 눕혔다.

동물도 감정을 느낀다

　과학계는 관찰 연구가 오랫동안 보여준 사실, 즉 다른 동물들이 공감을 나타낸다는 사실을 받아들이길 주저해왔다. 물론 동물에게 사랑할 수 있는지를 물어볼 수는 없다. 쓰러져 죽어가는 가족의 암컷 우두머리를 젊은 코끼리가 일으켜 세우려 할 때, 회의론자들은 코끼리가 그저 사랑이 아닌 불안감을 느끼고 있을 뿐이라고 주장할 수도 있다. 그렇다면 동물들이 사랑, 슬픔, 고통을 느낄 수 있음을 어떻게 입증할 것인가?

　1959년, 동물실험가 러셀 처치는 우리에 가둬놓고 먹이를 얻기 위해 레버를 누르도록 훈련한 쥐들의 이야기를 들려준다. 그는 쥐들이 레버를 누를 경우 인접한 우리에 있는 쥐에게도 충격을 준다는 사실을 깨닫고 나서는 더 이상 레버를 누르지 않는다는 것을 입증했다. 이 실험의 비인도적인 측면은 논외로 하고, 과학자들은 쥐가 불안감, 진정한 공감 혹은 이 두 가지의 조합을 보여주고 있는지를 두고 논쟁을 벌였다. 몇 년 후인 1962년, 아그네스스콧칼리지의 연구원들은 윤리적으로 문제가 되는 다른 실험에서, 쥐가 벨트를 내릴 수 있는 레버를 찾아 벨트에 매달려 고통에 빠져 있는 인접한 방의 다른 쥐를 풀어주려 한다는 사실을 입증했다. 쥐는 벨트에 스티로폼 조각이 끼어 있을 경우 레버를 누르려 하시 않았다. 연구자들은 "이것이 사실상 이타적 행동에 해당한다"[45]고 결론 내렸지만, 회의적인 과학자들은 이타적인 쥐가 단지 찍찍거리는 친구의 입을 막으려 한 것일 뿐 실제로 그를 구하려 한 것은 아니라고 주장했다.

그 후 몇 년 동안 연구자들은 공감 능력이 전혀 없는 방식으로 설계된 더 많은 실험을 통해, 동물의 공감 능력을 입증하고자 했다. 한 연구는 붉은털원숭이가 친구를 감전시켜 음식을 선택하기보다는 차라리 굶으려 했음을 보여주려 했다(한 원숭이는 모르는 원숭이에게 쇼크를 주지 않으려고 11일 동안 먹지 않았다). 그런데 이러한 입장 못지않게 이른바 행동주의behaviorism를 추종하는 과학자들은 동물이 아무리 겉으로 이타적 행동을 보인다 해도, 그것은 이타적 행동이 아니라 자극에 대한 훈련된 반응이라고 주장했다. 행동주의란 동물과 인간의 행동이 개체의 생각이나 감정이 아니라 조건화라는 측면에서 설명될 수 있다는 이론이다.

일부 과학자들은 동물이 다른 동물에게 얼마나 깊은 관심을 나타내는지 확인하기 위해 더 야만적인 실험을 고안해냈다. 이런 상황에서도 행동주의는 수십 년 동안 지배적인 입장을 유지했다. 2000년대 초반, 맥길대학교 유전학자들은 인간 외 동물들(여기서는 쥐)이 다른 동물을 위로할 수 있음을 입증했다고 생각했다. 이 팀의 수석 연구원인 제프리 모길은 쥐에게 고통을 가하는 실험을 고안했다. 그는 명백한 사실을 보여준답시고 쥐를 해치는 일도 불사하는 이유를 설명하면서, "만성 고통에 시달리는 환자들을 위해서라면 동물들에 대한 내 동정심은 모두 유보하겠다"[46]고 말했다. 모길의 연구팀은 일련의 잔인한 실험에서, 우리 안에서 함께 사는 쥐의 꼬리를 뜨거운 물에 담가 고통에 대한 내성을 판정하고자 했다. 연구가 끝날 무렵 차례를 기다리며 친구들이 고통스러워 비명을 지르는 장면을 지켜볼 수밖에 없던 다른 쥐들은 자신들이 선택되어 철창 밖으로 나올 즈음에는 상당한 괴로움을 느꼈다. 이는 쥐들이 단지 친구들의 고통을 관찰하는 데 그치지 않고, 그 고통을 공포의 형태로 느낄 수 있음을 의미했다. 이른바 이와 같은 고통 전염 현상은 가장 기본적인 감정이입 형태 중 하나로 여겨진다.

당연한 사실을 설명하기 위해 수많은 쥐가 고문받아야 할 필요는 없다. 동물들은 사랑을 느낀다. 그들은 슬퍼하고 정서적인 고통을 느끼며 걱정도 한다. 또한 그들은 고통을 예상할 수 있다. 2015년 초 호주의 농장동물 보호단체 에드거스 미션 Edgar's Mission은 우유 생산량이 감소해 도축될 상황에 놓인 클라라벨이라는 젖소를 구조했다. 그녀가 보호소에 도착했을 때 자원봉사자들은 그녀가 임신했다는 사실을 알게 되었다. 출산일을 일주일 앞두고 클라라벨은 직원들을 피해 농장의 경계 밖으로 몰래 빠져나가 이상한 행동을 하기 시작했다. 자원봉사자들은 수색 끝에 이미 출산한 클라라벨이 길게 자란 풀숲 사이에 새끼를 숨겨놓았음을 발견했다. 일반적으로 낙농장의 송아지는 태어난 직후 강제로 어미 곁을 떠나게 된다. 이렇게 해야 송아지가 먹어야 할 우유를 인간에게 팔 수 있다. 연구는 이런 분리가 유독 모성애가 강한 암소들에게 충격의 순간임을 보여준다. 몇 년 동안 헤아릴 수 없이 많은 새끼를 잃은 클라라벨은 새끼가 또다시 끌려가리라 짐작하고 숨기려 했던 것이다. 다행히도 그녀는 농장 보호소에 있었고, 그곳에서 마침내 평화롭게 새끼를 기를 수 있었다.

대부분의 암소들은 이런 호사를 누리지 못한다. 이와 유사한 이야기에서 뉴욕주 북부의 수의사 홀리 치버는 어느 날 당황한 한 낙농업자에게서 전화를 받았다. 그에 따르면 브라운스위스종 젖소 한 마리가 최근 다섯 번째 새끼를 낳았는데, 희한하게 며칠이 지나도 우유로 가득 차 있어야 할 암소의 젖이 비어 있었다. 거의 2주가 지난 후에야 농부는 그 이유를 알게 되었다. 아침에 어미를 따라 목초지로 나간 그는 농장 경계 인근 숲에서 어미가 몰래 송아지 한 마리에게 젖을 주는 모습을 목격했다. 암소는 쌍둥이를 출산했고, 자신이 낳은 새끼 중 한 마리를 빼앗아가리라는 사실(대부분의 송아지처럼 송아지 고기가 되어버릴 것)을 알고 있었기에, '새끼 둘 중 하나를 선택해야 하는' 순간 그녀는 새끼 한 마리를 농부에게 내놓고 나머지 한 마리는 몰래 숨겨둔 것이다. 나중에 홀리는 다음과 같이 말했다.

첫째로, 암소는 기억력이 있었어요. 그녀는 앞서 네 번에 걸쳐 새 끼를 잃은 사실을 기억하고 있었는데, 그 기억이란 자신이 새로 낳은 송아지를 헛간으로 데려갈 경우 다시는 새끼를 보지 못하 게 된다는 것이었습니다. 두 번째로, 그녀는 계획을 세우고 실행 할 수 있었습니다. …… 내가 아는 것이라고는 이런 정도입니다. 아름다운 눈을 가진 이 동물들은 지금까지 우리 인간이 믿어온 것보다 훨씬 많은 일들을 우리 모르게 하고 있다는 것이죠. 엄마 로서 나는 4명의 아기들을 모두 돌볼 수 있었고 사랑하는 자식 을 잃는 고통에 시달릴 필요가 없었습니다. 나는 그녀의 고통을 느낍니다.[47]

실제로 우리는 동물이 느끼는 연민의 아름다움과 깊이를 결 코 이해할 수 없을 것이다. 사랑의 황홀함과 상실의 고뇌를 경험 하는 것은 인간의 전유물이 아니다. 다리가 두 개든 네 개든 여 덟 개든 간에, 엄마라면 아이를 잃는 것이 어떤 의미인지 잘 안 다. 결코 복구될 수 없는 자신의 일부를 상실한다는 것이 어떤 의미인지 잘 알고 있는 것이다. 현내 과학은 개, 소 또는 이 세상 에 살고 있는 870만 종의 동물들이 사랑을 느낀다는 사실을 어 렴풋이 입증할 수 있을 것이다. 하지만 가장 강력한 MRI 장비조 차 그런 독특한 감정에 결코 깊이 들어가 볼 수는 없을 것이다.

증거를 찾고자 한다면 인간의 시선을 피해 사는 쥐를 살펴보는 것만으로도 충분하다. 〈신데렐라〉나 〈꼬마돼지 베이브〉 같은 영화에 나오는 쥐들이 소리 높여 감미로운 노래를 부르던 장면을 기억하는가? 실제로 현실 속의 쥐들은 인간의 귀가 감지할 수 없을 정도로 높은 주파수로 서로에게 노래를 불러준다는 사실이 밝혀졌다. 오스트리아의 과학자들은 민감한 마이크를 사용하여, 쥐들이 구애하는 동안 서로에게 노래를 불러준다는 사실을 확인했다. 이는 오직 쥐만이 들을 수 있는 초음파 발라드였다.

만약 이 작은 친구들의 사랑 노래를 의식하지 못하고 침대에 누워 있다면, 우리는 무언가를 또 놓치고 있는 것은 아닐까? 우리 시대의 가장 위대한 사랑 이야기는 하늘 높은 곳에서, 바다 깊은 곳에서, 빽빽한 숲속에서, 어쩌면 우리가 살고 있는 곳의 마룻바닥 아래에서, 한밤중에 쓰이고 있을지 모른다.

● 놀이의 즐거움

놀이는 문화보다 오래되었다. 문화는 아무리 어설프게 정의하더라도 항상 인간 사회를 전제하지만, 동물은 인간이 놀이를 가르쳐줄 때까지 기다린 것이 아니기 때문이다.

―요한 하위징아, 네덜란드의 역사가

마리나 다빌라 로스 박사는 호기심이 동했다. 영국 포츠머스대학교 영장류 행동 전문가인 그녀는 어딘가 특이한 장면을 보게 되었다. 고릴라 하나가 다른 고릴라를 살살 때리고 나서 도망치자, 두 번째 고릴라가 첫 번째 고릴라를 따라잡아 때리고 다시 도망치곤 하는 것이다.

다시 말해 고릴라들이 술래잡기를 하고 있던 것이다.

이것이 일상적인 행동인지 궁금해진 다빌라 로스와 연구팀은 유럽 전역 다섯 군데 동물원에 있는 6개 집단에 속한 21마리 고릴라의 영상을 분석해보았다. 2010년 7월 그녀는 "연구 결과 고릴라의 놀이와 아이들의 술래잡기는 중요한 측면에서 유사성을 보인다"고 보고했다. "우리가 연구하던 고릴라들은 놀이 친구를 때리고 도망가면 쫓기고, 쫓는 쪽이 상대를 때리면 그때부터는 다시 역할이 바뀌어서 쫓는 쪽이 쫓기게 되었다. 이런 상황은 계속 반복되었다."[48]

고등학교 풋볼 팀의 러닝백이 현란한 몸놀림으로 수비수들을 따돌리며 의기양양하게 엔드 존을 향해 전력 질주하듯이, 걸음마를 배우는 아이들은 쫓기는 놀이를 하면 좋아서 소리를 질러댄다. 부모라면 누구라도 입증할 수 있다. 1980년대에 미국의 십대들은 오락실 비디오게임인 팩맨에 매료되었는데, 이 게임에서 그들은 뒤를 쫓는 수많은 유령을 교묘히 피하는 용감한 도트고블러를 조종했다. 추적의 스릴은 종을 초월하여 우리 뇌의 가장 깊은 곳에 내재되어 있다. "동물이 실제 포식자로부터 도망치고 있을 때 동기를 부여하는 힘은 두려움이다"라고 보스턴칼리지 실험심리학자 피터 그레이는 설명한다. "동물이 놀이에서 포식자로부터 벗어나는 방법을 연습할 때, 이에 동기를 부여하는 힘은 즐거움이다."[49]

놀이는 동물의 왕국 어디에서나 볼 수 있다. 인간과 개, 원숭이, 악어 등 모든 동물에서 발견된다. 놀이는 왜 이처럼 보편적일까? 가장 흔한 이론은 동물이 생존 기술을 개발하기 위해 놀이를 한다고 설명한다. 다른 이론은 어린 동물들이 나중에 자신이 속하게 될 사회의 계층을 탐색하는 데 놀이가 도움이 된다고 설명한다. 이와 상관없이 인간을 포함한 일부 동물들은 그저 재미를 위해 놀이를 즐긴다.

놀이는 생존 기술이다 ━━━

19세기 후반, 유명한 심리학자이자 철학자인 카를 그로스는 놀이의 보편성을 자연 선택으로 설명할 수 있다고 주장했다. 그는 1898년 《동물의 놀이》에서 이렇게 썼다. "동물들이 어리고 장난이 심하다는 이유로 놀이를 한다고 말할 수 없고, 오히려 놀이를 하기 위해 어린 시절이 존재한다고 말해야 할 것이다. 동물들은 놀이를 해야만 유전적으로 부족한 특성을 개인적인 경험을 통해 보완함으로써 살아가면서 맞닥뜨리게 될 과제들에 대비할 수 있기 때문이다."[50] 다시 말해 동물은 놀이를 통해, 훗날 살아가면서 더 큰 위험을 만났을 때 필요한 기술을 연마한다는 것이다. 그로스에 따르면 이런 이유로 고릴라의 술래잡기는 순진무구한 젊음의 표현인 듯 보이지만, 사실상 이보다 고차원적인 진화와 관련된 목적이 개입된 행위다.

그로스의 이론은 관찰을 통해 뒷받침되는 듯하다. 우선 인간의 놀이행동은 주로 어린아이들에게서 볼 수 있는데, 이는 동물도 마찬가지다. 연구에 따르면 포유류는 사춘기 이후 장난스러운 행동이 감소하는데, 이런 사실은 동물들이 성체가 되어 놀이를 통해 배운 기술을 사냥과 같은 더 유용한 목적을 위해 사용할 준비가 마무리되었음을 의미한다. 그로스는 놀이를 동작놀이, 사냥놀이, 격투놀이, 돌봄놀이 등 다양한 범주로 나누었다. 덕분에 우리가 관찰한 동물의 놀이를 이 범주들이 궁극적으로 도모하는 바에 따라 적절히 나눌 수 있게 되었다.

사자를 예로 들어보자. 유튜브에 들어가 보면 어린 사자들이 장난삼아 싸우는 영상을 얼마든지 볼 수 있다. 어린 사자들은 쫓고 덮치고 할퀴고 씨름하고 살살 무는 등의 방법을 통해 훗날 자신들의 생존을 책임질 기술을 익히면서 하루하루를 보낸다. 결속력이 강한 집단 또는 무리를 이루어 함께 살아가는 사자는 대형 고양잇과 동물 중에서 가장 사교적이다. 암사자는 사자 가족이 이루는 무리를 일컫는 프라이드pride의 기반이다. 새끼들을 보호하는 데 극도로 신경을 쓰면서 외부 침입자를 경계하는 그들은 흔히 사냥의 임무를 맡으며, 다른 사자들과 협력해 먹잇감을 효율적으로 공격한다. 사자는 상대적으로 심장이 작아서, 매우 짧은 활동만 할 수 있을 정도로 체력이 제한된다. 따라서 사자는 빠르고 강력한 공격으로 먹이를 쓰러뜨릴 수 있어야 한다. 새끼들은 무리의 일원이 되고 난 후 다른 녀석들과 함께 노는 과정에서 근육을 강화하면서 이런 사냥 기술을 배우게 된다. 이런 학습은 수컷 새끼들에게 특히 중요한데, 그 이유는 대부분의 경우 그들이 3살이 되어 성적인 성숙기에 도달하면 무리에서 쫓겨나 그들 자신의 가족이 생길 때까지 스스로 생계를 꾸려가야 하기 때문이다.

생존을 위한 놀이 이론의 실제를 직접 목격하기 위해 꼭 세렝게티에 가야 하는 것은 아니다. 당신은 창밖을 바라보다가 다람쥐 두 마리가 전깃줄을 따라 혹은 나무 위에서 달음질하는 모습을 본 적이 있을 것이다. 어린 다람쥐들은 서로를 쫓으면서 힘과 협동 능력을 개발한다. 이는 일상적으로 수십 피트 상공의 작은 나뭇가지와 전선으로 도약하는 동물에게 중요한 기술이다. 다람쥐는 추적 놀이를 통해 훗날 복잡한 정치적 행동에 대비할 수 있다. 가장 민첩한 다람쥐는 자기 영역에서 먹이를 먹거나 도토리를 줍는 다른 다람쥐를 쫓아가서 물어버릴 것이다. 이렇게 다람쥐는 '서열'을 확립한다.

추적은 짝짓기의 중요한 요소이기도 하다. 암컷이 번식할 준비가 되면 수컷 다람쥐가 그 냄새를 맡을 수 있다고 알려져 있다. 그래서 늦겨울과 초봄에 수컷 다람쥐들이 냄새를 맡기 위해 암컷을 쫓아다니는 것이다. 그런데 청년기에 추적 기술을 더 많이 습득했을수록 번식 가능성은 그만큼 높아진다. 미국 서부의 높은 산에서 발견되는 벨딩땅다람쥐에 대한 연구는 놀이 행동이 "궁극적으로 장기적인 번식 성공에 영향을 미칠 수 있다"고 결론 내리고 있다.[51]

2008년 〈영국 동물행동저널British Journal of Animal Behaviour〉에 게재된 한 논문은 흥미로운 질문을 던졌다. "다람쥐가 기만 행동을 하는가?"[52] 다시 말해 다람쥐가 거짓말을 하느냐는 것이다.

답은 '분명 그렇다'이다.

동부회색다람쥐는 춥고 혹독한 겨울 동안 목숨을 부지하기 위해 견과류를 안전한 곳에 보관하는 축적가들로 잘 알려져 있다. 분산 축적가인 다람쥐는 노획물을 급습당할 경우를 대비해 일반적으로 도토리를 여러 곳에 분산하여 보관한다. 경쟁자들이 몰래 보고 있을 가능성을 분명히 의식하고 있는 다람쥐들은 먹이를 숨긴 장소를 감추기 위해 기만 행동을 한다. 연구원들은 다람쥐들이 도토리를 묻는 것처럼 보이기 바로 직전에 앞발에서 입으로 도토리를 몰래 옮긴다는 사실을 발견했다. 견과류를 훔치기 위해 나타난 예비 도둑은 구멍이 비었음을 확인하고, 결국 배를 채우지 못하고 떠나게 된다.

2000년대 초, 알래스카 페어뱅크스대학교 연구팀은 어린 시절의 놀이가 이후 동물들이 살아남는 데 도움이 되는지를 증명하고자 했다. 알래스카 중심부에 자리 잡은 연구원들은 운 좋게도 지구상에서 가장 장난기가 많은 포유류 중 하나인 큰곰(불곰)을 연구할 수 있었다. 북유럽, 아시아, 북아메리카의 산과 숲에서 발견되는 큰곰은 가장 큰 육식 육지동물 중 하나이며, 그들의 가까운 친척인 북극곰만이 그들과 크기를 겨룰 수 있다. 갈색곰은 회색곰, 알래스카불곰, 유라시아불곰을 포함한 수많은 아종으로 나뉜다. 회색곰은 알래스카, 캐나다 서부 및 멀리 남쪽의 와이오밍에서 발견되며, 회색이나 금색의 털끝 색으로 식별할 수 있다. 알래스카불곰은 회색곰에 비해 색이 어두우며, 알래스카 해안을 따라 발견된다. 유라시아불곰은 유럽과 러시아에 걸쳐 발견되며, 털색이 진한 갈색이다. 암컷은 보통 한 번에 새끼를 1~3마리 낳는데, 새끼는 약 3년 동안 어미에게 의존하여 살아간다. 수컷은 새끼들을 기를 때 아무 관여도 하지 않을 뿐 아니라, 어미 곰과 짝짓기를 하려고 새끼 곰들을 죽이는 경우도 흔하다. 이런 이유로 새끼 곰들은 놀이를 통해 삶의 매우 이른 시기부터 자신을 방어하는 법을 배워야 한다.

알래스카대학교 연구원들은 알래스카 남동부 해안, 알렉산더 군도의 애드미럴티섬에 살고 있는 야생 불곰들을 관찰했다. 연구원들은 10년 동안 새끼 24마리를 낳은 어미 10마리를 각각 추적했다. 새끼들은 함께 노는 것이 일상이었는데, 여기에는 몸싸움, 추적, 여러 유형의 싸움 놀이가 포함되어 있었다. 저자들은 "우리가 연구한 바에 따르면 더 자주 놀이에 참여한 어린 곰들이 독립한 후 가장 많이 살아남았다. 우리의 데이터는 놀이가 생존 요인임을 뒷받침한다"[53]고 적고 있다. 어린 곰들은 오랫동안 열심히 즐겁게 노는데, 뒷다리로 서서 형제들과 씨름을 하며 근육을 강화한다. 곰은 거대한 몸집과 공격적인 특성으로 명성이 자자하지만 놀 때는 조용하게 놀고 물 때도 살살 문다. 이런 행동을 보면 어린 곰들은, 어미가 항상 곁에 머물며 그들을 보호해줄 수 없기 때문에 더 강해지려면 협업해야 한다는 것을 이해하는 것 같다.

포식자가 놀이를 하는 것처럼 그들의 먹잇감 또한 놀이를 한다. 살아남으려면 그들은 즐겁게 뛰어놀면서 더 강하고 민첩해져야 한다. 캐나다에서 페루에 이르는 지역에서 흔히 볼 수 있는 흰꼬리사슴은 인간 사냥꾼이나 자동차만 피해서는 안 된다. 사슴은 늑대, 퓨마, 악어, 재규어, 붉은스라소니bobcat, 곰, 울버린 등도 피해야 하기 때문에 항상 긴장 상태로 살아간다. 다행히도 사슴은 대부분의 포식자들보다 빠른 시속 72km로 달릴 수 있고, 2.7m에 육박하는 수직 도약도 할 수 있다. 이런 기술은 새끼들이 어릴 때 함께 뛰어놀면서 근육을 강화하고 반사작용을 연마할 때 배운다. 새끼 사슴은 어미 주위를 빙빙 돌면서 뛰어다니는데, 흔히 앞뒤로 펄쩍 뛴다. 그들은 어미에게서 뒷걸음질 치기도 하는데, 머리를 강아지처럼 앞뒤로 흔들면서 어미에게 같이 장난을 치자고 졸라대곤 한다. 위험성이 낮다고 확신하면 어미는 새끼의 응석을 받아주면서 추적 놀이를 한다. 놀이는 새끼 사슴들이 다른 사슴들과 상호작용할 때 필요한 사회적 기술을 발달시키는 데 도움을 주기도 한다. 이를 테면 모의 싸움, 공격적인 자세나 순종적인 자세 같은 기술이다.

지구 반대편에서는 가젤이 아주 이른 시기부터 생존 기술을 익힌다. 영양의 한 종인 가젤은 흔히 쫓기며 괴롭힘을 당하는 동물로, 주로 아프리카의 사막과 초원, 인도와 서남아시아에서 발견된다. 가젤의 모든 아종은 빨리 달릴 수 있으며, 일부는 단숨에 시속 100km에 육박하는 속도로 달릴 수 있다. 그들의 현란한 속도는 진화의 필요성에 따라 얻어진 것이다. 가젤을 잡아먹는 동물에는 사자, 치타, 표범, 자칼, 하이에나는 물론, 악어도 포함된다(최근에는 밀렵꾼들이 창을 지프차와 고성능 소총으로 대체했지만, 고대 동굴벽화가 보여주고 있듯이 인간은 오랫동안 가젤을 사냥해왔다).

2012년 한 연구에서, 중국의 연구원들은 중동, 인도, 중국에서 발견되는 어린 조이터가젤이 어떻게 놀이를 통해 포식자를 피하는 데 필요한 근력을 키우는지를 밝혀냈다. 놀랄 것도 없이 가장 일반적인 놀이 형태는 빈번한 고속 방향 전환, 껑충껑충 뛰기, 점프, 발차기와 짧고 강렬한 시합이 가미된 추적 놀이였다. 가젤은 이런 극단적 민첩성으로, 자기보다 더 빨리 달릴 수 있지만 쉽게 지쳐버리는 치타 같은 포식자들을 능숙하게 따돌릴 수 있다. 포식자들은 가젤의 반복적인 행동, 눈속임, 재빠른 몸놀림 때문에 금방 지쳐 버린다. 가젤은 이런 기술을 태어나고 얼마 뒤 놀이를 통해 숙달한다.

사회성을 길러주는 놀이 ▬

　놀이는 생존을 위한 신체적 기술을 쌓는 것 외의 다른 목적에도 기여할 수 있다.

　과학자들은 여러 영장류들을 연구하면서 동물들이 놀이를 하는 이유에 대한 두 번째 이론을 우연히 발견했다. 놀이는 어른이 되기 위한 준비를 대신하거나 어쩌면 이에 더해서 학습 및 인지와 관련된 뇌 영역을 자극하고 강화할 수 있다. 학습과 인지는 고도로 사회적인 동물에게 중요한 기술이다. 영장류는 뉴런, 즉 신경세포를 처음부터 선부 가지고 태어나며, 이 숫자는 죽을 때까지 유지된다고 알려져 있다. 그러나 뇌의 뉴런 연결은 놀이를 통해 한층 강화될 수 있고, 이를 통해 새로운 기술을 습득하고 적응할 수 있다. 따라서 놀이를 즐기는 종은 진화적인 이점이 있다고 볼 수 있다.

　연구에 따르면 특정 유형의 놀이는 특정 능력의 개발과 관련된다. 예를 들어 영장류는 공 같은 물체를 가지고 혼자 놀기도 하는데, 이른바 이런 비사회적인 놀이는 성인이 되었을 때 도구의 사용, 창의성과 관련된 뇌 영역을 강화시킨다. 반면 다른 영장류들과의 놀이는 사회의 위계질서를 탐색하는 데 활용되는 속임수 같은 복잡한 행동과 연관된다. 영장류들은 함께 놀이를 하는 횟수가 많아질수록 피질-소뇌 시스템의 크기가 커지는데,

이 시스템은 감각 정보를 사용하여 근육 기억을 발달시키는 뇌의 매우 복잡한 학습 영역이다. 쉽게 말해 놀이는 우리를 더 똑똑하게 만든다.

예일대학교 의과대는 남아시아, 중앙아시아, 동남아시아에 두루 서식하는 히말라야 원숭이 몇 마리를 우리에 가둔 채 불안을 조성하는 실험을 시행했다. 원숭이들은 스트레스가 많은 실험실 환경에서 변형된 가위바위보를 배웠다. 가위바위보를 해본 사람이라면 누구나 패했을 때 '내가 왜 바위를 내지 않았을까?'라며 순간적으로 후회할 것이다. 원숭이들도 마찬가지로 경쟁심 때문에 아쉬워했다. 이 연구에서 연구자를 상대로 한 판을 이겼을 때, 원숭이는 승리에 대한 보상으로 주스 한 잔을 받았다. 비겼을 때는 그보다 적은 주스를 받았다. 진다는 것은 주스를 아예 받지 못한다는 의미였다. 연구원들은 원숭이들이 한 판을 지게 되면 다음 판에서는 이전 판에서 이겼던 패를 활용할 가능성이 매우 높다는 사실을 발견했다. 이는 원숭이들의 고도로 지능적인 계획 능력 혹은 문제 해결 능력만 보여준 것이 아니라, 잘못된 결정에 대한 후회를 느러내는 행동이기도 했다. 연구원들은 원숭이 뇌에 영상 장비를 강제로 부착하고 전극을 이식했는데, 장비들은 원숭이들이 이기지 못했을 때 후회와 관련된 뇌의 두 부위에서 빛이 났음을 보여주었다. 다시 말해 계획, 기억, 추상적 사고를 담당하는 배외측 전전두피질 그리고 의사결정과 후회의 감정적인 측면에 관여하는 안와전두피질에서 빛이 났던 것이다.

인간을 포함한 영장류끼리의 작은 다툼은 순식간에 전면적인 싸움으로 번질 수 있다. 싸움이 일어났을 때 현명한 개체들은 상황을 신속하게 진정시키고 화해할 수 있다. 1970년대 중반 네덜란드의 영장류학자 프란스 드 발은 침팬지에게서 이런 책략을 최초로 관찰했다. 〈행동생태학과 사회생물학Behavioral Ecology and Sociobiology〉지에 실린 그의 논문에는 다음과 같은 설명이 나온다. "한바탕 싸움을 벌이고 난 후, 싸움을 했던 침팬지들은 흔히 비폭력적인 신체 접촉을 하게 된다. 그들은 갈등 직후 서로 접촉하는 경향이 있고, 최초의 접촉이 이루어지는 동안 특별한 행동 패턴을 보인다."[54] 이런 화해 행위에는 키스, 포옹, 순종적인 발성, 손 잡기 등이 포함된다. 다른 연구는 침팬지들이 서로 화해함으로써 이후 관계가 개선되는 방향으로 나아갔고, 공격적인 행동을 할 가능성이 감소되었음을 발견했다. 사랑하는 사람과 싸운 뒤 화해하고 나면 마음이 놓이는 것처럼, 침팬지는 껴안고 나서는 스트레스가 어느 정도 풀린다.

영장류는 청년기가 되면 화해하는 방법을 배울 것이다. 후속 연구에서, 드 발은 유달리 호전적인 여러 원숭이들을 몇 달 동안 한곳에 함께 수용했는데, 그 후 이들에게서 다툼 끝에 화해할 수 있는 능력이 3배 증가했음을 발견했다. 숲에 사는 이런 어린 원숭이들이 함께 즐겨 하는 것은 무엇일까? 바로 놀이다. 히말라야원숭이들은 함께 시끄럽게 놀기도 하고 다투기도 하면서, 평화롭게 살려면 화해하는 법을 배워야 한다는 것을 알게 되었다. 이 이론은 2016년 영국의 연구진이 침팬지 관련 연구에서 미성숙한 침팬지들이 사회적 놀이를 이용해 화해하는 경우가 흔했다는 사실을 밝혀내면서 그 타당성이 입증되었다.[55] 학생들이 감시하는 교사의 눈을 피해 운동장에서 몸싸움을 하면서 분쟁을 해결하는 법을 익히듯이, 우리의 영장류 사촌들은 시끄럽게 놀면서 여러 중요한 사회적 기술을 익힌다.

놀이를 위한 놀이

어떤 동물들은 생존 기술을 배우기 위해 놀이를 하고, 어떤 동물들은 긴밀한 사회적 유대감을 형성하기 위해 놀이를 한다. 미어캣처럼 어떤 동물들은 특별한 목적 없이 놀이에 몰두하는 듯하다. 미어캣은 작은 곤충을 잡아먹는 몽구스과 동물이다. 보츠와나의 칼라하리사막, 나미비아와 앙골라의 나미브사막, 남아프리카 일부에서 발견되는 미어캣은 20여 마리가 몹mob이라고 불리는 무리를 이루어 산다. 몸무게가 약 2.7kg인 미어캣은 몸이 길고 날씬하며 꼬리가 큼지막한데, 꼬리는 뒷다리로 똑바로 설 때 몸의 균형을 잡는 데 도움이 된다.

미어캣은 여러 개의 입구가 나 있고 서로 연결된 굴로 이루어진 지하에서 살아간다. 그들은 밖에서 음식을 찾아다니지 않을 때는 좁은 거처에서 서로 단장을 해준다. 몹 안에서 특정한 역할이 있기도 하다. 포식자의 접근을 경고하는 보초 혹은 갓 태어난 새끼를 돌보는 것 등이다. 새끼 미어캣들은 서로에게 기어가서 팔다리와 귀, 코를 부드럽게 살짝 물어뜯는다. 태어난 지 일주일이 되면 그들은 뒷다리로 서서 마치 스모 선수들처럼 몸씨름을 벌인다. 밀치고 끌어당길 때는 짤막한 다리로 비틀거리면서 상대방을 쓰러뜨리려고 한다. 새끼 미어캣 한 마리가 마침내 승리를 거두면, 그는 상대의 배 위로 뛰어올라 귀와 발을 살짝 물어뜯는다.

미어캣의 일상적인 놀이에는 별다른 진화적인 의미는 없는 듯하다. 그들은 독수리와 자칼을 포함한 포식자들이 호시탐탐 기회를 노리고 있는 야외에서 뛰노는 경향이 있다. 그렇게 정신없이 뛰어놀다 보면 다리가 비틀리거나 발톱을 다칠 수 있는데, 이럴 경우 살아남아 DNA를 물려줄 가능성이 적어진다. 수백만 년에 걸쳐 자연선택은 가장 작은 설치류에서 가장 사나운 포식자에 이르기까지 한 종의 생존 가능성을 감소시키는 행동을 제거하려는 경향이 있었다. 그런데 미어캣은 동물들이 간혹 단순히 놀이를 위한 놀이에 몰입하기도 한다는 사실을 보여주었다.

생존과 상관없는 놀이도 있는 것이다.

호주국립대학교 생물학자 린다 샤프는 수년 동안 남아프리카공화국의 미어캣을 연구했다. 그녀는 한 실험에서 45마리의 미어캣 새끼들이 성체가 될 때까지 추적 조사했다. 샤프는 미어캣 주변에는 천적이 너무 많기 때문에 정말 중요하지 않다면 위험을 무릅쓰고 밖에서 놀지는 않으리라 생각했다. 그들이 놀이를 하는 이유에 대한 가장 개연성 있는 답변은 놀이가 사회적 유대를 형성하여 새끼들이 성체가 되었을 때 집단의 생존 가능성을 높여준다는 것이었고, 전투 기술을 발달시키는 데 도움이 된다는 정도였다. 샤프는 몇 주 동안 허벅지 높이에 이르는 따가운 풀을 헤치고 벌들을 견뎌내며 미어캣의 놀이를 관찰했다. 나중에 그녀는 "누가 무엇을 하고 있는지 모를 만큼 격렬한 속도로 모든 미어캣들이 뛰어오르고 깨물고 뒹굴었다. 30마리에 이르는 집단 내 모든 미어캣들이 어울려, 팔다리를 흔들어대며 소용돌이치는 털뭉치 같은 모습을 만들어내는 경우가 흔했다"고 썼다.[56]

마침내 샤프는 데이터를 확보했다. 성체 미어캣이 청소년기의 여러 놀이 덕에 더 나은 싸움꾼이 되었는가? 가장 활기차게 놀았던 미어캣이 이후 집단의 집합적 이익에만 관심을 갖는 숙달된 정치인이 되었는가? "아니, 아니, 아니!" 샤프가 투덜거렸다. "놀이는 이들 중 어떤 것에도 영향을 미치지 않았다." 가장

난폭한 새끼 미어캣들조차 성체가 되어 더 나은 투사鬪士가 되지 않았고, 집단의 강직한 일원이 되지도 않았음이 밝혀졌다. 미어캣에게 놀이는 그저 놀이일 따름이다.

만약 놀이가 항상 어떤 뚜렷한 목적이 있는 것이 아니라면, 잠재적으로 위험할 수 있는 그런 활동이 존재하는 이유는 무엇일까? 아마도 그 답은 집에서 더 가까운 곳에 있고, 지구상에서 가장 많이 연구된 어떤 동물에게서 확인할 수 있을지도 모른다.

놀이의 신비를 풀어줄 열쇠 ⎯⎯

개와 함께 사는 사람이라면 누구나 집 안 곳곳에 수십 개의 침투성이 테니스공이 숨겨져 있다는 것을 알고 있다. 당신이 일을 마치고 집으로 돌아왔을 때, 당신 친구는 방을 가로질러 뛰어와서 당신을 맞이하며 즉시 놀자고 애원할 것이다. 당신이 허락한다면 점프도 하고 전력 질주도 할 수 있는 개 공원에 가자고 졸라댈지도 모른다.

그들은 무엇을 하려는 걸까? 배를 긁어주는 것을 좋아하는 치와와 혼합종이 이렇게 함으로써 실제로 더 나은 포식자가 되는 법을 배우는 것일까? 플라스틱 원반을 잡아채는 저 입양된 강아지가 새로운 생존 기술을 면밀하게 연습하고 있는 것일까?

과학은 어린 사자와 새끼 곰들이 왜 싸움을 하는지를 설명하지만, 개들이 해변에서 뒹굴고 공놀이와 쓸모없어 보이는 다른 활동을 즐기는 이유에 대해서는 명확히 설명하지 못한다. 성체가 된 후 놀이를 멈추는 경향이 있는 다른 동물들과는 달리, 몸이 쇠약해진 나이 든 개들도 무언가를 물어오는 놀이를 하고 싶어 한다. 과학자들은 만약 미어캣을 통해 놀이의 신비를 풀 수 없다면 개를 통해 풀 수 있다고 생각했다.

2017년 〈응용동물행동과학Applied Animal Behavior Science〉지에 발표된 한 연구에서 연구원들은 다음과 같이 말하고 있다. 개들의 "놀이는 한 가지 유형의 행동이 아니다. 그들의 놀이에는 각기 다른 목적에 도움이 되는 몇 가지 유형이 있다."[57] 먼저 개들은 운동 기능을 개발하기 위해 뛴다. 강아지가 놀고 있는 모습을 자세히 살펴보면 그들은 쫓아다니고 뒹굴고, 조금씩 먹어보고 입으로 물건을 집어서 옮기고 잡아당기는 놀이를 한다. 개는 놀이를 통해 몸 쓰는 법을 배우고 자신의 한계를 파악하며 먹이를 찾고 싸움에서 자신을 방어하는 법을 배운다. 둘째, 개들은 예상치 못한 것에 대비하는 법을 배운다. 인간 및 다른 개들과 함께 노는 활동은 부딪힘과 굴러떨어짐, 비명 소리로 가득한 불안한 활동일 수 있다. 개들은 예상치 못한 고통을 겪거나 낯선 얼굴을 봐도 괜찮다는 것을 배우면서 실생활에서 겪는 스트레스 요인들에 대응할 준비를 한다. 이렇게 대비해왔기 때문에 당신의 개는 새로운 공이나 씹는 장난감을 보면 흥분하지만 낯선 진공청소기를 보면 두려워하는 것이다. 마지막으로 연구자들은 훗날 개들이 협동적이지만 비지배적인 관계를 발전시키는 데 놀이가 도움이 된다는 증거를 발견했다. 이것은 한때 무리 지어 살면서 함께 사냥을 하던 동물들에게 중요한 생존 기술이다.

적어도 놀이는 개가 어떻게 복잡한 감정적 사고를 할 수 있는지를 보여준다. 과학자 마크 베코프는 개들이 노는 장면을 관찰한 후, 그들이 기쁨, 분노, 죄책감, 질투심을 포함한 다양한 감정을 나타낸다고 결론지었다. 예를 들어 개 여러 마리가 공원에서 놀고 있고 한 마리가 장난 삼아 물었는데 너무 아프게 물었다면, 다른 녀석들은 하루 종일 그와 놀지 않을 수도 있다. 베코프는 이것이 도덕의 원형이라고 설명한다. 더욱 흥미를 끄는 것은, 개들이 '마음 이론theory of mind'이라는 기술을 가진 것 같다는 점이다. 우리가 앞 장에서 살펴본 것처럼 마음 이론은 다른 동물이 무엇을 생각하고 있는지 이해하는 능력을 말한다.

예를 들어 베코프는 어떤 개가 놀고 싶을 때는 먼저 다른 개의 관심을 끌고자 할 것이라고 말한다. 그를 가볍게 물거나 그의 눈앞에서 알짱거리는 것은 그런 사례에 해당한다. 같이 놀려고 하는 개는 놀이 친구가 별다른 관심을 기울이지 않는다는 것을 이해하고, 상대가 관심을 보일 때까지 놀이를 시작하지 않는다. 이는 별다른 기술이 아닌 것처럼 보일지 모르지만, 마음 이론은 인간 지능의 한 가지 특징으로, 감정 이입의 근간이 되는 기술이다.

포식자 본능에 따르는 고양이의 놀이 ___

고양이는 개보다 포식자 본능에 더 잘 들어맞는다. 그들의 놀이는 어린 나이에 살아남는 법을 배워야 하는 사자, 호랑이 및 다른 대형 고양잇과 동물과 더 흡사하다. 새끼 고양이들은 태어난 지 한 달밖에 안 된 시기에 놀이 싸움, 새 낚아채기, 물고기 잡기, 쥐잡기 등 그들의 진화에 깊이 뿌리 박힌 기본적인 기술들을 배운다. 한배에서 태어나 자란 새끼 고양이들은 일반적으로 설치류를 잡는 기술을 흉내 내어 형제의 목덜미를 무는 놀이를 한다. 사회적 놀이로 알려진 이런 종류의 몸싸움은 대개 생후 12주 무렵 절정에 이른다. 새끼 고양이들은 발을 끌며 느릿느릿 걷다가 옆으로 도약하는 방법, 덮치는 방법, 이상한 낌새를 채지 못하는 형제자매들을 매복 공격하는 방법 등을 익히면서 자신들의 발놀림과 눈을 조화시키는 기술을 개선하려 한다. 새끼 고양이 한 마리를 입양한 사람이라면, 형제자매 고양이 대신 당신의 발목과 무방비 상태의 개가 이 맹렬한 놀이 공격에 응해줄 수 있을 것이다.

머지않아 새끼 고양이들은 물체를 이용한 놀이를 하게 된다.

우리는 어린 고양이 친구들이 쥐 인형과 스크래치 기둥처럼 용인된 장난감만 가지고 놀길 원한다. 하지만 그들은 화장지와 키친타월에도 손을 대기 일쑤다. 이는 고양이들이 종종걸음을 치는 쥐든, 실링팬 밑에서 춤을 추는 휴지든 갑작스러운 움직임을 포착하는 탁월한 시력을 지녔기 때문에 발생하는 일이다. 물건, 형제 또는 주인의 발목을 매복 공격할 수 없는 경우 고양이는 대개 꼬리 쫓기를 하고, 가상의 표적을 향해 덤벼드는 등 '자기주도적' 놀이를 한다.

대부분의 포유류와 마찬가지로, 고양이도 성체가 된 후에는 놀이를 덜 하지만 이를 완전히 멈추지는 않는다. 심지어 고양이들은 어른이 되어서도 계속해서 형제들을 발로 붙잡아 놓고 그들의 귀를 살살 물며, 거실 가구 위아래나 그 주변에서 초고속 추적 놀이를 즐긴다. 고양이들은 흔히 교대로 공격자의 역할을 맡는데, 이는 고양이가 놀고 있는지 아니면 실제로 싸우고 있는지를 판단하는 중요한 기준이다. 이런 유형의 놀이는 고양이들 간의 사회적 유대감을 강화하고 억눌린 에너지를 방출시키며 스트레스를 줄여준다.

고양이들이 설치류와 새를 사냥하는 습성은 진화에 뿌리를 두고 있다. 수천 년 동안 고양이들은 인간과의 친밀한 관계 덕에 남극을 제외한 모든 대륙에서 대규모로 서식하게 되었다. 유전학자들은 대략 1만 년 전에 농부들이 최초로 고양이를 길들였다고 생각한다. 농부들은 말썽을 부리는 동물을 사냥하는 고양이의 기술을 높이 평가한 것이다. 기원전 3000년경 고대 이집트인들은 고양이를 숭배했고, 그래서 고양이는 일반적으로 가장 부유한 사람들이나 할 수 있었던 미라 보존 특권을 부여받았다. 중세를 통틀어 고양이들은 항해하는 배의 고정 승객으로 승선해 설치류의 개체수를 조절했는데, 이는 고양이가 지구상 거의 모든 곳에서 발견되는 결정적인 이유다.

고양이가 쥐를 잡는 모습을 보고 일부 사람들은 가학적인 형태의 놀이, 즉 고양이가 아직 죽지 않은 먹이를 가지고 '논다'는 것을 발견했다. 고양이 세계에는 식인 습성이 있는 한니발 렉터 같은 고양이는 없다. 단지 진화 초기에 습득한 기술을 연마하는 것뿐이다. 쥐, 생쥐 및 다른 설치류들은 날카로운 이빨이 있고 다쳤을 때 반격하는 한편, 새들은 부리로 쪼아 고통을 가할 수 있다. 고양이는 코와 주둥이 부분이 짧기 때문에 눈과 얼굴을 공격받기 쉽다. 이런 이유로 고양이들이 먹이를 가지고 놀면서 먹잇감의 기운을 빼놓는 것으로 보인다. 예를 들어 쥐가 비틀거리며 도망가도록 내버려두었다가 다시 붙잡는 것이다. 먹잇감이 충분히 힘이 빠지면 고양이는 먹이를 물어 척수에 큰 충격을 가함으로써 죽음에 이르게 한다. 고양이들은 사냥을 하면서 인간적 의미에서의 즐거움을 경험하는 것이 아니라, 아무리 섬뜩해 보일지라도 포식자 본능을 따르고 있을 뿐이다.

농장 동물도 놀이를 즐긴다 ———

　염소는 호기심이 많은 동물이다. 서남아시아와 동유럽 야생 염소의 후손인 오늘날의 길들여진 염소는 세상 곳곳에서 젖, 고기, 털, 가죽을 얻기 위해 사육된다. 농장에 갇혀 있지 않은 염소는 호기심을 충족시키기 위해 먼 곳까지 여행하는 자연 방목 가축이다. 매우 총명하고 민첩한 염소들은 우리가 튼튼한지 시험하면서, 높은 울타리에 올라가서 반복적으로 약한 곳을 확인해본다. 그 주변에 있는 염소들은 친구들을 가까이서 관찰하고 동일한 재주를 익힌다. 이는 이따금 대규모 탈출로 이어진다. 2018년 8월 아이다호 보이시에서 100마리 넘는 염소들이 나무 울타리를 뚫고 우리를 탈출했다. 근처 주택가의 잘 손질된 잔디밭이 푸르른 목초지처럼 보였는데, 이곳을 눈여겨본 염소들은 그곳의 잔디를 아삭아삭 씹어 먹기 위해 산책을 나간 것이다.

　염소들이 탈출에 여념이 없을 때를 제외하면, 이들은 행복한 인간들 곁에 있는 것을 좋아한다. 염소는 오직 달콤한 미소를 보는 것만으로 마음을 주기도 한다. 한 연구에서 연구자들은 20마리의 염소를 실험한 후 염소가 인간의 마음을 읽는 능력이 개에 견줄 만하다는 사실을 알아냈다. 연구자들은 염소들에게 활짝 웃거나 노려보는 등 다양한 표정의 인간 사진을 보여주었는데, 압도적인 수의 염소들이 곧바로 웃는 사람의 사진으로 향했고, 웃는 모습의 사진과 약 50%의 시간을 더 보냈다. 수석 연구원은 "연구는 우리가 [농장동물과] 어떻게 상호작용하는지에 대한 중요한 의미를 담고 있다. 이는 오직 반려동물만이 인간의 감정을 인식하는 능력이 있는 것이 아니라 더 많은 동물들이 이런 능력을 가질 수 있음을 뜻하기 때문이다"[58]라고 말했다.

돼지 또한 지능이 높고 장난기가 있다. 실제로 해리 트루먼 전 대통령이 "돼지를 이해하지 못한다면 그 누구도 대통령이 되어서는 안 된다"고 말한 적이 있을 정도로 이들은 많은 생각을 촉발한다. 따분하고 지저분한 공장식 농장이 아닌 자연 환경 속에 있을 때 돼지는 서로 유대를 이루고 보금자리를 틀며 햇볕을 쬐고 진흙 속에서 더위를 식힌다. 이처럼 돼지는 사회적이며 장난기 많고, 보호 성향이 강한 동물이다. 이들은 꿈을 꾸고 자신의 이름을 인지하며, 관심을 받기 위해 앉아 있는 '트릭'을 배우고, 영장류에서만 관찰되던 복잡한 사회생활을 영위한다고 알려져 있다. 돼지가 행복해하거나 괴로워하는 다른 돼지들에게 공감을 보여준다는 기록도 있다. 많은 돼지들이 개와 매우 유사하게 '한데 뒤엉켜' 잠을 잔다. 어떤 돼지들은 붙어 자는 것을 좋아하고 어떤 돼지들은 틈이 있는 것을 좋아한다.

돼지가 있는 동물보호소를 운영하는 사람들은 돼지가 당신

동료나 인간을 구조하는 돼지

돼지는 인간 친구를 포함한 다른 존재들의 생명을 구한다고 알려져 있다. 〈런던 데일리 미러〉의 보도에 따르면, "프루라는 반려 돼지는 진흙탕에서 주인을 끌어낸 후 칭찬을 받았다." 주인은 다음과 같이 말했다. "습지에 빠졌을 때 저는 당황했습니다. 어떻게 해야 할지 몰랐고 프루가 이를 감지한 것 같았어요. 나는 개 줄로 쓰는 밧줄을 가지고 있었고, 이것으로 프루를 묶었습니다. 그러고는 프루에게 '집으로, 집으로 가'라고 외쳤는데, 프루가 나를 진흙 속에서 천천히 끌어내며 앞으로 걸어갔어요."59

프루 외에도 어린 소년을 익사할 위기에서 구해낸 프리실라, 송아지 친구 스팟을 구하기 위해 소방관들을 불타는 헛간으로 안내한 스패미, 심장마비로 쓰러진 인간 동료를 위해 도움을 청한 룰루 같은 돼지들이 있다. 이 밖에 투니아는 침입자를 몰아냈고, 모나는 경찰이 도착할 때까지 도망치려는 용의자의 다리를 붙들고 있었다.

이 추측하는 것보다 훨씬 인간과 비슷하다고 말한다. 그들은 음악을 듣고 축구공을 가지고 놀며 마사지를 즐긴다. 심지어 비디오게임도 할 수 있다. 연구원들은 돼지들이 코와 조이스틱을 이용해 스크린의 공을 열심히 조종하는 모습을 발견했다. 그들은 게임의 기본 규칙들을 빠르게 파악했다. 스크린 가장자리에는 다른 색으로 표시된 곳이 있었는데, 돼지들은 게임이 진행됨에 따라 작아지는 이곳으로 공을 굴려 실제 게임에서 이겼다. 물론 실험실이 아닌 자연 상태의 돼지는 항상 즐겁게 놀고 있다.

장난꾸러기 코끼리 ━━

1942년 일본이 버마(미얀마)를 침공했을 당시 제임스 하워드 월리엄스라는 영국인은 게릴라전 전문 부대인 14군 소속이었다. 적에게 포위된 월리엄스와 그의 동료들은 인도로 탈출하기 위해 여러 산맥을 넘는 험난한 여정을 감수해야만 했다. 월리엄스는 동료들과 걸어가다가 버마 철수 과정을 돕기 위해 동원된 코끼리들을 우연히 마주쳤다. 이전에는 목재 운반 일을 했던 코끼리였다. 월리엄스는 전쟁 전에 산림 관리인으로 일하면서 코끼리와 친해진 경험이 있었다. 퇴각하는 와중에 그는 어떤 상황에서도, 심지어 격렬한 전투에서도 적절히 적응할 수 있는 코끼리들의 놀라운 수완을 기록했다. 필사적으로 퇴각하는 동안 코끼리들은 가족들과 강제 이별을 해야 했고, 끔찍한 구타와 혹독한 훈련 기술을 견뎌냈다. 그들은 중장비가 들어갈 수 없는 장소에 다리를 건설하는 데 사용되는 통나무를 신속하게 운반하는 법을 배우기도 했다.

퇴각하는 동안 월리엄스는 코끼리들에게서 한 가지 독특한 특징, 즉 그들이 장난을 친다는 사실을 발견했다. 반둘라라는 코끼리는 조련사와 하는 놀이를 즐겼다. 다리 건설에 쓸 통나무를 강둑으로 굴릴 때, 간혹 반둘라는 마지막 순간에 이르러 힘이 모자라는 척했다. 그는 통나무를 물속에 빠트리기 전 마지막 2cm를 남겨두고, 씩씩거리고 헐떡이며 힘든 척을 했다. 반둘라는 그의 조련사가 불평하기를 기다렸다가 코를 이용해 통나무를 가벼운 막대기 던지듯 강물에 휙 던지곤 했다. 그 이야기를 해준 사람들은 코끼리가 자신의 짓궂은 장난에 만족하면서 웃는 모습을 볼 수 있었다고 장담했다.

코끼리는 온갖 이유로 온갖 장소에서 놀이를 한다. 진흙 목욕을 예로 들어보자. 가혹한 아프리카의 태양 아래에서, 동물들은 몸을 시원하게 유지하지 못하면 찌는 듯한 더위와 자외선 때문에 급속하게 몸이 약해질 수 있다. 코끼리는 진흙 목욕을 해서 피부에 보호막을 형성하는데, 이 피부 장벽을 통해 햇빛으로부터 자신을 보호하는 것은 물론 벌레에 물리는 것도 방지한다. 어미들은 새끼들을 다독여 구덩이에 뛰어들게 하고, 새끼들은 구덩이의 진흙 속에서 기분 좋게 뒹굴고 몸싸움을 하고 거품을 뒤집어쓴다.

물도 그들의 놀이 장소다. 그들은 6t 가까이 나가는 세계 최대의 육상 포유류다. 그럼에도 바다로 뛰어들어 먼 거리를 헤엄치는 데엔 아무런 문제가 없다. 코끼리는 먹이와 물을 찾아 매일 수십 킬로미터를 걸음으로써 헤엄칠 때 쓰이는 근육을 단련

하며, 수영하다가 멈춰도 몸무게 덕분에 둥둥 떠 있게 된다. 아프리카 코끼리들이 48km를 헤엄치는 모습이 관찰되었고, 많은 전문가들은 스리랑카에 살았던 코끼리의 조상이 인도 남부에서 스리랑카로 헤엄쳐 이동했다고 생각한다. 코끼리들은 코를 스노클처럼 사용해 물속에서 낮게 헤엄쳐 파도를 피한다. 어린 코끼리들은 생후 5~6개월 정도부터 물속으로 뛰어들어 물결 속에서 첨벙거리며 놀고 그 과정을 지칠 때까지 반복한다. 그러나 포획은 이와 같은 행복과 자연스러운 행동을 모두 빼앗아 간다.

조류의 놀이

지금까지 인간이 주로 관찰한 것은 육지 포유류의 놀이였다. 하지만 다른 곳에서도 동물들은 놀이를 한다. 앞 장에서 언급했듯이 죽은 동료의 장례를 치르는 까마귀라도, 마음이 가벼울 때는 놀이를 즐긴다. 블록을 쌓으면서 문제 해결이나 공간 인식 같은 기술을 익히는 인간의 유아들처럼, 까마귀의 놀이에도 진화적 목적이 담겨 있을 수 있다. 특히 까마귀들이 갈고리 막대기와 접힌 잎의 가장자리를 이용하여 나무의 작은 틈새에서 곤충을 잡아내는 것이 관찰되었는데, 이로 미루어 까마귀의 놀이와 도구 사용 습성은 상관관계가 있는 것으로 보인다.

하지만 다른 도구들은 까마귀들에게 그다지 유용하지 않은 것 같다. 유튜브에는 까마귀들이 플라스틱 뚜껑을 스노보드처럼 타고 눈 덮인 지붕을 내려오는 수많은 영상이 올라와 있다. 까마귀들은 무방비 상태의 귀뚜라미에게 몰래 다가가거나, 날아오르는 데 드는 에너지를 아끼려고 뚜껑을 이용하는 것이 아니다. 그들은 뚜껑을 타고 지붕 끝까지 내려갔다가 부리로 뚜껑을 물고 다시 지붕 꼭대기로 날아 올라간 다음, 또 미끄러져 내려간다(까마귀가 미끄러운 지붕을 구르면서 미끄러져 내려가고, 장난을 치고, 갑자기 몰아치는 돌풍에 몸을 날려 휩쓸려 가는 모습도 관찰되었다).

과학자들은 이런 스노보드 타기를 '보상 없는 대상 탐색'이라고 부른다. 이는 까마귀가 놀이를 즐긴다는 것을 일컫는 복잡한 수식어다. 개가 잡아채고 흔들어대는 것은 자신에게 관심을 가져 달라는 뜻이다. 하지만 까마귀는 지붕 꼭대기에서 스노보드를 타고 내려와도 아무런 보상을 받지 못한다. 까마귀들이 쓸모없어 보이는 물건을 가지고 노는 것이 좀 더 중요한 곳에 이것을 도구로 쓸 수 있는지 시험해보기 위한 행동이라고 추측하기도 한다. 실험실 환경에서 까마귀 6마리가 막대기 같은 장난감을 가지고 놀았는데, 그다음 통에서 음식을 꺼내는 것 같은 특정 작업에 그런 장난감을 사용하는 훈련을 받았다. 연구자들은 일단 까마귀들이 훈련의 목적을 이해하면 장난감을 다른 방식으로 사용할 수 있다고 생각했다. 하지만 그들은 그러지 않았다.

까마귀는 음식을 얻기 위해 막대기를 사용할 수 있다는 것을 알았지만, 여전히 같은 방법으로 막대기를 가지고 놀았다. 2018년의 한 연구는 까마귀들이 여러 조각을 사용하여 도구를 만들 수 있다는 사실도 발견했다. 예를 들어 짧은 막대기를 한데 연결하여 매우 긴 막대기를 만들었고, 이를 이용해 상자 안의 애벌레들을 잡아먹으려 했다. 막스플랑크조류연구소 및 옥스퍼드대학교 소속 오귀스트 폰 바이에른은 "이 발견은 놀랍습니다. 까마귀들은 이런 조합을 만드는 도움이나 훈련을 받은 적이 없기 때문입니다"[60]라고 말했다.

흔히 바다갈매기라고 불리는 재갈매기는 전 세계 해안 지역에서 발견된다. 이들은 특징적인 '긴 울음소리'로 잘 알려져 있는데, 머리를 올렸다 내렸다 해서 나오는 이 일련의 울음소리는 구애에서 위협에 이르기까지 모든 의사표현에 사용된다. 등 부분은 대개 흰색과 회색이 섞여 있고 날개는 회색이며 날개 끝이 검다. 그들은 먹지 않는 것이 없을 정도로 홍합, 게, 성게, 오징어부터 물고기, 곤충, 버려진 인간의 음식에 이르기까지 온갖 것을 먹어치운다.

해변 근처에서 운전해본 적이 있다면, 타이어가 조개껍데기를 밟아서 나는 으드득 소리를 들어보았을 것이다. 갈매기들은 흔히 물에서 조개나 다른 연체동물을 건져내 단단한 표면에 대고 부순 뒤 즙이 풍부한 간식을 즐긴다. 어린 갈매기들은 어느새

새장에 갇힌 새

포획된 새들은 힘겹게 살아간다. 새장에 갇힌 새들은 모두 야생에서 포획되었거나 새장에 갇힌 상태에서 태어난다. 새는 다른 어떤 동물보다 미국으로 밀반입되는 경우가 흔하다. 밀수꾼들은 수많은 새들을 강제로 먹이고 날개를 잘라버리며, 부리를 테이프로 봉해 스페어타이어든 여행가방이든 할 것 없이 어디든 쑤셔 넣는다. 밀반입된 새의 80%가 숨을 거두는데 이것은 별로 특이한 일도 아니다. 사육되는 새들이라고 해서 상황이 나을 것은 없다. 8주에서 10주 이상 된 새들은 반려동물 가게에서 잘 팔리지 않는다. 그 때문에 이들은 번식을 위해 사육되다가 남은 삶 동안 사람과 전혀 접촉하지 않은 채 작은 우리에 처박혀 살아가게 된다.

'새장에서 기르는 새'로 태어나는 새는 없다. 이처럼 매혹적인 존재들은 야생에서 결코 혼자 살아가지 않는다. 그들은 잠깐만 같은 무리의 일원들과 헤어져 있어도 그들을 마구 불러댄다. 그들은 서로 몸치장을 돕고 함께 날고 놀며 알을 품는 의무를 분담한다. 다수의 조류 종들은 평생 짝을 이루고 살며 양육 임무를 함께 분담한다. 새들은 눈부신 색깔, 말하는 능력, 지능, 장난기, 충성심 등 다양한 매력을 갖고 있다. 새들은 안타깝게도 이런 매력 때문에 미국에서 세 번째로 인기 있는 반려동물 자리에 올랐다. 현재 미국에서는 약 4,000만 마리나 되는 새들이 새장에 갇혀 있고 부적절하게 관리되고 있다. 즉, 고향에서 멀리 떨어져 따분하고 외롭게 살아가는 것이다.

이런 행동을 놀이처럼 한다. 말썽꾸러기 갈매기들은 친구들의 조개나 굴을 중간에 가로채서 뺏기 놀이를 하기도 한다. 이 놀이는 딱딱한 땅보다는 부드러운 땅 위에서 더 자주 하는데, 이 것은 갈 매기들이 먹기보다는 놀이를 하겠다고 결정했다는 뜻이다. 특히 강풍이 불 때는 도전하는 재미가 더해져 더 즐겁게 이런 놀이를 즐기곤 한다.

가장 똑똑한 연체동물, 문어

　문어는 몸통이 부드럽고 말랑말랑하며, 2개의 눈과 하나의 입, 전통적으로 '팔'이라고 불리는 8개의 다리를 가진 연체동물 이다. 이들은 산호초, 밀물과 썰물이 오가는 조간대에서 해저 에 이르기까지 전 세계의 해양에 폭넓게 걸쳐 산다. 크기는 실 로 천차만별이다. 몸길이 2.5cm 미만에 몸무게가 1.1g도 안 되 는 덤보문어부터, 단숨에 시속 40km로 전진하고 최대 68kg의 몸무게에 걸맞은 이름을 가진 대문어에 이르기까지 매우 다양 하다.

　이런 기본적인 사실들 외에도 문어는 참으로 인간이 이해하 기 어려운 동물이다. 서양철학의 아버지로 일컬어지는 아리스토 텔레스조차 문어를 낮추어 보았다. 기원전 350년에 쓴 《동물의 역사》에서 그는 "문어는 멍청한 피조물이다. 사람이 물속에 손을 담그면 그게 뭔가 궁금해서 다가오기 때문이다"라고 썼다. 아리스토텔레스는 문어에 대한 재미있는 이야기를 몇 가지 덧붙인 뒤 3억 살 된 이 두족류를 깍아내린다. "연체동물이라는 존재는 참……."**61**

아리스토텔레스는 잘못 알고 있었다. 문어는 매우 영리하다. 그들이 미로를 얼마나 잘 통과할 수 있고 도구를 잘 사용하며 모양과 무늬를 잘 구별할 수 있는지, 또한 관찰을 통해 얼마나 잘 배울 수 있는지를 밝혀낸 연구 결과가 있다. 서태평양 열대 바다에서 발견되는 코코넛문어는 흔히 버려진 코코넛 껍데기를 임시 거처로 개조하고, 이를 방패막이로 사용히면서 해저를 이동하기도 한다. 일부 종들은 각 개체의 안면을 인식할 수 있다. 문어는 특별한 피부 세포를 활성화하여 색과 패턴을 빠르게 변화시킴으로써 서로 의사소통을 할 수 있는데, 사냥하거나 포식자를 피하면서 위장할 때도 이런 기술을 사용한다. 수족관을 탈출한 문어를 다룬 매스컴의 보도는 심심치 않게 볼 수 있으며, 문어는 게를 먹기 위해 어선 위로 기어 올라가 화물실에 침입한다고도 알려져 있다. 2016년 뉴질랜드국립수족관에 사는 잉키 Inky라는 문어는 수조에서 빠져나와 바닥을 미끄러지며 15m 남짓한 배수관을 통과해 바다로 탈출하는 데 성공했다.

문어도 놀이를 좋아한다. 많은 동물들, 특히 무척추동물은 먹을 수 없는 것을 버리지만 문어는 그렇지 않다. 예를 들어

2006년의 한 연구에서는 문어가 레고를 다리에서 다리로 던지며 노는 모습이 관찰되었다. 저자들은 "문어가 놀이 행동을 보일 만큼 인지적 복잡성을 가지고 있을까? 그렇다"라고 썼다.[62] 이 밖에 문어들은 몸에 있는 깔때기를 사용해, 어린이가 벽에 공을 튕기는 것처럼 물체를 불어냈다 되돌아오게 할 수 있다. 깔때기란 머리 뒤에 위치한 관 모양의 개구부開口部로, 이 관을 통해 빠른 속도로 물을 배출할 수 있다.

앞에서 언급한 것처럼 동물의 상대적 지능을 비교하는 것은 거의 불가능하지만(그리고 동물은 저마다 서로 다른 일에 뛰어나기 때문에 이는 말할 것도 없이 무의미하다), 특히 문어의 경우는 더더욱 무의미하다. 모든 척추동물이 기본적으로 동일한 신경 구조, 즉 두개골에 의해 보호되는 중앙집중식 뇌를 가지고 있는 반면, 문어의 신경계는 말 그대로 사방에 퍼져 있다. 문어의 뇌에서 발견되는 신경계는 일부에 불과하다. 문어 뉴런의 3분의 2는 몸과 다리에 있는 신경절이라는 서로 연결된 신경 세포군 내에 자리 잡고 있는 것이다. 그러나 일부 음식점에서는 문어가 아직 살아 있을 때 다리를 잘게 썰기도 하며, 다음 손님이 주문할 때까지 다리 한두 개만 남겨두기도 한다.

종합하자면 문어는 무척추동물 중 뇌 대 신체 질량 비율이 가장 높고, 일부 척추동물보다 그 비율이 더 높다. 다리에 매우 많은 뉴런이 있는 문어는 흡착력이 있는 원형圓形의 빨판들을 놀

문어에 대한 진실 5가지

1. 문어는 촉수가 없다: 문어에 대해서는 수많은 오해들이 있다. 그중 가장 큰 오해는 문어에게 촉수가 있다는 것이다. 문어는 다리(팔)가 8개이지만 다리는 촉수와 다르다. 다리와 촉수의 차이는 기술적technical인 기준에 따르기는 하지만 말이다. 빨판이 다리 전체에 있으면 이것은 다리다. 오징어나 갑오징어처럼 빨판이 끝에만 있다면 촉수라 부른다. 일부 문어들은 물 밖으로 기어 나와 해안선을 따라 걷는 모습이 관찰되기도 했다.

2. 문어는 심장이 3개다: 심장 하나는 온몸에 혈액을 펌프질해서 보내고, 다른 심장 2개는 아가미에 혈액을 보낸다. 첫 번째 심장은 문어가 움직이면 활동을 멈추는데, 이 때문에 문어는 빨리 시쳐버린다. 주로 이런 이유 때문에 문어는 헤엄치기보다 해저에서 걷는 것을 좋아한다.

3. 문어는 제임스 본드처럼 적들에게서 도망친다: 문어의 소화샘 밑에는 먹물주머니가 있다. 007의 본드카 애스턴마틴처럼 문어는 '연막'으로 위장해 적을 쫓아냄으로써 위험을 모면할 수 있다. 여기서 '연막'이란 점액질의 먹물이 일으키는 먹구름을 말한다. 먹물에는 티로시나아제라는 독성 화합물이 들어 있는데, 이 물질은 눈을 자극해 앞이 보이지 않게 함으로써 물리적인 해를 가하기도 한다.

4. 문어의 피는 푸르다: 여러 종의 문어들은 섭씨 -1.1도 정도의 매우 깊은 물에서 산다. 대부분 동물들의 피에는 헤모글로빈이 들어 있는데, 헤모글로빈은 피를 선홍빛으로 만드는 헴heme이라는 철분 기반의 화합물이다. 반면 문어의 피에는 구리 성분이 들어 있어서, 추운 환경에서 조직이 산소를 더 효율적으로 흡수할 수 있다. 또한 이 구리 성분 때문에 문어의 피

가 파랗게 보인다.

5. 문어는 짝짓기 후에 죽음을 맞이한다: 번식 과정에서 수컷은 생식완이라는 특별한 팔을 이용해 암컷의 외투강에 정포(정자 덩어리)를 삽입한다. 곧이어 수컷은 세포가 더 이상 분열하고 성장할 수 없는 강렬한 노화 과정을 겪는데, 이를 '노쇠senescence'라고 한다. 수컷은 몇 주 안에 숨을 거둔다. 한편 암컷은 해저의 암석과 틈새에 수만 개의 수정란을 고정시켜 놓고 다섯 달 정도 수정란을 보호한다. 암컷 문어는 식음을 전폐하고 매우 헌신적으로 아직 태어나지 않은 새끼들을 보호한다. 암컷은 새끼가 태어날 때까지 버티다가 결국 죽음을 맞이한다(때로는 이 과정이 더 오래 지속되기도 한다. 2014년 한 연구팀은 암컷 심해문어가 알이 부화하고 최종적으로 자신이 죽음을 맞게 될 때까지 4년 반 동안 계속해서 알을 지켰다고 보고했다).

라울 정도로 능숙하게 통제할 수 있다. 잠시 시간을 내어 엄지손가락과 집게손가락을 맞잡아보자. 이는 인간이 환경과 상호작용을 하는 데 없어서는 안 될 중요한 능력인 집게쥐기pincer grip로 알려져 있다. 이런 능력이 없었다면 우리는 세계를 지배하는 종으로 진화하지 못했을 것이다. 그런데 문어는 각각의 빨판 양면을 조작해서 100개의 개별 집게쥐기를 할 수 있다. 이로 미루어 문어는 아마도 가장 능란하고 우아한 바다 생물일 것이다.

결론적으로 인간의 입장에서 문어의 지능이 실제로 어느 정도인지는 파악하기 어려울 것이다. 한 연구 논문은 다음과 같이 결론을 내렸다. "문어의 학습 능력을 조사할 때 가장 장애가 되었던 문제는 문어가 상대적으로 실험 대상으로 다루기 힘들다는 점이었다."[63] 그들은 실험실 장비를 부수고 탱크에서 탈출하며, 바보 같은 속임수를 배우려 들지 않는다. 말하자면 인간의 손에 의해 강제로 고향을 떠나와 찔리고 괴롭힘을 당하면 고통을 느낄 수 있다는 뜻이다.

공놀이를 즐기는 악어

악어는 원시 동물 가운데 마지막까지 살아남은 동물이다. 약 2억 년 전에 탄생한 악어는 공룡보다 6,500만 년을 더 오래 살아남았고, 23종 모두 밀렵꾼에 의한 멸종을 피했다. 악어의 한 종류인 크로커다일crocodile이라는 단어는 강물의 도마뱀ho krokodilos tou potamou을 뜻하는 고대 그리스어 구절에서 유래했다. 유달리 열악한 환경에서도 강한 생존력을 보이는 이 동물은 고달픈 삶을 견뎌내며, 영역 다툼으로 팔다리와 꼬리가 잘려 나가거나 턱뼈가 부러지는 등 심한 부상을 당해도 수십 년을 버틴다.

악어는 대개 강이나 호수, 습지 같은 담수 서식지에서 살아가는데, 지구 최대의 파충류인 바다악어는 예외다. 이들은 습지, 강어귀, 삼각주, 석호처럼 염분이 섞인 환경을 선호한다. 악어 성체는 몸 길이 1.5m, 무게 18kg(난쟁이악어)에서 길이 7m, 무게 1t(바다악어)에 이르기까지 크기가 천차만별이다. 수영하는 사람을 거의 공격하지 않는 상어와는 달리, 나일악어와 바다악어는 매년 인간에게 수백 건의 치명적인 공격을 가한다(다른 종은 덜 위험하다. 예를 들어 주로 중남미에서 발견되고 크로커다일과에 속하는 아메리카악어는 소심하며, 치명적인 공격을 가하는 경우가 드물다).

악어는 대부분의 동물들과 너무 다르고(생물학적으로 악어는 대부분의 다른 파충류보다 공룡과 더 밀접한 관련성이 있다) 매우 사납기 때문에, 놀이를 즐길 것 같지는 않다. 그래서 동물학자 블라디미르 디네츠는 오하이오동물원의 쿠바악어가 비치볼을 갖고 논다는 이야기를 들었을 때 반신반의했다. 하지만 야생과 감금된 상태에서 악어를 3,000시간 이상 관찰하면서 보낸 후, 디네츠는 악어가 매우 다양한 놀이를 한다고 결론지었다.

동물들 사이에서 운동 놀이locomotor play는 몸싸움이나 술래잡기같이 격렬한 운동을 수반하는 모든 종류의 장난스러운 활동을 의미한다. 디네츠는 크로커다일과 근연종인 앨리게이터, 카이만caiman, 가비알gharial이 속한 악어목目이 유달리 대담한 수상 스포츠를 즐기는 모습을 확인했다. 이를테면 반복해서 바다 파도를 타는 모습, 강을 향해 진흙투성이 비탈을 미끄러져 내려가는 모습 등이다. 오하이오동물원 사육사들이 목격한 것처럼 악어들노 물건을 가지고 놀길 좋아한다. 죽은 먹이를 먹기 전에

크로커다일 vs. 앨리게이터

비늘은 갑옷 같고 80개의 이빨은 면도 날처럼 날카로우며 몸무게가 360kg에 달하는 반半수생 파충류의 눈을 응시하다 보면, 당신은 그 녀석이 앨리게이터인지 크로커다일인지 파악하는 것은 엄두도 못 낼 것이다. 하지만 궁금하다면(그리고 당신이 집 안에 안전하게 있다면), 이들의 기본적인 차이를 알아두는 것도 좋을 것 같다.

- **주둥이:** 크로커다일과 비교했을 때 앨리게이터는 주둥이가 더 넓고 U자 모양이다. 크로커다일의 주둥이는 더 뾰족하고, V자 모양이다.
- **소리 없는 웃음:** 앨리게이터는 위턱이 넓고 아래턱이 좁아서 입을 다물면 이빨이 거의 다 안 보인다. 하지만 크로커다일이 주둥이를 닫으면 주둥이 밖으로 고르지 않은 이빨 여러 개가 튀어나온 것을 볼 수 있다.
- **미국 출생:** 현존하는 앨리게이터는 오직 두 종뿐이다. 그중 더 큰 미시시피악어는 오직 미국 남동부에서만 발견되는 반면, 멸종위기에 처한 양쯔강악어는 중국 동부에서 발견된다. 그 외에 세상 어디서든 악어를 본다면 그것은 크로커다일이다.
- **속도:** 설령 당신의 걸음이 빠르지 않아도 크로커다일로부터는 도망칠 수 있을 것이다. 앨리게이터는 더 작고 민첩하며 땅에서 훨씬 빠르다. 물속에서는 거의 시속 32km로 헤엄칠 수 있으며 지극히 치명적인 존재다.

공중으로 던지는 것은 말할 것도 없고, 좋아하는 나무 장난감을 물어뜯는 장면도 심심치 않게 목격된다. 이들은 특히 분홍색 꽃에 끌리는 듯한데, 흔히 강둑으로 몰래 접근하면서 이런 꽃들을 입으로 살짝 물곤 한다. 디네츠는 크로커다일, 앨리게이터, 카이만 들이 어떻게 술래잡기를 하고 서로를 등에 업어주며 모의 싸움을 하는지를 기록하기도 했다.

동물들은 왜 놀이를 할까? 생존 기술을 배우기 위해서일까? 더 나은 사냥꾼이 되기 위해서일까? 복잡한 사회 계층 구조를 능숙하게 파악하는 정치가가 되기 위해서일까? 아니면 그저 재미있기 때문에 놀이를 하는 것일까?

정답을 아는 사람은 아무도 없다. 어떤 동물들은 실제로 나중에 유용하게 활용할 수 있는 기술을 익히기 위해 놀이를 한다. 또 어떤 동물들은 진화의 기본 법칙에 과감하게 도전하는 방식으로 놀이를 한다. 까마귀의 스노보드 타기, 미어캣의 몸싸움, 고릴라의 술래잡기 놀이가 실제로 어떤 진화적 목적을 달성할 수 있을까? 지구상의 동물들은 일부 생물학자들이 '목적 없는 활동'이라고 비웃을 수 있는 것들에 열정을 지니고 있음에도, 이럭저럭 진화하고 살아남았다. 놀이는 생존 기술이나 사교 기술이 아니며, 어쩌면 아예 기술이 아닐 수도 있다. 재미를 추구하는 경향은 뇌의 가장 오래된 부분에 뿌리를 두고 있는 그저 타고난 것으로, 가장 작은 곤충과 가장 거대한 포식자에 이르기까지 모두가 공유하고 있는 경향일지도 모른다.

일찍이 동식물 연구가 존 뮤어가 말한 대로, "하느님의 모든 백성은 진지하건 야만적이건, 크건 작건 분명 놀이를 좋아한다. 고래와 코끼리, 춤추고 윙윙거리는 각다귀, 보이지 않을 정도로 조그만 장난꾸러기 미생물에 이르기까지, 모두는 신성한 빛을 간직하고 있는 온화하고 흥이 넘치는 존재임이 분명하다."[64]

2부

인간에 의한,

동물을
위한
혁명

지금까지 살펴본 바와 같이 우리는 지난 수십 년 동안, 이 행성을 우리와 공유하는 동물들에 대한 새로운 지식을 믿기 어려울 만큼 많이 얻었다. 그럼에도 그들의 놀라운 능력, 비범한 재능, 매혹적인 삶에 대해 알아야 할 지식은 아직 한참 남아 있다. 우리의 동료 동물들을 이해하려는 노력이 계속되는 동안, 손 빠른 사람들은 이미 과학, 기술, 의학, 제조업 분야에서 실로 대단한 발전 방안을 찾아내고 있다. 이를 통해 우리가 동물을 사용하고 해치는 행동을 그만두고, 동물 대신 더 나은 의복 재료나 연구 방법, 식품이나 볼거리로 바꿀 수 있게 되었다. 장족의 발전을 이루긴 했지만, 할 수 있는 모든 것을 이루기까지는 아직 갈 길이 멀다. 더 많은 인상적이고 혁신적인 방법들이 우리와 다른 동물들을 기다리고 있다.

2부에서는 동물들이 과학, 의복, 오락, 음식 등 인간 삶의 네 가지 영역에서 어떻게 부당하게 이용되어 왔는지 실펴볼 것이다. 이와 더불어 우리는 동물을 오남용하지 않으면서 인간의 이익을 증진하기 위한 혁신적이고 100% 인도적인 방법을 인류가 어떻게 찾아내게 되었는지를 보여줄 것이다.

과학 연구를 한 예로 들이보자. 40년 전의 표준적인 임신 테스트는 소변 샘플을 실험실에 보내 개구리, 토끼, 쥐 등에 주사한 뒤 이 동물들이 죽었는지 확인하는 방법으로 이루어졌다. 오늘날에는 처방전 없이 살 수 있는 진단 키트를 이용해 몇 분 안에 새로운 가족이 생겼는지 확인할 수 있다. 40년 전만 해도 전세계 화장품 회사를 통틀어 살아 있는 토끼의 눈이나 면도한 피부에 신제품을 묻히거나 목구멍에 붓는 방법으로 실험하지 않겠다는 곳은 극소수에 불과했다. 오늘날 동물실험을 하는 화장품 회사들은 별로 없다. 이런 유형의 동물실험은 유럽과 아시아의 많은 지역에서 불법이며, 대부분의 제품에 이제는 밍크 오일, 사향, 태반 같은 동물 유래 성분이 들어 있지 않다.

두 세대 전까지만 해도 연구자들은 화상 치료 연구 명목으로 돼지를 토치램프로 그슬렸다. 오늘날 의사들은 복제된 인간 피부 여러 장을 오전에 주문하면 항공 택배로 병원에서 받을 수 있으며, 오후에 이를 환자에게 이식하여 훨씬 더 많은 생명을 구할 수 있게 되었다. 1990년대의 과학자들은 에이즈 모델을 만들고자 수백 마리의 침팬지에게 에이즈 바이러스를 주입했다. 오늘날 우리는 고속 컴퓨터로 HIV/AIDS 혼합체 약품을 개발했는데, 이 약품을 개발하는 과정에서 침팬지가 후다닥 달리는 소리나 화가 나서 우리의 벽에 머리를 쿵쿵 박는 소리는 없었다. 우리는 오래전 동물을 이용해서 개발한 백신과 다르고 부작용을 야기하거나 사망자가 생기지 않는 합성 백신을 갖게 되었다. 개선된 것들이 많지만, 다가올 미래에 개발될 것들은 동물의 행복에 중요한 만큼 인간의 건강에도 도움이 될 가능성이 크다. 장애가 있는 사람이 걷거나 무거운 물건을 들어올릴 수 있게 해주는 외골격부터 실험실에서 배양한 장기까지 그 예는 다양하다.

이번에는 의복에 대해 이야기해보자. 『바람과 함께 사라지다』의 스칼렛 오하라는 커튼으로 드레스를 만들었다. 남북전쟁 당시에는 선택할 재료가 별로 없었기 때문에 대개 이런 식으로 옷을 만들어 입었다. 모피 외투 같은 고가의 의복은 많은 사람들이 1년 동안 벌어들인 돈보다 비쌌다. 이것이 실용적인 선택이 아니었음에도 모피는 유행했다. 모피를 입은 채 땀을 흘리면 몸이 축축해져서 사실상 등에 눅눅하고 냄새나는 카펫을 덮고 있는 것과 다를 바 없었다. 하지만 당시 옷가게에서는 더 따뜻한 합성 섬유를 팔지 않았다. 비건 가죽은 말할 것도 없고 인조 털이나 플리스(양털 느낌의 직물)도 없었다. 오늘날에는 젊은 디자이너들이 동물을 이용하지 않거나 동물에게 해가 되지 않는 최첨단 재료를 쓰는데, 이처럼 수많은 비동물성 재료를 선택함으로써 의복의 환상적인 미래를 창출하고 있다.

오락 분야에서도 커다란 발전이 있었다. 수년 동안 재미는 동물(1부에서 상세하게 설명한 것처럼 이들은 정말 재미를 느낄 수 있다)을 위한 것이 아니라 인간을 위한 것이었다. 비디오게임이 공상과학에 나오는 환상에 불과하던 시대에 서커스 마차들이 마을을 방문했고, 아이들은 '야생'동물들, 즉 코끼리와 호랑이가 풀이 죽은 채 채찍을 든 남자가 시키는 대로 뭐든지 하는 모습을 보고 흥분을 감추지 못했다. 우리 안에 갇혀 있거나 어울리지 않는 머리장식을 하거나 고무공 위에서 균형을 잡으려는 동물 대신, 오늘날 아이들은 버튼 하나만 누르면(또는 음성 명령으로) 자연 서식지에서 놀고 있는 동물들을 볼 수 있다. 아이들은 VR 헤드셋을 통해 곰과 표범들을 가까이서 관찰할 수 있으며, 그들을 불편하게 하지 않고도 그들이 사는 굴에 들어가볼 수 있다. 오늘날에는 야생동물이 영화에 등장했다가 실제로 다치거나 (자주 그랬듯이) 죽는 경우는 없다. 컴퓨터 기술을 통해 동물들은 피 한 방울 흘리지 않고(혹은 나중에 누군가가 이들을 치울 일도 없이) 놀라운 묘기를 선보인다.

마지막으로 음식에 대한 이야기다. 얼마 전까지만 해도 '집사람'이 저녁으로 준비한 스테이크를 먹지 않는 남자는 남자도 아니었는데, 이런 모습은 오늘날 실제 삶에서보다는 만화에서나 볼 수 있을 것이다. 서양 사람들은 고기, 달걀, 또 고기, 우유 그리고 더 많은 고기와 간혹 감자를 먹었다. 오늘날 대부분의 사람들은 건강을 너무 의식한 나머지 죽은 동물로 만든 식사를 꺼린다. 또한 그들은 환경에 대해서도 익히 알고 있다. 즉, 유축농업이 우리의 수로, 바다, 숲에 미치는 해로운 영향(공장식 영농과 수송의 원시적이고 잔인한 조건은 말할 것도 없고)에 대해 잘 알고 있다.

두유는 한때 식품 협동조합에 가서 직접 타서 마셔야 하는 가루 형태로 판매되었다. 오늘날의 슈퍼마켓에는 콩, 아몬드, 코코넛, 귀리, 삼, 헤이즐넛 및 여러 원료를 섞은 밀크를 진열해놓아서 어지러울 정도다. 어떤 채소와 과일을 언제 먹어야 하는지는 더 이상 계절에 좌우되지 않는다. 당신은 12월에 망고를 먹을 수 있고 원래는 아스파라거스가 나지 않는 5~8월에도 이 채소를 먹을 수 있다. 서점에는 요리사부터 연예인, 프로 운동선수에 이르기까지 각계각층의 사람들이 쓴 비건 요리책이 가득하다.

머지 않아 '클린 미트clean meat'가 곧 나올 텐데, 이는 대장균과 다른 위험한 박테리아가 제거된 환경의 실험실 동물 세포에서 배양해낸 실제 살코기로, 이런 고기가 나오면 물을 보존할 수 있고 도축장이 완전히 사라질 것이다. 현재 새우부터 소시지, 치킨에 이르기까지 수많은 '맛이 비슷한 제품taste-alikes'들이 생산 라인에서 돌아가고 있다. 실제로 모든 것이 바뀌었음에도 막상 할아버지는 전혀 눈치채지 못한 채 아무것도 바뀌지 않았다고 생각하게 하는 식품들이 만들어지고 있는 것이다! 우리는 동물을 사용하지 않고 살아가는 새로운 시대로 접어들고 있다.

동물을 함부로 대하지 않는 세상을 상상해보자. 참으로 멋진 세상일 것이다.

● 과학 연구

수많은 연구 가운데 우리 자신의 진실함과 윤리적 일 관성 이상으로 가치 있는 연구는 없다. 동물을 대하는 방식은 우리가 생명을 어떻게 생각하며, 서로를 어떻게 여기는지에 대한 가치를 직접 반영한다.

— 존 P. 글룩 박사, 뉴멕시코대학교 심리학과 명예교수

래츠키라는 쥐 덕분에, 책임 있는 의료를 위한 의사회PCRM의 설립자이자 《건강 불균형 바로잡기》와 《치즈 트랩》의 저자인 닐 버나드 박사는 미국과 캐나다의 의과대학에서 동물을 다루는 방법을 바꾸었다.

대학에 다니는 동안 인간의 정신이 어떻게 작동하는지에 관심이 있던 버나드는 심리학 강의를 수강했다. 이 수업에는 쥐를 상자에 넣고 음식과 물을 주지 않음으로써 쥐가 레버를 누르거나 실험자들이 원하는 대로 할 수 있게 하는 실험이 있었다. 하루는 그가 쥐의 머리에 구멍을 뚫고 뇌 안에 전극을 삽입하는 실험을 하고 있었다. 실험자들은 귀에 막대를 삽입하여 쥐의 두

개골이 움직이지 않도록 위치를 제대로 잡아주는 뇌고정장치에 쥐를 넣어야 했다. 담당 교수는 지나가면서 버나드에게 그의 뇌고정장치가 너무 느슨하다고 말했다. 버나드는 장치를 조이던 도중 장치가 쥐의 고막을 뚫는 느낌이 들었다. 그는 이 사실을 교수에게 보고했고, 교수는 이렇게 말했다. "음, 아침이 되면 쥐가 자신이 내는 입체 음향을 듣지 못할 것 같네."[65]

교수를 항상 친절한 사람이라고 생각해온 버나드는 깜짝 놀랐다. 버나드는 "이런 냉담한 말이나 동물의 고통을 무시하는 태도가 평상시의 느낌과는 너무 달랐습니다"라고 밝혔다. 이런 태도에 마음이 상한 버나드는 죽을 운명에 처한 쥐들 중 한 마리를 집으로 데려왔다. 그는 그처럼 몸집이 자그마한 쥐마저도 고통을 받고 싶어 하지 않는 쾌고 감수 능력이 있고 다른 쥐들과 유대를 형성하며, 복잡하고 다양한 감정들을 가지고 있음을 알아가기 시작했다. 그는 이 쥐의 이름을 래츠키라고 지었다.

래츠키는 그의 침실에 있는 케이지에서 몇 달 동안 살았다. 케이지 안에서 래츠키의 행동은 버나드가 추측한 대로였다. 그러나 래츠키가 종종걸음으로 돌아다닐 수 있도록 케이지 문을 열어두자, 래츠키는 그가 미처 예상치 못한 행동들을 보이기 시작했다. 래츠키는 며칠 동안 조심스럽게 케이지 문을 킁킁거리며 냄새를 맡은 후 바깥세상을 탐색하기 시작했다. "내 아파트를 탐색하면서(내가 주의 깊게 관심을 기울이는 동안) 래츠키는 점점 더

내게 우호적으로 변했습니다. 내가 누워서 책을 읽고 있으면 내 가슴 위로 올라와 서 있곤 했죠"라고 버나드는 말한다. "래츠키는 자신을 쓰다듬어주기를 기다리곤 했고, 내가 충분히 관심을 가져주지 않으면 내 코를 가볍게 물고 도망치곤 했습니다. 나는 래츠키의 날카로운 이빨이 내 피부에 상처를 낼 수 있다는 걸 알았지만, 래츠키는 항상 조심스럽게 장난을 쳤어요."[66]

얼마 후 버나드가 조지워싱턴 의과대학에 다니고 있을 때, 한 실험 담당 조교가 다음 번 실습 시간에 사람한테 쓰는 여러 심장약을 개에게 투여해 개의 반응을 기록할 것이라고 공지했다. 실습이 끝나면 모든 개들이 죽게 될 거라고도 했다. 버나드는 실습 참가를 거부했다. 그는 이런 실험이 분명하게 잔인하다는 사실 외에도, 의대생들이 군이 개를 이용한 실제적인(동시에 치명적인) 시범을 보지 않아도 약리학 개념을 충분히 파악할 수 있다고 생각했다. 버나드와 다른 한 학생은 실습에 참가하는 대신, 이 약의 생리학적 효과를 예측하여 보고서를 제출했다. 두 사람 모두 이 실습 과정을 통과했다.

몇 년 후 버나드는 PCRM을 설립했는데, 이 단체는 의학교육에서 동물 사용을 폐지하는 데 최우선적인 관심을 두었다. PCRM은 교직원 및 학생들과 어떻게 대화할지 전략적으로 자료를 준비하고, 동물실험의 대안을 제시하는 일부터 시작했다. 버나드는 "이런 작업은 그다지 어렵지 않은 경우도 있었지만 격전을 벌여야 하는 경우도 있었습니다"라고 말한다. 일부 학교들은 서둘러 동물 사용 폐지에 동의했고, 끝까지 저항한 학교들도 있었지만 결국 PCRM이 승리를 거두었다. 오늘날 미국이나 캐나다에서는 어떤 의과대학도 의학을 가르치기 위해 동물을 사용하지 않는다. 공교롭게도 버나드는 현재 조지워싱턴 의과대학 겸임교수로 재직 중이다.

버나드 박사가 의대를 다니면서 했던 경험은 비정상적인 것이 아니었다. 의학이 인류 문명의 일부가 된 이래 동물들은 줄곧 실험 목적으로 사용되어왔다. 고대 그리스의 의사들은 해부학적 연구를 위해 동물을 해부했다(당시 동물을 쉽게 구할 수 있기도 했지만, 인간 해부가 금기시됐기 때문이기도 하다). 이런 해부는 단지 의사들을 훈련시키기 위한 것만은 아니었으며, 동물은 수많은 의료 과정에 사용되기도 했다. 그러나 오늘날 동물 시험이나 실험보다 더 빠르고 저렴하고 정확하며 동물이 동원되지 않은 새로운 방법과 혁신적인 기술이 개발되면서, 이런 시험과 실험은 의학계 전반에서 퇴출되는 추세다. 실제로 미국국립보건원NIH의 프랜시스 콜린스 소장은 10년 안에 연구자들이 동물을 전혀 사용하지 않을 수도 있다고 전망했다.

그럼에도 새로운 치료법을 찾아내려고 노력하기보다는 몹시 고통스럽고 낭비에 가까운 낡은 수법들이 단지 호기심을 충족시키기 위해 여전히 사용되고 있다. 대부분이 생쥐와 쥐지만 이 밖에도 토끼, 원숭이, 고양이, 개, 새, 물고기, 말, 양, 파충류, 문어, 유인원 등 수백만 마리의 동물들이 독성 화학 물질, 약물 또는 질병 연구라는 명목으로 해를 입고 죽어 나간다. 몇 가지 예를 들어보자.

- 2018년 4월 샌안토니오에 있는 텍사스 생물의학연구소의 야외 울타리 안에 있던 영리한 개코원숭이 4마리가 208L짜리 드럼통을 벽까지 굴려 똑바로 세운 뒤, 이를 사다리로 이용해 울타리로 막아놓은 장소에서 탈출했다. 그들은 실험 대상으로서 살아가는 존재라면 누구나 하는 일을 했다. 그들은 거리의 차들을 뚫고 필사적으로 도망쳤다. 개코원숭이 1,100여 마리를 수용한 이 시설은 관리 소홀로 동물을 다치게 하거나 죽음으로 내몰았고, 이런 명목으로 여러 차례 소환되고 벌금을 물었다. 이 연구소는 생물학적으로 위험한 실험실도 운영하고 있는데, 이 실험실은 3,000마리에 가까운 영장류를 처방이나 치료법이 없는 전염성 질병으로 감염시키고 있다. 이런 작업을 하면서 인간 과학자들은 온갖 보호 장비를 착용하지만, 원숭이는 치명적인 바이러스의 영향을 고스란히 받는다. 미국에서만 매년 약 7만 마리의 인간 외 영장류가 연구에 사용되고 있는데, 대부분 작고 고립된 실내 우리에 수용된다.
- 텍사스 A&M대학교 과학자 조 코네게이는 인간 질병을 연구

하기 위해, 수십 년 동안 한 가지 형태의 근위축증MD에 걸리도록 사육한 개들에게 실험을 했다. 개들은 질병 때문에 걸을 수도 거의 먹을 수도 없었다. 그러나 치료법은 여전히 인간과 개 모두에서 발견되지 않았고, 결국 개들은 인간 근위축증 모델에서 제외되었다. 미 전역에서 개들은 연방이 요구하는 살충제나 여타 화학 물질의 독성 실험에 이용되기도 한다. 실험자들은 실험에서 개들에게 관련 물질을 주사하거나 강제 투여할 수 있으며, 개들을 상자 같은 방에 넣고 독성 물질을 뿌리기도 한다. 2015년 한 해 동안 미국 전역에서 약 6만 마리의 개가 실험에 이용되었다.

- 쥐도 개만큼 고통을 느낀다. 하지만 피츠버그대학교 연구자들은 실험용 쥐의 창자에 일부러 구멍을 내서 패혈증에 걸리게 했다. 패혈증은 배설물이나 다른 박테리아가 몸속으로 침투해 치명적인 감염 반응을 일으키는 병이다. 인간과 쥐에서 다른 반응이 나타난다는 것이 이미 과학적으로 입증되었는데도, 이 반응을 또 연구하기 위해 동물들은 죽을 때까지 극심한 고통을 견뎌야 했다. 연간 수천만 마리의 쥐가 연구에 이용되는 것으로 추산된다.

지난 수년 동안 생체해부, 즉 동물을 살아 있는 상태에서 수술하는 관행에 대한 대중의 지지는 꾸준히 감소했다. 하지만 오늘날 그 어느 때보다 많은 동물들이 실험실에서 사용되고 있다. 2015년 〈의학윤리저널Journal of Medical Ethics〉에 실린 한 분석에 따르면 미국 정부 지원 연구에서는 15년 동안 동물 사용량이 거의 73% 증가한 것으로 나타났다.

당신은 이렇게 생각할지 모르겠다. '글쎄, 동물을 먹거나 입거나 서커스에 등장시킬 필요는 없다. 하지만 과학이 발전하고 의학이 병을 고치고 생명을 구하려면 동물을 이용해야 하지 않을까?'

아니다. 그렇지 않다.

동물실험의 기원

서양의학은 기원전 3000년경 고대 이집트에서 공식적으로 시작됐다. 이때부터 인간은 해부학, 생리학 및 우리가 공유하는 질병을 더 잘 이해하기 위해 살아 있는 동물을 해부하고 수술하고 찔러봤다. 이런 초기 과학자들은 인간 시신을 해부하는 것이 금기시되었기 때문에(살아 있는 사람은 말할 것도 없고) 동물을 대상으로 칼을 휘둘렀다.

생체해부는 고대 그리스와 로마의 존경받는 사상가이자 의사들이 옹호했는데, 여기에는 아리스토텔레스와 특히 페르가몬의 갈렌Galen of Pergamon이 포함된다. 이 중에서 갈렌은 동물 연구를 통해 1,000년 이상 정설로 받아들여진 의학 지식(일부는 정확하고 일부는 그렇지 않은)의 주요 부분을 탄생시켰다. 우리가 아는 한 과학을 탐구하면서 동물을 해치는 관행의 도덕성에 의문을 제기하는 사람은 거의 없었다. 1부에서 논의한 바와 같이, 많은 인간 사회는 인간이 가장 위(신이나 신 바로 아래)에 있고, 짐승이 맨 밑에 있는 자연의 고정된 위계질서를 믿었다. 이 믿음은 기독교가 번성하면서 영혼이 없는 동물들이 오직 인간을 위해 이 세상에 존재한다는 성경의 가르침에 의해 강화되었다.

로마 제국이 멸망한 후 수세기 동안 종교와 미신은 과학 연구를 궁지에 몰아넣었고, 동물실험은 신뢰를 잃었다. 동물을 의학 연구 및 훈련에 활용하는 관행은 과학적 방법, 다시 말해 관찰, 측정, 실험, 가설 수립이라는 표준화된 과정이 개발되기 전까지는 부활되지 않았다.

영국의 정치가 프랜시스 베이컨과 프랑스의 르네 데카르트를 포함한 계몽주의 시대의 철학자 겸 과학자들은 생체해부를 윤리적으로 용인할 수 있다고 합리화했다. 이 중에서 데카르트는 한 걸음 더 나아갔다. 그는 동물을 시계와 비슷한 것, 즉 단순한 기계로 보았다(데카르트의 동물 경멸은 매우 잘 알려진 사실이다. 그는 아내의 개를 산 채로 벽에 못 박고 이 가엾은 영혼의 배를 갈라 장기를 조사한 적이 있다는 이야기가 전해진다). 다른 사상가들은 동물들이 고통을 느낄 수 있음을 인정했지만, 17세기 네덜란드의 철학자 바뤼흐 스피노자는 유명한 소론 《에티카》에서 "동물의 본성은 우리와 같지 않기 때문에 인간은 인간에게 가장 잘 맞는 방식으로 동물을 대하고 마음대로 사용하면서"[67] 아무런 거리낌이 없어야 한다고 썼다.

그럼에도 동물실험은 17세기에 이르러서도 여전히 답을 주지 못했다. 이 시기에 영국 왕 제임스 1세와 찰스 1세의 주치의를 지낸 윌리엄 하비가 혈액 순환과 심장 기능을 상세히 설명한 책을 출간했다. 동물 연구를 바탕으로 한 이 문헌은 갈렌의 많은 생각들을 반박하고 있다. 18세기에는 프랑스에서 근대 의과 대학 혹은 의학원이 최초로 문을 열었고, 동물실험은 교과 과정의 표준으로 자리 잡았다. 생리학의 아버지로도 불리는 19세기 프랑스의 과학자 클로드 베르나르가 "동물실험은 독성학과 인간의 위생에 대한 지식을 확보하는 데 극히 중요하다. 이런 물질이 동물과 사람에게 미치는 영향은 정도의 차이를 제외하고 동일하다"[68]고 밝히면서 동물의 처지는 더욱 악화되었다.

이 믿음은 19세기 후반에 널리 확산되었다. 광견병 백신을 발견한 루이 파스퇴르는 세균이 질병을 일으킨다는, 당시로서는 혁명적인 생각을 입증하기 위해 수백의 동물 종을 감염시켰다. 이 실험이 성공함으로써 영장류를 포함해 훨씬 많은 실험동물들이 고통 받게 되었다. 특히 영장류 실험동물은 소아마비 백신을 처음 개발하는 과정에서 수천 마리가 재앙에 가까운 학살을 당했다.

　모든 사람이 유사한 생각을 했던 것은 아니었다. 동물 편에 선 찰스 다윈과 무균 수술을 도입한 의사 조지프 리스터를 포함한 19세기 과학자들은 반드시 필요한 경우에만 동물을 과학 연구에 이용해야 하며, 그들의 고통을 가능한 한 최소화해야 한다고 생각했다.

생체해부 반대운동　　　　　　　　　　　　——

　생체해부학이 존재한 이래, 언제나 이에 맞서 싸워온 이들이 있었다. 그러나 생체실험이 점점 잔인하고 대중화되었어도 조직적인 반대 운동이 일어나기까지는 수 세기가 걸렸다. 예를 들어 17세기의 의사 로버트 보일은 호흡 연구의 일환으로 반복적인 '실험'을 수행했는데, 이 실험에서 그는 새, 쥐 혹은 달팽이를 특별한 목적의 방에 가두어놓고, 실험동물이 경련을 일으키다가 결국 사망하는 모습을 대중에 공개했다. 마찬가지로 19세기 프랑스의 생리학자 프랑수아 마장디는 산 채로 판자에 못 박아놓은 개의 얼굴을 해부하고, 살아 있는 토끼의 뇌신경을 절개하는 등 가학적인 과학 발표로 대중을 놀라게 했다.

　클로드 베르나르는 신체가 어떻게 심부深部 체온을 유지하는

지 연구하기 위해 살아 있는 동물을 오븐에 집어넣고 가열한 만행으로 악명 높다(그의 아내는 이 사건으로 그와 이혼했다). 이런 극단적인 실험은 빅토리아 여왕을 포함한 당대의 영향력 있는 사람들의 관심을 끌었다. 빅토리아 여왕이 생체해부에 반대한다는 뜻을 밝힘으로써 이 실험은 당대에 가장 격렬한 논란을 불러일으킨 주제가 되기도 했다.

이런 사회적 논의 과정에서 사람들이 점차 동물에게 연민을 느끼게 되자 1835년 마침내 영국 의회에서 동물학대법이 통과되었다. 원래 곰 꿇리기bearbaiting와 투계를 막기 위해 만들어진 이 법은 1876년에 개정되어 과학적 목적으로 동물을 사용하는 방법을 규제했다. 관련 법 중에서 세계 최초로 제정된 법이다. 이 법이 요구하는 다른 규제 사항 중에는 생체해부 시설이 허가를 받을 것, 언제 어떻게 해부가 실시되는지 제한할 것 등이 있다. 동물학대법이 이렇게 개정되기 바로 전해에 아일랜드의 참정권 운동가 프랜시스 파워 코브가 모든 동물실험 종식을 목표로 동물실험반대협회NAVS라는 동물보호단체를 최초로 설립했다. 미국에서도 동물 연구 반대 여론이 높아져 1883년 미국생체해부반대협회AAVS가 창설되었다.

1846년 인간 수술에 마취제가 도입되었고, 이는 생체해부에 대한 새로운 관심을 촉발했다. 마취제를 사용하면 동물도 실험 중에 감각이 마비되고 의식이 없어지기 때문에 실험동물의 수와 종류를 제한할 필요가 없다고 과학자들은 주장했다. 1920년대에 이르러서는 생체해부 반대운동이 지지부진한 상태에 빠졌다.

생체해부가 법제화되다 ━━━

생체해부는 다시 한 번 표준적인 관행이 되었고, 그 당시 설문조사는 미국인 상당수가 이를 지지했음을 보여준다. 그럴 수 있었던 한 가지 이유는 1900년 이후 특별 사육된 쥐나 작고 온순한 설치류들의 사용량이 점차 증가했기 때문이다. 이들에게는 오랫동안 우리가 마음대로 해도 상관없는 유해동물이라는 낙인이 찍혀 있었고, 이 때문에 사람들은 이들을 이용한 생체해부가 별다른 문제가 없다고 생각했던 것이다.

마침내 동물실험 '허용allowing'은 정부가 이를 '요청하는requiring' 방향으로 나아갔다. 미국에서 이 변화의 전조는 1937년 S. E. 마셍길사가 디에틸렌글리콜DEG이라는 용제로 만든 만능 약을 시판하면서 나타났다. 이 회사의 화학자들은 몰랐지만 DEG는 독성이 매우 강했다. 이 약품을 복용하다 사망한 사람의 수가 100명이 넘었는데, 이후 의회는 1938년 식품의약국FDA의 감독 하에 식품, 의약품, 화장품에 관한 연방법Federal Food, Drug, and Cosmetic Act을 통과시켰다. 이 법은 제품에 대한 안전성 검사를 요구한 최초의 법률로, 마침내 법이 인간에게 약물과 공업용 화학 물질을 판매하기에 앞서 대충이나마 동물실험을 하도록 규정한 것이다. 시간이 흘러 알려진 사실이지만 이 법은 잘못된 안전의식을 조장했다.

현재 미국법은 화장품 동물실험을 요구하지 않는다. 하지만 FDA는 여전히 기업들이 제출하는 동물 연구 시험 결과를 받아서 제품 승인을 해주고 있다. 유럽연합과 다른 여러 나라들은 더 이상 그렇지 않지만, 중국은 여전히 화장품 동물실험을 요구하고 있다.

오늘날 동물 연구는 인간을 대상으로 한 임상 약물 시험을 시행하기에 앞서 반드시 거쳐야 할 조건으로 남아 있다. 이는 의학적인 발견 및 치료의 안전성과 효과를 보장하기 위해, 어떤 화학 화합물이 여러 종種에 독성이 있는지를 판단하기 위해 시행된다(연구가 인간에게 미치는 영향을 반드시 예측할 수 있는 것이 아닌 경우에도 시행되고 있다는 뜻이다). 다른 여러 나라들도 마찬가지다. 그들은 화학 물질과 제품을 판매하거나 수입하고자 할 때 동물을 대상으로 한 독성 검사를 요구한다(일반적으로 튜브를 통해 강제로 대량 투여하거나, 동물을 꼼짝 못하게 만들어놓고 액체나 기체 형태로 흡입시킨다). 이처럼 동물실험에 의존해도 인간은 여전히 부작용을 겪고 있고 부작용이 꽤 심각한 경우도 있다. 그 와중에 가장 큰 대가를 치러야 하는 것은 여전히 동물들이다.

아직도 부족한 동물보호

공중보건을 위해 동물실험 규정이 만들어졌지만, 막상 과학 연구에 부당하게 이용되는 동물을 보호하기 위한 지침은 수년 동안 거의 존재하지 않았다. 예외는 영국이었다. 영국의 동물학 대법은 사실상 집행되지 않았고 대체로 내용도 부실했지만, 그 럼에도 수십 년 동안 서구 국가에서 동물 보호를 다룬 유일한 법이었다.

1950년대에 이르러 영국의 동물복지대학연합UK's Universities Federation for Animal Welfare은 마침내 윌리엄 러셀과 렉스 버치라는 두 과학자를 영입하여 3R로 알려진 좀 더 인도적인 동물 연구 원칙을 개발했다. 3R은 대체(replacement, 동물을 피하고 다른 방법을 사용할 것), 감소(reduction, 필요한 데이터를 얻기 위해 최소한의 동물을 사용할 것), 개선(refinement, 동물의 고통과 스트레스를 줄이는 방법을 활용할 것)을 의미한다. 그러나 3R 원칙은 1970년대 후반 피터 싱어의 《동물해방》과 이후 톰 리건의 《동물 권리 옹호》 같은 책들이 불을 지핀 현대 동물권리 운동이 흥기하고 나서야 널리 알려졌다. 이런 베스트셀러들은 사람들에게 생물학자 누노 엔리케 프랑코가 '핵심 개념'이라고 일컫던 생각, 즉 "동물에게 행할 수 있는 일에는 절대적이면서 협상할 수 없는 한계가 있다"[69]는 생각을 고려할 것을 촉구했다. 수많은 폭로가 보여주듯이, 3R 원칙이 항상 실천으로 연결된 것은 아니다. 그럼에도 3R은 전 세계적으로 채택되었고, 1999년의 3R 볼로냐 선언 및 2011년 바젤 선언 같은 국제 협약에서 명문화되었다. 그러나 해악이 적더라도 해악은 여전히 해악이다. 바젤 선언이 인정한 바에 따르면, "선언에 서명한 과학자들은 우리 사회가 현재와 미래의 의학 발전을 위해 동물실험의 불가피성을 깨닫게 되길 바라는 입장이다."

현재 미국에는 동물 연구의 전부는 아니지만 일부 측면을 지배하는 2가지 주요 규제가 있다. 1966년에 제정된 '동물복지법The Animal Welfare Act, AWA'은 연구, 시험, 교육, 기타 분야에 사용되는 살아 있는 동물과 관련된 사육 시설, 먹이, 취급 방식 및 수의학적 치료에 대한 최소한의 기준을 정해놓은 연방의 '시설관리법'이다. 그러나 이 첫 번째 규제에는 고통 완화 요구 사항이 없고, 아무리 사소한 실험이라도 못 하게 막는 수단이 마련돼 있지 않다. 여기서 동물이란 개, 고양이, 기니피그, 햄스터, 토끼 및 인간 외 영장류를 의미한다. 이들을 제외한 나머지 99%의 동물들, 즉 닭, 칠면조, 쥐, 생쥐, 소, 말, 돼지 및 문어 같은 대부분의 무척추동물은 이 법의 수혜 대상이 아니다.

연방정부의 지원을 받아 연구하는 사업장 중 이런 동물을 이용하는 곳은 미국 농무부USDA에 등록해야 하며, 규제 대상 동물이 있는 시설은 정부의 점검을 받아야 한다. 하지만 점검이 이루어지는 경우는 드물고, 그것도 3년에 한 번 '기습 방문'해서 대충 살펴보는 경우가 많다. 시설이 동물을 수천 마리 수용하는 경우에도 마찬가지다. 처벌은 여전히 드문 상황이다. 농무부는 동물복지법을 강제할 책임이 있지만, 미 의회마저도 그 임무를 제대로 수행하지 못한다는 이유로 많은 비판을 받고 있다.

점검이 필요한 곳을 제대로 살펴보기에는 예산이 부족하다. 2016년에는 7,400곳이 넘는 등록 시설을 대대적으로 검사해야 했으나, 이를 수행하는 동물관리감시원과 수의사는 112명에 불과했다. 학대와 방치를 적발하는 것은 대개 운동가나 고발자의 몫이다. 문제가 확인되면 처벌은 대개 농무부가 '교육 시간teaching moment'이라고 부르는 것을 이수하기만 하면 된다. 극히 드물게 청문회가 실시되는데, 그 결과는 손목을 찰싹 때리는 정도에 지나지 않는다. 한 번 위반할 때 최대 벌금은 1만 달러에 불과하다.

동물실험에 대한 두 번째 규제로는 간단한 권고안이 있다. 이는 '실험동물의 인도적 보살핌과 사용에 관한 미국 공중보건 서비스 정책US Public Health Service Policy on the Humane Care and Use of Laboratory Animals'에 포함되어 있으며, 보건 서비스 기관의 재정 지원을 받는 동물 연구 시설 전체가 적용 대상이다. 원칙적으로 미국국립보건원의 동물복지국OLAW이 감독하는 이런 정책은 법적인 강제력이 없다. 시정 요청은 검사를 의무화하고 있지 않기 때

동물실험으로 인간을 치료할 수는 없다

동물실험이 대중의 건강을 지키기 위한 필요악이라는 주장도 있다. 그러나 이 믿음에 대한 가장 큰 반론이 과학계 자체에서 제기되고 있다. 다음은 동물실험이 필요악일 수 없는 몇 가지 이유다.

- 우리의 동료 동물은 결코 인간 실험체의 신뢰할 만한 대안이 될 수 없다. 그들은 분명 우리처럼 고통과 두려움을 느끼지만, 다른 종의 해부학, 생리학, 생화학적 특징은 우리와 충분히 비슷하지 않다. 심지어 우리 DNA의 99%를 공유하는 침팬지와 보노보조차도 중요한 측면에서 차이가 있다. 다음을 생각해보자. 극심한 스트레스를 받게 되는 인위적인 환경에 다른 종을 두는 것이 얼마만큼 합당한가? 연구는 실험실 문 손잡이가 돌아가는 장면을 보았을 때, 동물들의 아드레날린, 맥박, 심장박동수가 증가한다는 사실을 보여준다.
- 〈미국의학협회저널Journal of the American Medical Association〉에 게재된 한 보고서에 따르면, 동물실험을 통해 획득한 과학적 발견 중 90% 이상이 인간 치료로 이어지지 못하고 있다. 보고서 저자들은 "임상 연구를 진행하는 사람들은 고차원적인 동물 연구라도 제대로 답을 얻지 못할 수 있다는 것을 예상해야 한다"고 경고했다.[70]
- 동물 연구는 쓸모없는 측면이 크다. 인간 근위축증을 모사하기 위해 개들에게 심한 상처를 입히는 실험을 반복했음에도 우리는 이 질병의 치료법에 더 가까이 다가가지 못했다. 영장류에게 효과가 있는 수많은 에이즈 백신과 동물에게 효과가 있는 수천 종의 실험적 암 치료제는 인간을 보

호하거나 치료하지 못하는 것으로 밝혀졌다. 치료제를 만들어내는 데 수년이라는 시간을 낭비한 것이다. 리처드 클라우스너 전前 국립암연구소 소장의 말처럼 "암 연구의 역사는 쥐의 암을 치료하는 역사였다. 우리는 수십 년 동안 암에 걸린 쥐를 치료해왔지만 이는 인간에게 별다른 효과가 없었다." 71.

• 동물을 대상으로 한 약물 실험은 사람에게도 해를 끼칠 수 있다. 진통제인 비옥스Vioxx는 폭넓은 동물실험을 거쳤음에도 사람에게서 심장마비와 뇌졸중 위험을 높였기 때문에 시장에서 퇴출돼야 했다.

인간을 대상으로 한 임상 실험은 흡연과 암, 콜레스테롤과 심장병 사이의 연관성을 포함해 매우 중요한 보건상의 발전을 가져왔다. 동물 연구에 무려 10억 달러를 쏟아부었음에도 무수한 신약들이 실패했으며, 우리는 이들이 과연 우리에게 얼마나 도움이 되었는지 한번쯤 생각해볼 필요가 있다.

문에, 주로 자기 보고self-reporting에 바탕을 두고 이루어진다. 위반자를 처벌한다는 것은 곧 연방정부의 자금 손실을 의미한다. 그러나 명백한 이유로 처벌이 이루어진 경우는 거의 없다.

약과 의료제품 판매 신청을 하는 단체들은 FDA의 '비임상 실험실 연구의 모범 사례Good Laboratory Practice for Nonclinical Laboratory Studies'의 동물 사육 지침을 따라야 하며, 시설들은 검사를 받아들여야 한다. 하지만 내부고발자와 위장 수사가 반복적으로 보여준 것처럼 여기에서도 지침이 시행되는 경우는 거의 없다.

동물실험 없는 과학 연구

동물들의 삶, 건강, 놀라운 복잡성에 관한 과학적 사실들을 더 많이 알아감에 따라(1부 참조), 생체해부는 쇠퇴 일로를 걷고 있다. 3R 중에서 '대체replacement'에 집중하려는 노력이 있던 것도 이 때문이다.

1993년 미국에서는 16개 연방기관 대표들로 구성된 동물대체시행법 검증을 위한 범부처 협동위원회ICCVAM라는 정부기구가 설립돼 2000년 상설화되었다. 위원회의 임무는 동물을 적게 또는 전혀 사용하지 않고, 과학적으로 건전한 방법을 이용한 독성 및 안전성 시험 및 의학 연구 방법을 찾아내 장려하며, 기관들 간에 정보를 공유할 수 있도록 하는 것이다.

1993년부터 전 세계의 학계, 기업계, 동물복지단체의 과학자들과 정책입안자들이 '세계생명과학 대안 및 동물 사용 회의World Congress on Alternatives and Animal Use in the Life Sciences'에서 2~3년마다 만나고 있다. 이런 모임은 생체의학, 컴퓨터과학과 같은 분야의 발전을 공유하고, 과학의 오랜 문제들을 바라보는 새로운 방법을 공유함으로써 연구와 실험에서 동물을 보호하는 것을 목적으로 한다. 2007년, 미국 국립과학원은 환경보호국EPA의 요청에 따라 〈21세기의 독성실험: 비전 및 전략 보고서〉를 발표했다. EPA는 시간 소모적이고 자원 집약적인 동물 '모델'에서 벗어나, 인간의 세포와 인간의 데이터를 이용한 첨단 기술을 활용할 수 있는 시스템 도입을 골자로 하는 개혁을 명시적으로 요청했다.

동물실험 없는 최첨단 기술 ___

정부 기관들 중 일부는 실행이 더디고 일부는 협조를 하는 가운데, 공공 및 민간 연구 기관들과 기술 회사들은 동물실험 없는 비수술적 방법을 새롭게 개발해내고 있다. 이런 방법을 통해 어떻게 화학 물질과 약물이 우리 몸에 영향을 미치는지를 연구하고 질병에 대한 진일보한 이해에 도달하고 있으며, 나아가 맞춤형 치료 등 더 효과적인 치료법을 개발하려 한다. 이런 방법은 대부분 기계를 이용해 실제 인간에게 해를 끼치지 않으면서 인간, 다시 말해 인간의 조직, 인간에 대한 데이터를 활용한다. 개별 시험이나 실험을 위해 동물을 사육하고 살 곳을 마련하고 먹이를 주는 방법보다 훨씬 효율적이다. 이제 연구자들은 동일한 표본을 여러 번 사용할 수 있고, 여러 방법으로 많은 양의 정보를 몇 년이 아니라 몇 분 만에 처리할 수 있다. 이를 통해 연구자들과 납세자들은 수백만 달러를 절약할 수 있다.

어떤 최첨단 기술은 한동안 사용되었고, 어떤 기술은 여전히 개선되고 있거나 개발되는 중이다. 이 중 다수는 동물을 이용하는 전통적인 관행과 유사하거나 더 나은 수준이다.

어쩌면 수천 년 동안의 동물실험을 통해 배운 가장 중요한 교훈은 '살아 있는 어떤 존재도 잔혹한 실험 대상이 되어선 안 된다'는 것일지도 모른다. 바로 이런 이유로 과학자들은 인간의 생명을 위태롭게 하지 않고, 화학 물질과 약물을 안전하고 정확하게 검사할 수 있는 새로운 기술을 개발하고 있는 것이다. 그중 몇 가지를 소개한다.

시험관 기술 ——

시험관in vitro이라는 말을 들으면 불임클리닉 연구실에서 아이를 갖는 커플을 떠올릴지도 모르겠다. 과학자들이 페트리접시에서 난자와 정자를 결합해 여성의 몸 밖에서 배아를 성장시킬 수 있듯이, 그들은 극도로 통제된 환경에서 인간 세포를 배양할 수도 있다(배양이란 개별 세포가 분열을 시작하고, 동일한 복제물을 반복해서 복제해나갈 수 있도록 영양소와 다른 조건들을 제공하는 것을 말한다). 이와 같이 배양된 인간 세포들은 연구 대상이 되고 연구 목적으로 조작될 수 있다. 실험실에서는 이미 알고 있는 동일한 유전자를 물려받은 기존의 '세포계cell lines'를 사용하거나, 자원

봉사자들이 제공하거나 수술 또는 생체실험을 하고 남은 조직을 살균한 뒤 이 조직에서 새로운 세포를 추출해 사용한다.

연구원들은 특정 장기나 조직에서 가져온 세포 외에 줄기세포를 사용하기도 하는데, 이런 세포는 무한정 분할하여 신체 내 수많은 다른 세포형型으로 발전될 수 있다. 유도다능성줄기세포 iPSC는 유도만능줄기세포로도 불리는데, 이 이름에서 알 수 있듯 초능력을 가진 성인줄기세포다. 이런 세포는 배아 상태로 되돌아가 필요한 어떤 세포형으로도 전환될 수 있도록 '다시 프로그래밍'될 수 있다. 과학자들은 인간의 피부, 심장, 폐, 위 등에서 나온 세포 샘플을 배양하여 질병의 진행 과정, 약물 및 화학 물질의 영향을 연구할 수 있다. 이 방법들 모두 동물에게 고통을 주지 않고 혹은 동물의 생명을 빼앗지 않고도 할 수 있는 것이다. 무엇보다 시험관 연구는 이미 암을 이해하고 치료하는 데 선도적인 역할을 해왔다.

유사 장기 오르가노이드   —

또 다른 정교한 시험관 기술은 프로그램된 줄기세포군을 사용하여 오르가넬organelles(또는 오르가노이드)을 만들어낸다. 오르가넬은 인간의 축소판 내장, 간, 유방, 폐 등으로, 세포가 인체 내부에서 발달하는 환경과 유사한 조건하의 특수한 젤 속에서 세포를 배양해서 만든다. 이런 미니 장기들은 2015년 웨이크 포리스트대학교 재생의학연구소가 고동치는 심장을 만들 때처럼 3D 프린터를 사용하여 만들어낼 수도 있다. 오르가노이드는 실제 장기와 구조도 같고 기능도 같지만, 훨씬 단순한 수준에서 기능하며 수개월 동안 살아 있을 수 있다. 오르가노이드는 질병, 약품을 연구하고, 화학 물질의 안전성 검사를 하는 데 사용될 수 있다. 덕분에 아픈 사람의 신장 세포로 만든 작은 신장을, 건강한 사람의 신장 세포로 만든 신장과 비교하는 의학 연구의 전망도 밝아졌다. 머지 않아 오르가노이드는 특정 치료법에 어떤 개인이 어떻게 반응할지 시험하는 데 활용되어 개인 맞춤형 약품을 개발하는 데에도 도움을 줄 것이다.

3차원 조직은 수술하고 남은 인간의 세포나 시신으로 만들 수도 있다. 마텍 코퍼레이션MatTek Corporation (PETA 국제 과학 콘소시엄이 자금을 지원하는)과 에피텔릭스 사알Epithelix Sarl 같은 회사들은 이런 조직을 판매하는데, 여기에는 건강한 기증자 또는 사망한 기증자의 피부, 눈, 호흡기, 장기, 구강, 질 모델이 포함된다. 이 생체 조직들은 기초 연구, 제품 개발 또는 정부 기관이 요구하는 규제 시험 요건을 충족시키기 위해 활용될 수 있다. 예를 들어 피부와 눈의 생체 조직 모델은 이전에 토끼를 사용해야 했던 규제 시험을 대신해 세계 곳곳에서 활용될 수 있다. 이 모델들은

약물 투여와 신진대사, 염증, 섬유증 등을 연구하는 데 사용되기
도 했다.

장기 칩 ───

과학자들은 인간 내부의 장기들을 더 비슷하게 모방하고, 우
리가 현실 세계의 환경에 어떻게 반응할지를 연구하기 위해 장기
칩 모델을 제작해왔다. 성냥갑만 한 크기의 이 유연한 플라스틱
칩에는 혈액 같은 액체로 채워져 순환하는 통로가 있으며, 실제
조직과 장기 기능을 모사하는 살아 있는 세포들이 줄지어 있다.
이런 방식으로 장기 칩은 과학자들이 인체 내에서 확인하는 세
균, 영양소, 약물, 또는 유전자의 화학적, 물리적 반응을 모사할
수 있게 된다. 연구자들은 장기 칩을 이용해 질병 상태까지도 재
현한다. 현재 신장, 뼈, 눈, 뇌 등의 장기 칩이 존재한다.

인간 칩 ───

가장 야심 찬 도구는 현재 개발 중이다. FDA와 국립보건원,
국방첨단연구사업단DARPA은 사이보그 이상으로 '살아 있는' 쪽

에 가까운 기계인 인간 칩human-on-a-chip에 대한 협업을 이어가고 있다. 인간 칩의 기본 착상은 3D 프린터로 인쇄된 10개의 서로 다른 오르가노이드를 디지털 하드웨어와 통합해 순환, 소화, 호흡 등을 모사하고, 이를 이용해 인간의 신체와 비슷하게 작동하는 연계 시스템을 만들어내는 것이다(지금까지 과학자들은 여러 개의 미니 장기를 한 번에 연결할 수 있었다). 인간 칩은 질병, 독성 검사 및 여러 건강 연구에 혁명을 일으킬 수 있다.

컴퓨터 및 빅데이터

컴퓨터 시뮬레이션: 오늘날의 정교한 멀티플레이어 비디오게임이 온라인에서 세상을 재창조할 수 있듯이, 과학자들은 컴퓨터 시뮬레이션을 통해 디지털 방식으로 시각화하고 여러 방식으로 그려낸 인간의 생물학적 특성을 실험해볼 수 있게 되었다. 연구자들은 '만약'에 관한 질문을 하고, 실험실 밖으로 나가지 않고서도 다양한 조건을 설정해 이 질문들을 시험할 수 있다. 컴퓨터 시뮬레이션은 약물이 암세포에 미치는 영향을 모델링하고 심장 기능을 연구하며, C형 간염 같은 질병이 신체에 어떻게 작용하는지 분석하는 데 활용되어 왔다.

생물정보학Bioinformatics: 생물정보학은 생물학적 특성에 대한 데이터를 수집하거나 연구하기 위해 컴퓨터공학, 수학, 공학 등의 기술을 통합한 과학 분야다. 과학자들은 대형 데이터베이스를 만들거나 기존 데이터베이스를 사용해서 화학 물질, 약물, 환자에 대한 방대한 양의 기록을 중앙집중식 컴퓨터에 저장할 수 있다. 이런 컴퓨터는 매우 효과적인 프로그램을 사용하여 패턴을 탐지하는 데 유용한 정보를 검색하고, 이를 고속으로 처리함으로써 약품과 화학제품의 위험과 부작용, 치료에 대한 반응 등을 탐지해낸다.

인간 지원자 활용 ━━━

비수술적 의료 영상: 초음파 기계에서 MRI, 컴퓨터 단층촬영 CAT, 양전자 방사 단층촬영PET, 단광자 방사선 단층촬영SPECT 스캐너에 이르기까지 일반적으로 진료실에서 볼 수 있는 장치를 이용해 의사는 아프거나 건강한 사람들의 신체 내부와 기능을 안전하고 신속하게 '살펴보고', 그 정보를 영구히 기록해놓을 수 있다. 과학자들은 음파, 자석, 염료, 감마선 및 다른 도구들을 사용해서 특히 우리 뇌가 어떻게 작동하는지, 약물 효과와 질병의 진행은 어떤지 연구할 수 있다.

충분한 임상 연구: 이는 의학 연구의 최적화된 기준이 될 수 있는 연구다. 이런 연구에서 평범한 질병이나 중증을 앓는 사람들은 건강한 '통제집단' 참여자들과 더불어 타인이나 어쩌면 스스로를 돕기 위해 약품, 처방 혹은 이외의 다른 유형의 실험이나 조사에 장단기로 자원한다(반면 동물들은 결코 결정권을 갖지 못한다). 임상 연구는 인간의 건강에 관한 정보를 수집하는 가장 정확한 방법 중 하나임에 틀림없다. 미국국립보건원이 자금을 지원하는 7개의 실험실 중 하나인 여키스 국립영장류연구소Yerkes National Primate Research Center는 지금도 알츠하이머병을 포함한 연구에 원숭이를 동원한다. 하지만 과학자들은 알츠하이머병에 걸린 노인들을 연구하여, 실제 인간을 관찰하고 대화하고 그들에게 도움을 줄 수 있다. 이 접근법이 훨씬 현실적이다.

마이크로도징Microdosing: 기본적으로 마이크로도징은 약물 효과에 대한 세상에서 가장 작은 임상 연구로, 보통 소수의 인간 지원자만 참여한다(실제로 준비 단계 임상 연구로 간주된다). 이런 연구에서 사람들은 극소량의 약을 투여받는다. 이는 너무 소량이라 지원자의 전신에 영향을 주거나 증상을 일으키지는 않지만, 세포의 처리 과정을 연구자들이 관찰할 수 있을 정도로는 충분한 양이다. 이런 유형의 검사는 원하는 효과가 나타나지 않을 경우 일찌감치 신약 개발을 중단하는 데 도움이 된다.

역학疫學: 역학은 어떤 지역이나 집단에 속한 인간 개체군의 건강과 질병에 대한 연구로, 전체 상황을 조망한다. 이런 연구는 연구자들이 언제, 어디서, 어떻게, 누구에게서 질병이 발생했는지 정보를 수집하여 거기서 확인되는 위험 패턴을 파악하는 데 유용하다. 일부 역학 연구에는 지원자들이 동원되어 조사에 응하거나, 시간순으로 이들을 추적한다. 또 기존 데이터를 분석하는 연구도 있다.

가장 유명한 역학조사는 1854년 여름 런던 소호Soho 지구의 사례다. 이 도시에는 세균성 질병인 콜레라가 무서운 기세로 창궐하고 있었다. 콜레라는 전염성 질병으로, 1830년대 초부터 주민 수만 명의 목숨을 앗아갔다. 당시에는 대기 중의 지저분한 공기를 들이마셔 콜레라가 생긴다는 이론이 지배적이었다. 그러나 존 스노라는 산부인과 의사는 그 원인이 오염된 식수가 아닌지 의심했다. 스노는 물 펌프 주변에서 일어난 집단 발병이 가장 최근에 콜레라가 발병한 경우였음을 알아냈다. 그는 식수가 오수로 인해 오염되었다는 입장이었지만, 마을 관리들은 그의 말을 믿지 않았다. 한 지방 목사는 신의 개입이 원인이라고 주장해서 스노의 이론을 반박하고자 했다. 스노는 소호에서 발생했던 콜레라의 거의 모든 사례를 추적했는데, 한 지역 여성이 콜레라에 걸린 아기의 기저귀를 근처 오수 구덩이에서 빨았고, 이로 인해 물이 오염되어 콜레라가 발생했음을 마침내 확인했다.

이런 유형의 연역 추론은 흡연과 폐암 간의 연관성과, 산업 화학 물질 노출 여부와 노동자의 질병 간 연관성을 확립하는 데 도움을 주기도 했다. 역사상 가장 긴 연구 중 하나는 국립 심장, 폐 및 혈액연구소National Heart, Lung and Blood Institute와 보스턴대학교가 1948년에 시작해 지금까지 진행 중인 프레이밍햄 심장 연구 프로젝트다. 이런 연구는 우리가 현재 알고 있는 고혈압, 콜레스테롤, 비만, 사회적 요인 등을 포함한 심장 질환의 위험 요인에 대해 많은 것을 밝혀냈다.

부검 및 사후 상기 연구: 의학은 인간의 시신을 해부하여 많은 것을 알아냈다. 연구자들은 부검을 통해 조직과 장기를 검사하여 기저질환이나 사망 원인을 찾아낸다. 이전에 알려지지 않았던 많은 질병이 부검 연구 덕에 발견되었는데, 여기에는 재향군인병Legionnaires' disease과 재생 불량성 빈혈 같은 혈액병이 포함된다. 의학 연구자들은 한국전쟁 전투 사상자를 부검하여 죽상동맥경화증atherosclerosis이 관상동맥 질환(현재 동물성 제품을 지나치게 많이 섭취할 때 생긴다고 알려져 있다)의 첫 번째 징후가 생기기 수십 년 전, 매우 이른 시기에 나타남을 확인할 수 있었다. 죽상동맥경화증이란 심장질환을 유발하는 동맥 내 플라그plaque가 축적되는 증상이다.

부검에 활용되는 시신은 대개 고인의 가족 품으로 돌아간다.

하지만 장기 은행 등 학문 연구에 장기(및 의료기록)를 기증하기로 한 사람들 덕분에 장기 연구가 계속 이어질 수 있다. 예를 들어 매사추세츠주 하버드 뇌조직자원센터Harvard Brain Tissue Resource Center는 연구원들이 인간의 뇌 조직 샘플을 수집해 여러 곳에 보낸다. 이는 파킨슨병, 간질, 투렛증후군 등의 신경질환을 연구하는 데 활용된다.

최근 수년 동안 은퇴한 미식축구리그NFL 선수들의 자살이 급증했는데, 연구자들은 이로 인해 반복적인 두부 외상이 뇌를 손상시키고 심한 기분 변화, 우울증, 조기 치매를 유발할 수 있다고 생각하게 되었다. 만성 외상성 뇌병증CTE이라는 이 질병은 부검으로만 진단할 수 있다. 이런 발견의 결과로 은퇴한 선수들은 리그가 미식축구의 위험성을 알리지 않았다고 주장하면서 NFL을 상대로 수백만 달러의 소송을 제기했고, 덕분에 뇌진탕 발생을 감소시키는 헬멧 기술이 향상되기도 했다.

동물실험 없는 화장품　　　　　　　　　　━━━

공포를 자아내는 드레이즈 실험은 지난 수십 년 동안 메이크업이나 샴푸 같은 개인생활용품이 눈을 자극하는지 여부를 시험하는 표준적인 방법이었다. 결박해놓은 동물의 눈에 마취제나 진통제 없이 부식성 물질을 투입하면, 잠재적으로 충혈과 부종에서 출혈과 실명에 이르기까지 고통을 일으킬 수 있다. 지금도 인간의 피부에 사용되는 일부 화장품이나 제품들은 토끼를 대상으로 피부 자극과 알레르기 실험을 한다. 실험실 기술자들은 토끼의 특정 신체 부위를 면도하고, 피부에 유해 가능성이 있는 화합물을 바른다. 이런 화학 물질이 장기에 침투하는지 확인하기 위해 몇 주 동안 그 상태로 내버려두는 경우도 허다하다.

미국의 식품, 의약품, 화장품에 관한 연방법은 화장품과 관련하여 동물실험을 요구하지 않는다. 수많은 피부 관리 브랜드들이 동물실험 없이 제품을 만들어내기 위한 발걸음을 내디뎠지만, 이 글을 쓰고 있는 이 순간에도 메이블린, 크리니크, 에이본, 에스티로더 등 일부 주요 브랜드들은 자체 연구실에서 여전히 이런 실험을 계속하면서 중국에서 화장품을 판매하고 있다.

PETA 국제 과학 컨소시엄 웹 사이트(http://www.piscltd.org.uk)는 동물 없는 실험 방법 중 승인된 목록을 지속적으로 업데이트하고 있다. 여기에는 개인용 윤활제부터 항독소에 이르기까지 온갖 제품에 대한 승인된 실험들이 망라되어 있으니 이를 참조하기 바란다.

이 분야에서는 오늘날 시험관 기술 덕분에 실제 인간의 피부에서 추출한 세포들(지방흡입술, 생검生檢, 포경수술 혹은 다른 시술을 한 환자들이 병원에 기증한 수술 폐기물을 살균한 것)을 실험실

접시에서 10센트 동전 크기로 배양하는 새로운 방법이 개발되었다. 이는 화장품부터 보습제, 샴푸 등 수많은 제품들의 효과 검증을 위한 실험에 활용할 수 있는 투명한 디스크다. 이런 방법으로 기업들은 의약품이 시장에 출시되기에 앞서 문제점을 발견하고 더 나은 제품을 개발할 수 있다.

털도 감각도 없는 이런 인간 피부 대체품이, 메텍이 제조한 에피더름과 에피스킨이 제조한 스킨에틱 등의 브랜드에서 업계 주력 제품으로 대량생산돼 기업과 정부 연구소에 공급되고 있다. 눈, 폐, 장, 질, 입 등 인체의 다른 여러 부분에서 떼어온 세포 배양 조직에 제품 민감도 검사를 할 수도 있다.

시험관 기술을 기반으로 다른 방법들도 개발되고 있다. 화장품 대기업 로레알의 연구원들은 제품 제조법상 알레르기 반응이 나타날 가능성이 있는지 확인하기 위해, 동물실험을 하지 않는 2가지 새로운 평가 방법을 개발했다. 유-센스U-SENS는 특정 '면역 마커immunity marker'를 운반하는 배양된 피부 세포를 사용하는데, 면역 마커는 우리 몸에 침입자가 있다고 면역체계에 신호를 보내는 역할을 한다. 유-센스의 각막상피 자극검사HCE EIT는 (실물의 동작을 모사하는) 사람의 각막에서 3D 상피조직 모델을 재현하여 눈 자극 검사를 한다. 이런 방법들은 경제협력개발기구OECD의 승인을 받았으며, 전 세계 어느 곳에서나 활용이 가능하다.

보스턴에 본사를 둔 제노스킨Genoskin사는 인간의 피부를 수

일 동안 살아 있도록 하는 방법을 고안해 특허를 받았다. 이는 실험용 우물testing well 안에서 특별한 생물학적 물질을 사용하여 인간의 피부를 '재활용'하는 방법이다. 화장품과 약품, 다른 화학 물질이 사람의 피부에 미치는 영향을 검사하는 데 사용할 수 있다.

동물 없는 독성 실험 ——

'안전' 수준과 지병적인 노출 수준을 정하여 대중을 보호하기 위해, 미국 정부(여기에는 농무부, FDA, 환경보호국, 국가 독성 물질 관리 프로그램, 미국 운수부가 포함된다)는 제초제, 페인트 제거제, 산업용 화학 물질처럼 가정에서 사용되고 사람들이 알고 있으며, 인간에게 치명적인 독성 물질을 연구하라고 요구한다. LD50(치사량 50%) 실험은 독성 실험의 한 예인데, 이는 수년간 쥐에게 화학물질을 강제로 먹이거나 주입하거나 뿌려서 그중 절반이 죽는 양을 찾아내는 표준적인 방법이었다. 어떤 실험은 시행할 때마다 동물 수천 마리가 목숨을 잃었다.

이런 상황을 개선하기 위해 로스앤젤레스 세다스-시나이 병원의 과학자들은 내분비 교란 물질이라는 인공 화학 물질의 영향을 시험하기 위해 인간의 전능 줄기세포pluripotent stem cells(이는 실험실에서 어떤 종류의 세포로도 변형될 수 있다)를 이용한 시험관 기술을 새로 개발했다. 내분비 교란 물질은 호르몬을 모사하며 질병을 일으키는 것으로 알려져 있다. 내분비 교란 물질인 BHT, PFOA, TBT는 시리얼, 조리용품, 페인트 등 일반 가정용품에서 발견되는 합성 화학 물질로, 비만과 연관돼 있는 것으로 알려져 있었지만 이전의 동물실험을 통해서는 결론을 내리지 못했다.

연구원인 드루브 새린과 우트라 라자마니는 인간 지원자들의 혈액에서 세포를 채취하고, 이들의 줄기세포를 이용해 (내장을 감싸고 있는) 호르몬 생성 상피 조직과 (식욕과 신진대사를 조절하는 뇌 부위에서 추출한) 시상하부 조직을 생성하는 호르몬을 배양한 뒤 이 조직을 화학 물질에 노출시켰다. 연구원들은 화학 물질이 조직 세포에 미치는 영향을 조사한 후, 이런 물질이 우리가 음식을 먹는 동안 소화기관이 배가 부른지 아닌지 뇌에 '알려주는' 호르몬을 손상시킨다는 사실을 발견했다. 이는 BHT, PFOA, TBT에 일상적으로 노출되는 사람들이 왜 과식하고 살이 찌는지 설명하는 데 도움이 되었다.

2017년 〈네이처 커뮤니케이션스Nature Communications〉 저널에 이 발견이 게재되면서 기존의 내분비계 교란 물질과 새로운 내분비계 교란 물질 및 기타 화학 물질의 안전성을 실험실에서 시험할 수 있는 계기가 비교적 빨리 마련되었다. 시중에 유통되는 이런 화합 물질이 수만 개에 달하지만, 우리는 이들이 건강에 미치는 영향에 대해 거의 알지 못한다. 지금까지 이 물질들을 시험할 안전한 방법이 없었기 때문이다.

독성예보관ToxCast: 미국 환경보호국은 '생물정보학'과 자동화된 고투과high-throughput 스크리닝을 사용하여 알려진 화학 물질의 작용 및 안전 정보를 수집한다. 고투과 스크리닝이란 제약 산업에서 종종 사용하는 기술로, 로봇이나 컴퓨터가 서로 다른 수많은 화학물 조합의 특징을 시험하는 기술이다. 여기에서 수집한 정보를 이용하여 독성예보관이라는 데이터베이스를 만들면, 기관에서는 새로운 화학 물질이 기존의 것과 얼마만큼 유사한지 평가한 사항을 바탕으로 독성 여부를 예측할 수 있다. 독성예보관은 동물을 이용한 내분비 교란 물질 연구를 대체하기 위해 고안되었으며, 언젠가 다른 화학 물질을 평가하는 데에도 사용될 것이다.

발광 물질 Glow Lights: 환경보호국의 독성학자 엘리자베스 메들록 카칼리와 그녀의 팀이 〈환경과학과 기술Environmental Science and Technology〉 저널에 발표한 연구에 따르면, 그들은 생물 발광bioluminescence과 고투과 스크리닝을 활용하여 인간의 생식 시스템과 태아 발달에 해를 미치는 화학 물질을 시험하는 방법을 발견했다. 이 팀은 생식 세포의 특정 단백질을 변형하여 이들이 독성이 있을지 모르는 화학 물질에 노출되었을 때 빛을 발하도록 했다. 대부분의 독성 실험은 결과가 나오는 데 적어도 하루가 걸리지만, 이처럼 '즉각적으로 빛을 내는' 기술은 몇 초 안에 답을 준다. 이는 인체에 유해한 다른 화학 물질을 찾아내는 데도 활용될 수도 있다.

인공 간 칩: 보스턴의 생명공학 회사인 에뮬레이트사는 약물 시험을 위해 고안된 인공 간 칩Liver-on-a-Chip을 생산하고 있다. 작은 직사각형 플라스틱 칩은 혈액과 유사한 액체 속에 여러 종류의 인간 간세포를 살아 있는 상태로 보관하도록 설계되어 있다. FDA는 2017년 초 새로운 식품첨가물, 건강보조식품, 화장품 등이 사람에게 독성이 있는지 검사할 때 인공 간 칩을 사용하기 시작한 세계 최초의 기관으로 자리매김하게 되었다. 그들은 이를 이용해 음식을 통해 전파된 세균이 간(특히 소화 및 노폐물 제거와 관련해 우리 몸에서 많은 역할을 하는)에 어떤 영향을 미치는지 조사하기도 했다. FDA 과학자들은 이런 물질들을 시험하기 위해 신장, 폐, 내장 등의 칩을 이용해볼 계획이다. 희망적인 사실은 기업들이 새로운 화합물에 대한 FDA 승인을 신청할 때 동물실험 대신 칩으로 얻은 안전 데이터를 사용할 수 있게 되리라는 점이다.

동물실험 없는 약물 검사

　　대부분의 의약품과 백신 (그리고 일부 의료기기) 제조업자들은 법령에 따라 동물에게 자사 제품들을 시험해야 한다. 모든 신약은 동물실험의 수많은 상이한 기준을 충족시키는지 시험해야 하고, 각 시험 유형마다 수십 수백 마리의 동물들이 사용된다. 이런 점을 감안한다면 동물들이 매일 겪는 고통과 죽음의 양은 가히 충격적이다. 예를 들어 화합물이 선천적 결손증을 유발하는지 확인하는 실험에는 일반적으로 900마리의 토끼와 1,300마리의 쥐가 필요하다. 이 숫자는 그나마 인간에게 약을 실험하기 전의 상황이다. 인간 대상 실험이 실패하면 처음부터 다시 시작해 실험 과정을 반복한다. 다음은 이런 악순환에서 벗어나기 위한 새로운 방안들이다.

　　시험관 내 임상 시험: 사노피 파스퇴르 백스디자인사가 제작한 모듈라 임뮨 인비트로 컨스트럭트Modular IMmune In vitro Construct, MIMic© 시스템은 기증받은 인간 세포에서 10센트 동전 크기의 모조 인간 면역 시스템을 만들어낸다. 이는 독감 및 다른 백신의 효능을 테스트하는 데 사용되고 있고, 이 시스템의 다양한 모듈들은 다른 약품, 화학제품 및 화장품에 대한 면역체계 반응을 테스트하는 데도 사용될 수 있다.

병 속의 심장 Heart in a Jar: 밴쿠버에 본사를 둔 노보하트사는 약물 시험을 하기 위해 박동하는 심장 축소 모형을 배양하는 중이다. 이 회사는 심장 기능을 본뜬 '심장'을 주조할 수 있는 젤라틴과 유사한 용액을 만들어내며, 인간 혈액 세포를 만능줄기세포로 조작하여 심장 세포를 만든다. 마이하트 플랫폼은 이미 관련 연구에서 약진하고 있다. 2017년 가을 노보하트 연구원들은 심장 박동수 조절을 도와주는 FDA 승인 약물이 일부 환자에게 치명적인 부정맥을 유발한 원인을 밝혀냈다. 병 속의 심장으로 회사들은 동물을 해치지 않고 신약의 안전성을 초기에 예측할 수 있다.

소화관 칩 Gut-on-a-Chip: 네덜란드에 본사를 둔 미메타스사가 생산하는 인간 소화관 칩은 레이던대학교 연구원들의 실험에 널리 사용되고 있다. 한 실험에서 제약 연구원 세바스티아안 J. 트라이에츠와 그의 연구팀은 300개 이상의 소화관 칩을 장기간 아스피린에 노출시켰다. 이를 통해 아스피린이 심각한 위장 문제 등의 부작용을 일으킬 수 있음을 알아냈다. 이는 살아 있는 사람들에게서 나타나는 결과와 동일했다. 이 발견은 모형 장기가 실제 장기처럼 반응한다는 사실을 입증하는 데 도움이 되었다.

동물실험 없는 의학 연구 ⎯

연구자들은 인간의 건강과 질병을 이해하고 치료법을 개발하고자 동물을 병들게 한다. 이들은 실험을 통해 설치류에서 고양이와 원숭이에 이르기까지 모든 종의 동물들을 치명적이고 쇠약해지는 질병에 걸리게 한다. 그들은 동물들의 눈을 멀게 하고 귀가 들리지 않게 하거나 마비시킨다. 또한 동물들을 불에 그슬리고 음식이나 물을 주지 않으며 발작이나 정신 질환을 일으키는 상황에 놓아두기도 한다.

연구가 마무리되면 동물들은 살해되어 소위 다른 의료 폐기물들과 함께 쓰레기통에 버려진다. 연구원들이 규제기관에 요청하면 기관은 마취나 진통제 없이 동물들에게 고통과 아픔을 야기하는 것을 허용해준다. 수많은 조사들이 기록한 것처럼 동물처우에 대한 인도적인 지침들은 이를 존중하는 주요 대학과 연구 센터에서도 무시되거나 시행되지 않고 있다. 이런 상황에서도 새로운 방법을 개발하려는 과학자들의 노력이 이어지고 있다.

약물 개발: 일본 오사카대학교 암 연구자 곤노 마사미쓰와 그의 연구팀은 수학 공식을 개발하여 항암치료제의 효능을 신속하게 평가하고, 신체 내 새로운 '표적'을 평가하여 향후 암 치료법 연구에 활용하고자 했다. 이들은 인간의 위장 종양 줄기세

포와 컴퓨터 소프트웨어를 이용해 '유전자의 활동 방식에 관한 빅데이터'를 '쉽게 분석해낼 수 있는 방정식'으로 전환했다. 이런 방식으로 암 발생 및 약물 내성과 관련된 핵심 유전자를 규명해 냈다. 이들은 2016년 〈사이언티픽 리포트Scientific Reports〉에 실린 논문에서 이 방법으로 새로운 인간 위장암 치료제의 표적을 발견할 수 있었다고 보고했다. 이 연구는 이미 쥐를 대상으로 실시된 바 있는데, 미래에는 수학이 쥐를 대체할지 모른다.

맞춤형 종양: 스웨덴의 셀링크와 프랑스의 CTI 바이오테크 두 생명공학 회사가 한 팀이 되어 개별 환자의 종양 세포로 종양 오르가넬을 만든 뒤, 생체 잉크living ink를 이용해 이를 3D로 프린팅했다. 이때 사용한 잉크는 설탕을 함유한 젤과 박테리아를 혼합한 것이다. 맞춤형 종양은 암 연구를 위해 고안된 것으로, 특정 유형의 암들이 어떻게 진행되며 어떤 종류의 약물이 이런 암들을 가장 잘 치료할 수 있는지 연구할 목적으로 설계되었다. 맞춤형 종양의 한 가지 목표는 개인맞춤 의료다. 즉 화학요법과 방사선 치료의 대안을 한 개인의 세포에 맞춤하여 설계한 치료법에서 찾아내는 것이다. 이제 더 이상 인간의 암세포를 동물에게 주입해선 안 된다!

유방암 위험 평가 칩 Breast Cancer Risk–on-a-Chip: 인디애나주 퍼듀

대학교 과학자들은 유방암 위험도를 확인할 수 있는 장치를 만들었다. 연구원 소피 르리에브르는 "우리는 암이 어떻게 시작되는지 이해함으로써 암을 예방할 수 있게 되길 바랍니다"[72]라고 말했다. 물론 암을 유발할 가능성이 있는 물질에 사람들을 노출시키는 것은 위험하다. 하지만 동물의 유전자는 우리와는 너무 달라서 연구할 가치가 없다. 유방암 위험 평가 칩 장치는 유체로 채워진 미세 환경을 구축하며, 직사각형의 조그만 플라스틱 칩에 센서가 장착되어 있다. 연구원들은 인간의 유방 조직을 추가한 다음, 발암의심물질을 첨가하여 유전자 수준에서 세포가 어떻게 반응하는지 관찰한다. 유방암은 그 종류도 다양하고 민족에 따라 위험도 다른데, 이 장치는 여러 유형의 세포 연구에 맞추어 조정이 가능하다.

동물실험 없는 교육과 훈련

살아 있거나 죽은 개구리, 고양이, 아기 돼지, 거북이 그리고 이외에도 약 1,000만 마리의 다양한 동물들이 여전히 고등학교에서 해부되고, 대학의 강의실에서 고문을 당하고 있다. 모든 학생들은 자신들이 미래에 어떤 직업을 가질지와 무관하게, 이런 동물의 특정한 해부 구조를 배우게 된다. PETA는 동물과 그들의 사체를 사들여서 학교에 판매하는 주요 동물 공급 회사를 조사했다. 그 결과 이 회사들이 토끼나 비둘기를 익사시키고 살아 있는 가재에 라텍스를 주사하는 등 기괴할 정도로 잔인하게 동물을 다룬다는 사실을 밝혀냈다. 수많은 양서류들이 원래 살던 야생의 서식지에서 포획되고, 집고양이든 길고양이든 모두 쉼터, 헛간, 거리에서 잡혀간다.

이런 현실을 개선하기 위한 다양한 대안이 모색되고 있다. 현재 생물학 교사와 학생들은 해부 대신 앞으로 컴퓨터 소프트웨어 시뮬레이션(흔히 해설이 담긴 동영상으로)으로 수업을 할 것이다. 이런 디지털 솔루션을 통해 학생들은 화면 속에서만 존재하는 동물을 매우 상세하게 무제한으로 해부할 수 있다. 또한 학습에 방해가 될 수 있는 혐오스런 상황을 겪지 않고, 동물의 사체에 사용된 방부제에 노출되지 않을 수 있다.

유한책임회사 프로것츠Froguts Inc.가 제작한 프로것츠 해부 시뮬레이터Froguts Dissection Simulator는 유치원생에서 고등학생, 대학생들이 개구리, 오징어, 불가사리, 소의 눈, 아기 돼지를 해부해볼 수 있는 온라인 소프트웨어 모듈이다. 각 부분은 신체 시스템 단위로 정리되어 있으며, 오디오 내레이션, 텍스트, 가상 메스 같은 쌍방향 시각 시뮬레이션을 사용한다. 프로것츠는 3D 버전의 시뮬레이터를 곧 선보일 예정이다. 이는 모바일 기기로도 사용할 수 있는 증강 현실 시뮬레이터다. 디지털 프로그 인터내셔널Digital Frog International의 디지털 개구리도 이와 비슷한데, 이 소프트웨어 패키지에는 동물 해부학, 생리학 및 일부 생태학적 내용에 관한 짧은 데모 영상까지 들어 있다. 이는 동물이 서식지에서 실제로 어떻게 살고 있는지 학생들이 이해하는 데 도움을 줄 것이며, 이는 해부를 통해서는 배울 수 없는 것이다.

의료 교육 및 군사학교 훈련   —

앞서 지적했듯이, 미국과 캐나다의 의과대학은 더 이상 동물을 사용하여 의대생을 가르치지 않는다. 그러나 응급구조사를 대상으로 하는 프로그램처럼 다른 의료 프로그램들은 여전히 동물의 몸에 칼을 대거나 자칫 동물이 생명을 잃을 수 있는 절차에 따라 인간 보건 전문가들을 훈련시키고 있다. 여기에는 개, 돼지, 양, 염소의 목을 긋거나 칼로 찌르는 등의 관행이 포함된다.

또한 미 국방부는 여전히 트라우마 훈련을 실시하고 있다. 이런 훈련에서 끔찍한 상처를 입은 돼지, 염소 등의 동물들은 군 신병들에게 부상병 치료법을 가르치기 위해 엉성하게 구성된 실습 과정에서 죽음을 맞이한다. 그들은 훈련장에서 총에 맞고 칼에 찔리고 화상을 입고, 뼈가 부러지거나 절단된다. 이런 방법은 야만성을 조장하는 것도 문제지만, 실습에 참여한 군인들을 위험에 빠뜨릴 수 있다. 이라크전 참전용사들과 인디애나대 의대의 마이클 P. 머피가 밝힌 것처럼 "어떤 동물 모델도 전쟁에서 인체가 입은 부상의 해부학적 구조와 생리적 특성을 그대로 재현할 수 없다."[73]

이러한 현실에 맞서 의료계에서는 인간과 동물 모두를 위한 새로운 방법들을 개발하고 있다. 수년 동안 의사와 응급구조사들은 살아 있는 동물을 이용해 수술 연습을 했다. 그러나 이 관행은 점차 폐지되는 추세다. 예를 들어 2017년 미 해안경비대는 군 분과 최초로 트라우마 훈련에서 동물 사용을 전면 중단했다. 학교와 병영 모두를 위한 깔끔한 해결책은 트라우마맨TraumaMan인데, 이는 시뮬랩Simulab사가 만든 수술 시뮬레이터로, 기본 및 고급 외과 훈련에 전 세계적으로 널리 사용되고 있다. 트라우마맨은 마네킹과 비슷하고 합성 물질(동물의 조직이 아니다!)로 만들어졌으며, 정확한 해부학적 특징을 갖춘 휴대용 머리와 몸통이다. 이는 대체 가능한 수많은 종류의 '조직들'을 갖추고 있으며, 심지어 가짜 피를 '흘리기'까지 한다. 이 시스템을 이용해 훈련생은 실제 사람과 유사한 몸을 절개할 뿐 아니라 가슴관, 카테터catheter, 배액관 삽입drain insertion, 윤상갑상연골절개술cricothyroidotomy(수술을 통한 기도氣道 개방법), 정맥 절개(쇼크 예방을 위한) 등의 절차를 연습할 수 있다.

상황이 이렇게 나아지고 있기 때문에 의료 실험에 동물을 사용할 필요는 없다. 바로 이와 같은 이유로 미국 정부와 산업계 전반에 걸쳐 새로운 접근법new approach methodologies, NAM을 표준적인 관행에 통합하려는 움직임이 늘고 있다. 2017년 미국 의회는 '21세기 프랭크 로텐버그 화학 안전법Frank R. Lautenberg Chemical Safety for the 21st Century Act'을 통과시켰다. 이 법은 환경보호국이 독성 화학 물질 규제와 위험을 평가하기 위한 동물실험을 요구하기에 앞서, 앞에서 논의한 최첨단 방법으로 수집한 정보를 우선 확인하도록 규정하고 있다. 또한 환경보호국이 2018년 6월 22일까지 이런 대안을 홍보하고 개발하기 위한 전략적 계획을 수립할 것도 요구한다. 이외에도 동물을 사용하지 않는 테스트 방법의 '질과 적절성'을 명시적으로 언급하고 있다. 안전성이 아직 입증되지 않은 8만 개 이상의 기존 화합물에 대한 평가가 계속 늦어지는 현실 속에서, 동물실험 없는 테스트는 이런 지연 현상을 완화하는 데 도움이 될 수 있을 것이다.

2018년 1월 30일, 미국국립보건원의 독성물질 관리 프로그램NTP은 동물을 사용한 약물과 화학 물질 독성 테스트 관행을 인간과 더 밀접한 방법으로 대체하는 자체적인 전략적 계획을 발표했다. 동물대체시험법 타당성 평가를 위한 범부처 협동위원회ICCVAM 과학자 19인으로 구성된 '책임 있는 의료를 위한 의사회PCRM'와 PETA의 국제 과학 컨소시엄의 조언을 받아 '미국 내 화학 및 의료 제품의 안전성 평가를 위한 새 접근법 수립 전략

로드맵'이 수립되었다. 이 로드맵은 새 연구법 개발자들과 정부 및 산업 전반에서 이를 가장 잘 활용할 사람들을 연결하여, 새 기술의 응용을 촉진할 목적으로 만들어졌다. 이 계획안은 이 목표를 달성하기 위해 정부, 과학자, 산업체 등이 무엇을 해야 하는지를 명시하고 있다. NTP의 대체 독성학 방법 평가를 위한 부처 간 센터장인 워런 케이시 박사의 말처럼 "이 분야에서 실행 가능한 발전이 있으려면 기관들이 앞장설 필요가 있다."

2018년 환경보호국은 동물을 돕기 위한 2가지 중요한 단계를 밟았다. 첫 단계로 대체시험법을 찾아 이를 화학 산업과 규제에 관한 의사결정에서 사용할 것을 권장하는 과정을 요약한 기안 문서를 발표했다. 이어서 살충제 및 기타 화학 물질이 피부 자극 반응과 알레르기를 유발할 가능성을 동물실험 없이 감지하는 방법을 받아들이기 시작했다고 발표했다.

이런 과정을 거치는 동안, 유럽과 수십 개 국가에서는 화장품의 동물실험이 불법화되었다. 유럽연합의 '화학 물질 등록, 평가, 허가, 제약REACH' 프로그램 하에서는 독성 화학 물질의 동물 실험이 오직 최후의 수단으로만 허용되며, 연구자들은 실험이 반복되지 않도록 그 결과를 다른 사람들과 공유해야 한다. 중국 정부는 국내에서 제조되거나 판매되는 화장품에 대해 동물실험을 요구해왔으나, 지난 가을 규제 당국이 동물실험 없이 제품의 안전성을 평가하는 자료를 승인하기로 합의했다. 정부는 상하이 근처에 비동물실험실을 열기도 했는데, 이 실험실은 비영리 기관인 시험관과학연구소IIVS와 협력하여 최첨단 기술의 사용을 늘려나갈 것이다.

당신이 할 수 있는 일 —

지금도 발전이 이루어지고 있긴 하지만 지금보다 훨씬 많은 일들이 가능할 수 있다. 하지만 이를 위해서는 사람들이 목소리를 높이고 행동을 해야 한다. 이 변화에 동참하자. 과학의 이름으로 혹은 이익을 위해 동물을 해치는 사람들은 자신들의 행위가 해로운 여론을 형성하고, 자신들의 브랜드에 오점을 남긴다는 사실을 깨닫고 있다. 계속 압력을 가해야 한다. 옳은 일을 하는 사람들은 당신의 지원이 필요하다. 그래야 다른 사람들이 그들의 발자취를 따를 것이다.

동물실험을 하지 않은 제품을 사라

동물실험을 하지 않은 생활용품과 가정용품만 구입하라. 당신이 선택할 수 있는 크고 작은 회사는 3,000개가 넘는다. 정보를 제공하는 몇몇 곳을 소개하자면 네이처스 게이트Nature's Gate, 365 바이 홀푸즈365 by Whole Foods, 바디샵, 오브리 오르가닉스를 들 수 있다. 어떤 브랜드를 선택해야 할지 확신이 서지 않는가? 방금 언급한 회사들에 전화를 걸거나 이메일을 보내자. 혹은 다음 웹사이트를 검색해 확인해보자.

- PETA의 '토끼 없는 아름다움Beauty without Bunies'❶ ❶
을 통해 동물실험을 하는 회사, 동물실험을 하지 않고 제품(유형별로)을 개발하는 기업, 규제를 변경하고 있는 회사, 동물실험을 하지 않 ❷ 은 국가별 제품, 반려동물 식품 제조업체를 검색해볼 수 있다. 당신이 활용할 수 있는 유용한 PETA 앱❷도 있다.
- 크루얼티 프리 인터내셔널Cruelty Free International ❸ 에는 세계적으로 인정받는 화장품, 개인 위생용품 및 생활용품을 인증해주는 리핑 버니Leaping Bunny라는 프로그램이 있다. 물건을 살 때 이 리핑 버니 인증 마크가 있는지 살펴보거나 웹사이트❸를 검색해볼 수 있다.

동물실험을 하는 브랜드는 구매하지 말자. 이 회사들에 연락해서 실험을 멈출 때까지 그들의 제품을 사지 않겠다고 알리자. 어떤 회사가 실험을 하고 어떤 회사가 하지 않는지 잘 모르는가? 앞에 언급한 목록에서 확인해보자. 변화가 있을 때까지

구매하지 말아야 할 회사로는 시세이도, 존슨앤드존슨, 에스티 로더 등이 있다. 글을 쓰거나 전화를 하거나 소셜미디어를 활용하여 CEO, 기업 책임자 또는 브랜드 관리자에게 연락을 취하라. 그리고 당신의 요구를 구체적으로, 예의 바르게 말하라.

동물실험을 하지 않는 단체를 후원하라

건강 관련 자선단체 가운데 동물 연구를 지원하지 않는 곳에만 기부하라. 마치 오브 다임스March of Dimes, 미국 암협회 American Cancer Society, 미국 다발성경화협회National Multiple Sclerosis Society 등 여러 자선 단체들은 기부금의 일부로 잔인한 동물실험을 지원한다. 믿기 힘든가? 한 가지만 예를 들자면, 마치 오브 다임스에서 자금을 지원받은 연구원들은 새끼 고양이들이 눈으로 볼 수 없도록 눈을 꿰매어버리고, 몇 주 동안 고양이들의 두개골에 화학 물질을 주입하여 뇌 발달을 연구한 다음 죽인다. 이와 대조적으로 장애인이나 도움이 필요한 사람들을 위한 서비스를 제공하는 비영리 단체 이스터셜스Easterseals는 동물실험에 지원을 전혀 하지 않는다.

질병을 종식시키기 위한 연구는 반드시 이루어져야 하지만, 질병을 연구하는 데는 목적에 더 적합하고, 비용 대비 더 효과적인 접근법이 있다. 당신의 기부는 동물실험을 하지 않는 연구를 지지하고, 실질적으로 성과가 있는 단체들에게 전달되는 것이 최선이다.

PETA 홈페이지(http://www.peta.org)를 방문하여 동물 연구를 지원하는 자선 단체와 그렇지 않은 단체를 확인해보자. 연구를 지원하지 않는 단체로는 에이본 여성 재단, 소아종양그룹, 미국 스피나 비피다 협회 등이 있다. 당신이 돕고 싶은 조직이 목록에 없다면 그 조직들의 정책을 물어보기만 해도 된다. 만약 그들이 동물실험에 돈을 대고 있다면, 당신이 그들에게 기부하지 않는 이유를 말해주자.

모교에 기부하는가? 그렇다면 대학이나 동문회에 연락하여 캠퍼스에서 동물실험이 진행되는 한 모금 캠페인에 참여하지 않겠다고 말하라. 대학과 교내 웹사이트 및 동문 게시판에서는 모교에서 따낸 연구 프로젝트와 주요 보조금을 홍보한다. 생명과학부와 사회과학부는 랜딩 페이지나 교수진 웹페이지에서 이런 업적을 부각시키고 있을 것이다. 만약 이런 연구에 동물들이 이용되고 있음을 알고 있거나 발견한다면, 자부심이 아니라 수치심을 가져야 한다고 알려라.

대학에서는 흔하게 동물실험을 한다. 다음은 현재 동물실험을 하고 있는 학교의 목록이다. 웨인 주립대학교(개들의 심장마비를 유발한다), 유타대학교(동물복지법을 거듭 위반하고 있으며, 보호소에서 동물을 사들여 여러 종류의 실험을 행한다), 브라운대학교, 컬럼비아대학교, 코넬대학교, 다트머스대학교, 하버드대학교, 프린스

턴대학교, 펜실베이니아대학교, 예일대학교 등 아이비리그 대학 전부가 이에 속한다. 이들 대학은 모두 동물 학대를 반복하고 있음에도 정부 연구비를 수백만, 심지어 수십억 달러나 받고 있다.

동물 연구 대체 방안을 마련하기 위해 노력하는 비영리 단체 및 싱크탱크에 기부하자.

- PETA 국제 과학 컨소시엄: https://www.piscltd.org.uk
- 책임 있는 의료를 위한 의사회: http://www.pcrm.org/
- 위스 바이오응용공학 연구소: https://wyss.harvard.edu/

널리 홍보하라

연구와 실험을 위한 동물 학대와, 우리 모두에게 더 나은 대체 방안들을 사람들에게 교육할 수 있는 서로 다른 수많은 방법들이 있다. 가장 간단한 활동은 인터넷이 연결되는 곳이라면 어디에서건 할 수 있다.

인스타그램, 페이스북, 트위터 등에 실험실에서 자행되는 일에 대한 영상을 공유하여, 이 영상을 보지 않았다면 조직적인 동물 학대의 현실을 몰랐을 사람들을 교육하라. 보여주는 내용을 완전하고 정확하게 설명하라. 언제, 어디서, 누가, 무엇을 했는지 이야기하고, 이를 멈추기 위해 어떤 행동을 취할 수 있는지 말하라. 이런 영상들은 대부분 보는 사람을 불편하게 만들며 영상에 끔찍한 장면이 포함되어 있다는 경고가 나오지만, 반드시 볼 필요가 있다.

과감하게 행동하라! 혼자서 혹은 친구들과 함께 상가, 공원 또는 대학 캠퍼스를 향해 행진하라. 동물 학대 및 생체해부에 대한 전단을 준비해서 행인들에게 나눠줘라. 사람들의 질문에 답할 준비를 하고 시민 토론을 개최하라. 그들이 사용할 수 있는 대안 제품과 대안 행동(예를 들어 이 책에 쓰인 것들)도 제시하라.

정부를 설득하라

동물복지에 관한 법률과 정책을 담당하는 정부의 의사결정 자에게 로비를 하고 청원에 서명하라. 역사를 돌이켜보면, 법의 힘을 등에 업었을 때에야 비로소 주요한 문제들이 개선되었다. 유럽연합의 REACH 법, 미국의 동물복지법, 영국의 동물학대법 같은 법들은 많은 결점이 있음에도 결국 차이를 만들어냈다. 우리가 말해주지 않는 이상, 정부는 우리가 더 나은 법을 원한다는 사실을 알지 못할 것이다.

국가 법률에 관한 친구 위원회Friends Committee on National Legislation 의 웹사이트❶에는 로비 방법을 소개하는 글이 올라와 있다. 이 글을 요약하면 '질문'을 알고 대상을 선택하고, 약속을 정하고 진술을 준비하고, 공손하게 소통하고 항상 후속 조치를 취하라는 것이다. 국가 및 지역의 지도

자를 만날 때도 동일한 원칙이 적용된다.

동물실험 없이 개발된 개인 생활용품을 판매하는 바디샵은 전 세계를 통틀어 화장품 및 그 성분에 대한 동물실험을 금지하는 국제 협약을 채택하라고 유엔에 촉구하는 캠페인을 벌이고 있다. 웹사이트[1]에서 당신이 속한 국가의 방식으로 청원에 서명할 수 있다.

❶

동물 관련 정부 기관, 대학의 연구를 지원하는 미국국립보건원에 전화를 하고 글을 쓰고 청원에 서명하자. 국립보건원이 돈을 지원하는 연구비 중 거의 절반은 동물실험에 들어간다. 여기에 들어가는 비용은 국민들이 낸 수십억의 세금에서 나온다. 국립보건원에 동물실험은 비윤리적이며, 어떤 이유로든 동물실험에 동의하고 싶지 않다고 정중하게 말하라. 동물실험에 자금을 사용하지 말고 역학, 임상, 시험관, 장기 칩 및 컴퓨터 모델링 연구에 사용하도록 요청하라.

더 많은 활동을 하고자 한다면 미국국립보건원의 자금을 받는 시설을 쉽게 알 수 있으니 확인해보라. 국립보건원의 연구 포트폴리오 온라인 보고RePORT의 홈페이지(https://report.nih.gov/)를 방문하여 제공된 양식으로 검색해보자. 무엇보다 지역, 조직, 연구원별로 자금 지원을 추적할 수 있다.

직접 행동에 나서라

대학, 정부 센터 및 기업(제약업체 등)에 이메일을 보내거나 전화를 걸어 당신이 동물 연구와 실험에 반대한다는 사실을 알려라. 그들이 형식적인 답변과 상투적인 태도를 취하지 않게 하라. 원하는 답을 받을 때까지 계속하라.

동물실험을 하는 과학자들에게 동물을 사용하는 기술보다 저렴하고 신속하며 정확한 첨단 기술을 채택하는 과학자들이 늘고 있으며, 당신이 이 추세에 뒤처지고 있다고 지적하면서 동물을 사용하지 않는 방법에 투자할 것을 촉구하라. PETA 웹사이트는 특정 이슈를 다루는 최신 캠페인들의 목록을 제시하고 있으며, 당신 주변에 동물실험을 하는 실험실이 있는지 알아내는 데 도움을 줄 수 있다.

등록된 동물 연구 시설은 작업 내용에 대한 연례 보고서를 제출해야 한다. 동물실험 회사 및 기관이 수행하는 동물실험을 확인하고, 이런 시설들에 대한 농무부 검사 보고서(발견된 위반 및 권장 활동을 포함한)를 찾고자 한다면 https://www.aphis.usda.gov을 방문하라. 다만 2017년 트럼프 행정부가 들어서면서, 법이 공개를 요구하는 정보마저 얻기 힘든 상황이라 원하는 보고서를 손에 넣으려면 수년이 걸릴 수 있다.

내부고발자가 되어 실험실이나 연구소에서 찾아낸 동물 학대 사례를 신고하자. 현재 과학 연구 시설에서 일하거나 방문 중이라면, 실험 대상 동물을 유심히 살펴보라. 당신이 보고 듣고 맡는 냄새까지도 주의를 기울여라. 다시 말해 동물들이 무시되거나 학대당하거나, 그들의 건강과 안전에 대한 규칙이 지켜지지 않는 어떤 징후가 있는지 촉각을 곤두세워라. 만약 무엇인가를 보았다면 관리자에게 말하고, 이를 생체해부 반대단체에 보고하라. 영상, 사진, 녹음 등을 이용해 목격한 증거를 최대한 수집하라.

조치가 취해지지 않을 경우, 반드시 동물보호단체에 알려라. whistleblower@peta.org으로 이메일을 보내거나, PETA와 접촉하면 된다. 동물복지에 관한 규제를 만들고 집행하는 일을 담당하는 미국 농무부에 연락해볼 수도 있다. 현재 당신과 가장 가까운 농무부의 동식물검역국 지역 사무소를 찾고자 한다면 https://www.aphis.usda.gov에 들어가면 된다. 후속 조치를 취하는 것을 절대 잊지 말자. 그렇게 하지 않으면 아무것도 이룰 수 없다.

반反생체해부 캠페인과 법률 사건들 가운데 가장 성공한 사례들은 동물 연구의 잔혹함을 기록해서 공표한 사람들의 용기 덕에 가능했다. 충격적인 현실을 다루는 영상은 보기에 끔찍하지만 결코 무시할 수 없다.

당신이 과학자나 수의사, 건강관리 전문가라면 혹은 이런 직

종에 종사하고 싶다면, 살아 있는 동물실험이나 교육 과정을 기획하지도 참여하지도 마라.

동료나 교수들에게 당신의 입장을 설명하고, 동물 모델을 활용하는 경우에 수반되는 고통(그리고 과학적 약점)에 대해 이야기해주자. 이 책에서 제시한 더 인도적이고 더 효과적이며 더 새로우면서도 동물을 동원하지 않는 방법에 관한 정보, 아니 그 이상을 다른 사람들과 나누자. 당신의 연구에 이런 기술을 사용하고 새로운 혁신 기술을 개발하는 데 힘을 보태라! 강건한 윤리적 입장을 취하는 데에 두려움을 느끼지 마라.

당신이 연구하는 분야의 전문 저널들에서 최신 동향을 잘 챙겨라. 이 밖에 '책임 있는 의료를 위한 의사회'에 최근의 발견된 소식을 담은 이메일을 보내달라고 신청할 수 있다. 당신이 학생이라면 과학 시간에 생체해부를 하지 않을 권리를 행사하고, 대신 소프트웨어 시뮬레이션을 이용하자고 요구하라. 당신의 학교가 그런 권리를 제공하는 미국 내 38개 주 중 하나에 속하지 않는다면, 관리자에게 가상 생체해부 소프트웨어를 구입할 것을 요청하고, 생체해부 대체 방안을 모색해 달라고 요청하라.

동물 권리 운동가가 되는 방법은 간단하다. 다른 사람에게 이야기를 전하고 이메일을 보내고 자료를 배포하라. 소셜 미디어에 영상을 올리거나, 변화를 일으킬 수 있는 위치에 있는 사람들에게 전화를 하거나 이메일을 보내라. 나아가 동물실험의 끔찍한 실태가 밝혀지거나 새로운 캠페인이 시작될 때 항상 집단행동에 나설 준비를 하라. 당신은 활동가 명단에 이름을 올릴 수 있고, 그렇게 함으로써 필요할 때 평화적으로 항의할 태세를 갖출 수 있다.

의복

1896년 영국 랭커셔에서 태어난 도로시 글래디스 '도디' 스미스
는 아버지가 2살 때 세상을 떠난 뒤 어머니와 다른 친척들과 함
께 자랐다. 그녀의 삼촌, 고모, 조부모는 모두 연극 마니아였다.
그들은 스미스에게 배우가 되라고 제안했지만 그녀는 배우로서
크게 빛을 보지 못했다. 그러자 이번에는 극작가를 권했고, 그녀
는 정말 극작가가 되었다. 그녀는 글을 쓰는 동안 돈을 벌기 위
해 가구점에서 일했는데, 거기서 남편인 알렉 맥베스 비슬리를
만난 뒤 1940년대까지 제법 성공한 몇 편의 희곡을 썼다.

제2차 세계대전이 시작되자 비슬리는 양심적 병역거부자로
수감될 위기에 처했는데, 이를 피하기 위해 부부는 미국으로 건

너갔다. 그곳에서 두 사람은 퐁고라는 잘생긴 달마시안과 함께 살게 되었고, 마침내 퐁고의 새끼들이 태어났다. 언뜻 보기에 새끼 한 마리가 사산한 것처럼 보였지만, 비즐리의 도움으로 기적적으로 살아났다. 그 후 수십 년 동안 스미스와 비즐리는 달마시안을 9마리나 입양했다. 사진을 보면 이 커플은 기쁨에 넘치는 점박이 개들과 해변에서 행복하게 포즈를 취하고 있다. 어느 날 스미스의 친구가 퐁고의 아름다운 점박이 무늬 털에 감탄하며, 외투감으로 쓰면 좋겠다고 말했다. 스미스는 소름이 끼쳤지만 친구의 이 말을 한 귀로 흘려버리지 않았다. 그녀는 여기서 영감을 얻어 동화를 썼고, 여러 세대의 미국인들에게 모피 산업의 참상을 널리 알렸다.

1956년에 출간된 《101마리의 달마시안》은 크루엘라 드 빌 Cruella de Vil을 세상에 소개했다. 책에서 크루엘라는 모피 외투를 미칠 정도로 사랑해서 검은 점박이 무늬 털 코트를 만들고자 수십 마리의 달마시안 강아지들을 납치했다. 그녀 또한 스미스의 친구가 퐁고를 보면서 했던 것과 똑같은 상상을 한 것이다. 1961년 이 작품이 디즈니 애니메이션으로 개봉되면서 모피 산업은 훨씬 다양한 관객들을 위해 책에 묘사된 것보다 더 극화되었다.

크루엘라 드 빌 같은 만화 캐릭터를 조롱하기는 쉽지만, 보통 사람들도 무심코 동물 학대를 지지하는 옷을 날마다 입는다.

크루엘라가 자기 생각을 밀고 나갔다면 퐁고와 달마시안 강아지들이 당했을 학대보다 이 선택이 더 나쁘지는 않을 것이다. 그래도 잔인한 건 잔인한 것이다.

패션이라는 이름으로 동물에게 자행되는 학대는 수많은 형태로, 또 대개 예상치 못한 방식으로 행해진다. 예를 들어 털 코트나 가죽 핸드백, 혹은 스웨이드 구두를 만들기 위해 동물을 해쳐야 한다는 사실은 누구나 알고 있다. 그러나 양털, 실크, 겨울 점퍼의 속을 채우는 오리나 거위의 깃털이, 동물에게 스트레스를 주고 고문하고 치명적인 수단까지 동원해서 나온 것이란 사실은 비교적 덜 알려져 있다.

다행히도 오늘날에는 비동물성 재료로 만든 옷을 맵시 있고 실용적으로 입을 방법을 쉽게 찾을 수 있다. 수천 년 전부터 사용해온 면이나 리넨 같은 식물성 원단 외에, 오늘날에는 rPET, 라이어셀Lyocell, '가죽 아닌 가죽skin-free skin' 같은 혁신적인 소재가 사용되고 있다. 스텔라 매카트니, 다이앤 폰 퍼스텐버그 등 최고의 패션 디자이너들은 동물에게 고통을 가해서 얻어낸 재료들을 런웨이에서 퇴출시키는 선택에 동참하고 있다. 기술이 발전하고 말 그대로 동물의 몸에서 강탈한 옷을 입는다는 게 나쁘다는 대중적 인식이 높아진 덕분에, 사람들은 세련되고 기능적으로 옷을 입으면서도 책임감과 배려심을 갖게 된다.

하지만 이렇게 되기까지가 그렇게 쉬웠던 건 아니었다.

우리는 인류 역사상 최초의 옷이 어떤 모습이었는지 정확히 알 수 없다. 하지만 인류학자들은 인류에게 옷의 개념이 처음 생긴 이래, 인간이 동물의 생가죽hides, 모피furs, 가공된 가죽leathers을 입었다는 데 대체로 동의한다. 가죽을 깁는 데 활용했던 초기의 뼈 바늘은 슬로베니아, 시베리아, 남아프리카 등지의 동굴에서 발견되었는데, 이를 통해 인간이 4만 7,000년에서 6만 년 전 사이에 생가죽과 가공된 가죽 옷을 입기 시작했음을 알 수 있다.

하지만 의복은 훨씬 더 오래전인 5만 년에서 10만 년 사이, 초기 인류가 아프리카를 떠나기 전에 발명되었을 가능성이 있다. 초기 인류는 아프리카를 떠나 지중해로 진출했고, 마침내 더 추운 기후의 유럽, 스칸디나비아, 러시아, 중국, 시베리아, 베링 해협을 거쳐 북아메리카로 진출했다. 우리 종이 지구 전체로 퍼져 나감에 따라, 초기 인류는 자신들이 마주한 혹독한 환경에서 살아남기 위해 동물에서 유래한 재료를 입을 수밖에 없었을 것이다.

그럼에도 일부 초기 인류 문명, 특히 이집트, 멕시코, 인도 같은 따뜻한 나라에서는 사람들이 동물의 가죽을 대체할 수 있는 혁신적인 의복을 찾았다. 예를 들어 아메리카(멕시코)와 남아시아(인도)의 고대 세계는 각각 독립적으로 목화 재배 기술을 개발했다. 고대 이집트인들은 비옥한 나일 강물 덕분에 아마flax plant(리넨의 원료) 재배의 달인이 되었다. 고대 인도의 일부 부족들은 다른 생물들과 종교적인 유대감을 느꼈는데, 이 때문에 그들은 동물로 만든 것은 되도록 피하려 했고, 이를 대신하여 일부 부족들은 풀이 무성하게 자라는 습지 식물인 왕골로 옷을 만들었다.

가공된 가죽, 생가죽, 풀, 아마 등은 모두 인간이 전 세계로 점차 확장해 나가는 데 중요한 요소들이었다. 그러나 역사의 많은 부분에서, 인류는 패션이 아니라 생존을 염두에 두고 어떤 종류의 옷을 입을지 결정했다. 이것이 언제, 어떻게, 왜 바뀌었는지에 대한 이야기는 사실상 여러 면에서 모피의 역사에 관한 이야기와 일치한다. 초기 인류는 지구에서 가장 추운 지역으로 진출하기 위해 모피가 제공하는 따뜻함이 필요했다. 또한 시간이 지나면서 모피 무역이 엄청나게 성장함에 따라, 유럽인들은 알려지지 않은 거대한 북아메리카 대륙으로 탐험을 나섰다.

모피 ——

수 세기 동안, 특히 유럽에서는 의복이 사회 계층을 나타내기보다는 실용적인 특징 때문에 입는 필수품이었다. 귀족에서 하인에 이르기까지 초기 유럽의 남녀들은 수수한 양모 튜닉과 리넨 속옷을 입었다. 계급과 성별에 따라 튜닉의 길이나 절단면이 미세하게 차이가 날 뿐이었다. 모피는 비싸긴 했지만 가난한 사람들도 소유할 수 있었고, 겨울의 한기를 이겨내기 위한 필수품으로 여겨졌다. 평민이 모피 외투를 사려면 몇 주 치 품삯이 들기도 해서, 한두 벌 이상의 모피 외투를 소유한 집은 거의 없었다. 반면 부자들은 모피 외투로 옷장을 가득 채울 수도 있었다. 그러나 유럽 역사의 많은 기간에 이 외투들은 부나 지위를 나타내기보다는, 털이 있는 쪽을 안으로 향하게 해서 모피의 자연 단열 능력과 편안함을 극대화했을 가능성이 높다. 이것이 수 세기 동안 이어진 모피를 입는 방식이었다. 중세 초기부터 1300년대 중반까지 유럽의 의복 스타일은 거의 변하지 않았다.

필요에 의해 입던 모피가 어떻게 해서 크루엘라 드 빌처럼 신분 집착 수준에 이르게 되었을까? 패션 역사학자 제임스 라버에 따르면 1300년대 초 유럽에서는 옷에 대해 생각하는 방식을 영원히 바꾸어놓을 심대한 변화가 일어났다. 라버에 따르면 이때가 패션의 시작을 알리는 시기였다. 그때부터 서구 문명에서 의복의 세계는 결코 예전과 같지 않았다.

무엇이 이런 변화를 가져왔는가? 아마도 흑사병이 영향을 주었을 것이다. 1347년 유럽을 강타한 페스트로 인해 불과 몇 년 만에 유럽 인구가 30~60% 줄었다. 운 좋게 살아남은 사람들은 뜻밖의 광명을 발견했다. 사람이 적다는 사실은 땅, 돈, 먹을 것이 더 많아졌음을 의미했다. 개인은 부를 늘렸고, 역사상 최초로 많은 서민들이 몇 가지 사치품에 돈을 쓸 수 있었다. 이는 의복이 폭발적으로 다양해지는 계기로 작용했다.

이와 같은 새로운 경제적 잉여는, 동물에게는 축복이 아니었다. 사람들이 패션에 갑작스럽게 관심을 가지게 되었다는 사실은 동물 착취가 급증하게 되었음을 의미했다. 모피 수요가 매우 커짐에 따라 1363년 영국 의회는 사치금지법을 통과시켰다. 식생활과 의복에 관한 법령A Statute Concerning Diet and Apparel은 특정 귀족들에게는 북방 족제비의 흰색 겨울털, 스라소니, 흑담비, 비버, 발트 다람쥐의 털 같은 이국적인 모피를 허용한 반면, 그 외의 사람들은 양, 토끼, 고양이, 여우같이 해당 지역에서 흔히 볼 수 있는 동물 외에 다른 모피는 입지 말 것을 명령했다. 이런 법률은 표면적으로는 위험할 정도로 높은 비용으로부터 가난한 사람들을 보호하기 위해 통과되었지만, 사실상 계층을 나누기 위해 고안된 제약에 불과했다.

프랑스의 수필가 미셸 드 몽테뉴가 1580년에 밝힌 것처럼 이런 법률은 역효과를 낳기 일쑤였다.

우리의 법이 육류나 옷을 위해 지불하는 무익하고 허망한 비용을 규제하려는 방식은, 원래의 목적과는 어느 정도 상반되게 느껴진다……. 왕자들은 넙치를 먹을 수 있고 벨벳이나 금 레이스를 착용할 수 있는 데 반해 국민들은 이런 것들을 못하게 하는 법을 제정한다면, 왕자들은 더 커다란 찬탄의 대상이 될 것이고 국민들은 이런 것들을 먹고 싶고 입고 싶어 안달하게 될 뿐이다. 그렇다면 이런 법이 무슨 소용이겠는가?

다시 말해 서민들에게 최고급 모피를 금지하는 제약을 가하는 것은 더 많은 수요를 촉발하여 모피의 인지 가치perceived value를 높였을 따름이다. 14세기 후반에 이르자 유럽의 비버 개체수가 줄어들기 시작했다. 1세기 만에 스칸디나비아와 시베리아를 제외한 모든 구세계에서 비버가 자취를 감추었고, 20세기에 이르러서는 수천 년 동안 유럽에서 아시아에 이르는 전 지역에 서식했던 유라시아 비버의 개체수가 불과 1,200마리로 줄어들었다.

비버를 흔히 볼 수 있는 북아메리카의 광활한 원시림이 발견되면서 이들의 생가죽 거래는 새로운 동력을 얻게 되었다. 300년 동안 탐험가들은 비버 무역으로 이익을 얻기 위해 서부로 향했고, 북미 원주민들과의 상업적인 접촉이 촉진되었으며, 그 외 다른 방법으로 북미 대륙은 변화를 겪었다. 모피 거래는 전 세계로 확산되어 갔다. 수 세기 동안 모든 대륙의 동물들, 가령 친칠라, 여우, 토끼는 물론 개와 고양이까지 사냥과 포획의 대상이 되었다. 더 최근에는 다른 농장들처럼 오로지 모피를 얻기 위해 사육되다가 살해되었다.

21세기에 이르러 중국은 세계 최대의 모피 수출국으로 부상했다. 그중에서 밍크는 대표적인 모피가 되었고, 오늘날 모피 산업의 85%를 차지한다. 2015년에는 8,400만 점의 밍크 생가죽이 팔렸다.

모피 산업은 중국과 북미에서 계속해서 대규모로 번창하고 있으며, 모피를 얻기 위해 사육하는 동물들을 지금처럼 가혹하게 대했던 적도 없다. 예를 들어 농장 실태를 조사한 결과, 위스콘신주의 한 대표적인 밍크 농장에서는 이 동물이 작고 불편한 우리 안에 갇혀 있었고, 배설물이 우리 바닥에 30cm 높이로 쌓여 있었다. 일꾼들은 밍크의 생가죽을 최대한 깨끗한 상태로 보존하기 위해 밍크가 우리 안에 있는 상태에서 압력이 센 물로 우리를 세척했다. 밍크들은 너무 겁을 먹어서 우리에서 빠져나오려고 몸부림을 치다 얼굴에 피를 흘리기도 했다.

이 동물이 삶의 마지막 순간에 이르면 일꾼들은 소리를 지르며 밍크의 민감한 꼬리를 붙잡고 금속 드럼통으로 밀어 넣으려 애쓴다. 이 드럼통 속에는 가동 중인 기계에서 나오는 일산화탄소 가스가 가득 차 있다. 이론상으로는 '킬 박스'라 불리는 이 가스실에 들어가자마자 밍크는 질식하게 돼 있다. 그러나 탄소가 여과되지 않거나 엔진이 뜨거워지기 때문에 그나마 고통 없이 즉사할 수도 없다. 밍크가 아직 숨이 붙어 있는 것을 발견하면 일꾼들은 드럼통에 부딪어 이 불행한 동물의 목을 부러뜨리거나 킬 박스에 다시 밀어 넣거나 아니면 20분 동안 그냥 죽게 내버려둔다.

중국의 상황은 더 열악하다. 중국에서 조사관들은 여우를 감전시키고 개들을 패 죽이며 산 채로 토끼와 너구리의 가죽을 벗기는 장면을 목격했다. 모피를 얻기 위해 개와 고양이를 죽이고 가죽을 벗기는 일은 다반사다. 이렇게 얻은 가죽은 아무것도 모르는 서구인들에게 팔려 나간다. 그들은 자기가 산 모피가, 그들이 사랑하고 집에서 함께 사는 동물과 다를 바 없는 동물에서 온 것임을 알지 못한다.

가공 가죽

중국은 세계 최고의 가공 가죽• 수출국이기도 하다. 이 산업에서 확보된 증거자료도 모피의 사례만큼이나 끔찍하다. 서구에서 팔리는 많은 가공 가죽 액세서리들은 사실 개 가공 가죽으로 만든 것이다. 가령 작업용 장갑, 패션 장갑, 벨트, 재킷에 부착하는 가공 가죽 장식뿐 아니라 고양이 장난감이나 다른 액세서리들이 그러하다. 물론 당신이 이런 제품들에서 '개 가공 가죽'이라는 표시를 보지는 못할 것이다. 이 개들은 크루엘라 드 빌마저도 움찔하고 놀라게 할 방식으로 다루어진다. 중국의 한 무두

• 피(皮)란 짐승의 가죽을 벗겨낸 것(skin, fur)이고, 혁(革)은 가죽에서 털을 다 듬고 없앤 것(leather)이란 차이가 있다.

질 공장을 조사했더니 일꾼들이 개들의 목을 금속 펜치로 움켜쥐고 나무 막대기로 머리를 후려쳐서 개들을 우리 안으로 몰아넣으려 했다. 개 몇 마리가 쓰러졌지만, 다른 몇 마리는 고통 속에 울부짖으며 깨어 있었다. 이 중 일부는 목이 잘린 뒤에도 의식이 남아 있었고, 가죽이 벗겨지기 직전까지도 마지막 숨을 쉬고 있었다. 이 시설은 하루에 200마리까지 가죽을 벗기고 두드려 팼는데, 이렇게 3만 점의 개 가공 가죽을 일상용품으로 만들어 전 세계에 판매한다.

동물의 생가죽hide을 무두질하고 말려서 그것을 가공 가죽leather으로 바꾸는 일은 인류의 여명기부터 있어왔다. 최초의 가공 가죽은 고기를 얻기 위해 죽인 동물의 생가죽에서 얻었을 것이다. 가공 가죽은 원시적인 신발이나 의복, 원뿔형 천막과 다른 형태의 은신처를 만들기 위한 재료, 북의 가죽, 글을 쓰는 데 사용되는 양피지, 초기의 보트, 물을 담는 가죽 부대 등을 만드는 데 활용되었으며, 이는 초기 인류 사회에서 중요한 역할을 담당했다. 가장 오래된 것으로 알려진 아르메니아의 한 동굴에서 발견된 한 쌍의 가죽 신발은 5,500년 전으로 거슬러 올라가며, 착용자의 발 사이즈인 240mm에 맞춰 가죽 한 조각으로 만들어졌다. 신발 끈도 오늘날까지 남아 있다.

오늘날 가공 가죽은 대규모로 생산되어 판매된다. 따라서 동물이 극도로 잔혹하게 다뤄지는 참상도 곳곳에서 확인할 수 있다. 2015년 세계 3대륙 26개의 공장을 보유한 세계 최대 가죽 생산업체인 JBS는 암소와 송아지, 소가죽 1,000만 개를 생산해 이를 일류 자동차 제조업체에 인테리어용 가죽으로 공급했다. 브라질 NGO는 브라질 소재 JBS 소목장을 조사했는데, 그들이 확인한 바에 따르면 목장 직원은 통증을 줄여주는 조치 없이 뜨거운 인두로 소와 황소의 머리에 낙인을 찍었고 끝부분이 금속으로 된 막대기와 전기충격기 등으로 소의 항문을 찔렀다. 또한 그들은 어미와 떨어져 끌려 나온 송아지, 비좁은 활송 장치에서 서로를 짓밟는 소들을 확인할 수 있었다. 소들은 엉망진창으로 관리되고 있었다. 상처에는 구더기가 득실거렸고 피투성이가 된 채 갈라져 있었으며 치료되지 않은 채 방치되고 있었다.

어쨌든 이런 소는 상당수가 고기용으로 도축된다. 그런데 오직 가죽용으로 사육되고 죽는(물론 고기로 활용되는 경우도 있지만) 타조나 악어는 그렇지 않다. 2015년 에르메스, 프라다, 루이비통 등의 브랜드에 가죽을 제공하는 한 남아공 타조 도축장을 조사한 결과, 의식이 온전하게 있는 타조들의 피부에서 곧바로 깃털을 뽑아버리고, 이어서 기계에 거꾸로 매달아서 목을 베기 전에 전기로 기절시킨다는 사실이 드러났다. 40살까지 살 수 있는 이 지적이고 호기심 많은 새들은 가죽용으로 사육될 경우 첫 생일을 넘기는 경우가 거의 없다.

이른바 이국적인 시곗줄, 가방, 부츠, 지갑, 벨트 등에 사용

되는 가공 가죽을 얻기 위해 도살되는 크로커다일과 앨리게이
터는 타조와 마찬가지로 형편없이 다뤄진다. 핸드백 한 개를 만
드는 데만도 두세 마리의 작은 크로커다일이 필요한데, 이 핸드
백이 어처구니없게도 5만 달러 넘는 가격에 판매되는 경우도 있
다. 이 동물들은 고통스러운 죽음을 기다리며 배설물이 넘쳐나
는 눅눅한 콘크리트 우리 안에서 일생을 보낸다. 베트남, 텍사
스, 아프리카의 노동자들은 크로커다일의 등 윗부분을 칼로 벌
리고, 그들의 척추에 쇠막대기를 박아버린다. 다수의 크로커다
일은 척수가 으스러진 후에도 한 시간 동안 의식이 남아 있다.

악어가죽 핸드백에 관심이 없는 대부분의 사람들에게 불행
하면서도 놀라운 사실은 언뜻 범죄와 무관해 보이는 양모 스웨
터를 살 때에도 사실상 동물 학대에 일조하고 있다는 것이다.

양모

2015년 9월의 어느 화창한 날, 한 도보 여행자가 호주 캔버
라 외곽의 덤불이 우거진 곳에서 이상한 것을 발견했다. 〈워싱턴
포스트〉는 며칠 후 "구름이 하늘에서 떨어진 것 같았고, 목화
송이가 스테로이드를 맞은 것 같기도 했다"[74]고 보도했다. 자세
히 살펴본 결과 도보 여행자는 스테로이드를 맞은 이 목화송이

가 실제로는 살아 있는 생명체임을 알게 되었다. 이 생명체는 커다랗게 부푼 황백색 공 안에 파묻힌 채 무심하게 무언가를 씹는 것처럼 보였다. 나중에 알고 보니 이것은 수년 전 어쩌다가 무리를 이탈하게 된 양이었다. 양은 자신의 거대한 양모 외투 안에 갇혀 있었는데, 이 외투는 털을 깎지 않은 채 여러 해가 지나 있었다.

이 도보 여행자는 즉시 위험을 간파했다. 당시 호주는 여름이 빠른 속도로 가까워지고 있었는데, 누군가가 조치를 취하지 않으면 이 양은 과열로 죽을 수도 있었다. 어찌 되었건 양이 그때까지 살아 있었다는 것만 해도 정말 믿기 어려운 사실이었나. 그 정도 밀도의 외투는 피부병의 온상이 될 가능성이 매우 높았다. 양이 여전히 걷거나 먹을 수 있었다는 것, 그리고 사냥감을 찾아 돌아다니는 짐승의 먹이가 되지 않았던 것 또한 기적이었다. 양이 넘어졌더라면 다시는 일어서지 못했을 가능성이 컸다.

그를 발견한 도보 여행자는 이 양에게 크리스라는 이름을 붙여줬다. 양은 곧바로 호주 왕립동물학대방지협회RSPCA Animals 에 인도되었으며, 협회는 트위터에 양털 깎는 전문가를 구한다는 공고를 냈다. 크리스를 덮고 있는 40kg의 양모를 제거하는 데는 45분이 걸렸고, 자신이 입고 있던 외투의 잔해 위에 엎드린 크리스는 양모로 된 고치에서 갓 태어난 것처럼 보였다. 양모를 모두 깎아내고 나서 크리스의 몸무게는 겨우 44kg밖에 나가지 않았는데, 이는 몇 시간 전에 나갔던 무게의 절반밖에 되지 않았다. 일부 보도에 따르면 크리스에게게서 제거한 양털은 30벌의 남성복을 만들기에 충분한 양이었는데, 이는 보통 메리노 양이 연간 평균적으로 깎아내는 양보다 8배나 많았다.

양이 원래부터 이렇게 털북숭이는 아니다. 양모 생산을 극대화하기 위해 양에게 해로울 정도로 털이 자라게 사육되는 것이다. 대부분의 사람들이 이 사실을 알고 놀란다. 이라크, 이란, 터키에서 발견되며, 멸종 위기에 처한 야생 양 무플론mouflon의 예를 들어보자. 이 양은 가축화된 양의 가장 오래된 조상으로 여겨진다. 무플론의 털 색깔은 울 화이트가 아닌 진한 갈색이다. 양모를 얻기 위해 사육되는 양의 털은 구부러지고 곱슬곱슬한데, 무플론의 털은 두껍다. 무플론을 보면 1만 년 전의 초기 양들이 어떻게 생겼는지 짐작할 수 있다. 이와 같은 고대 양의 털은 여름에는 두껍고 길지만, 겨울이 되면 보온을 위해 보송보송한 속털이 나곤 했다. 시간이 지나면서 초기 인류는 유달리 두꺼운 속털을 가진 양을 선택적으로 번식시켰고, 솜털이 더 많은 후손들을 탄생시켰다. 호주의 목양업자들은 호주 기후에 적합하지 않은 품종인 메리노를 스페인에서 수입했는데, 이들은 가장 두꺼운 털의 품종과 교배됨으로써 덥고 건조한 여름이 되면 고통이 이만저만이 아니었다.

크리스가 깎지 않은 털의 양은 기록적이었고, 역대 최대였다.

하지만 그가 털을 깎지 않은 최초의 양은 분명 아니었다. 크리스 이전에 슈렉이라는 메리노종 양이 있었는데, 슈렉은 뉴질랜드의 양 농장에서 자랐고, 2005년 당시 세계 기록이던 27kg이 넘는 털을 깎아내면서 유명세를 탔다. 매년 털을 깎기 위해 양들을 한 장소로 모으는데, 슈렉은 6년 동안 주인이 모르는 근처 동굴에서 잘 숨어 지냈다.

슈렉과 크리스는 왜 그렇게까지 생명의 위협을 무릅쓰고 털을 깎이지 않으려고 했을까? 양털을 깎는 사람들은 대부분 털을 깎아주는 마릿수로 돈을 받는다. 양을 조심스럽게 다루다 보면 더 많은 시간을 들여야 하며, 이는 결국 돈을 덜 버는 것을 의미한다. 그 때문에 양에게 양털 깎기는 대체로 폭력적이고 소름끼치는 의식이다. 2013년 한 해에만 미국에서 370만 마리의 양이 털을 깎았고, 뉴질랜드에서는 6 대 1의 비율로 인간보다 양의 수가 많다. 이렇게 많은 양들이 그만큼 곳곳에서 잔인한 취급을 받는다는 말이다. 예를 들어 유타주의 한 목장에서 7인 1조로 양털을 깎는 팀은 비밀 조사관들에게 자신들이 "하루에 1,000마리 정도를 처리할 수 있다"고 자랑했다.[75] 이렇게 많은 양의 털을 그렇게 빨리 깎으려면 각 일꾼들은 양 한 마리당 3분 30초도 안 되는 시간을 투입해야 한다. 실제 이렇게 빨리 깎다 보면 급히 서두를 수밖에 없기 때문에 양은 피부가 쩍 갈라지거나 상처에서 피가 날 수도 있다. 심지어 젖꼭지나 귀가 일부 잘릴 수도 있고, 조사관들은 성기가 찢겨 나간 경우도 목격했다.

양에게는 털을 깎기 전에 음식과 물을 주지 않는다. 양을 쉽게 통제하고 겁에 질린 양이 방광 조절력을 잃지 않게 하기 위함이다. 잡아먹히는 동물의 처지에서는 꽉 붙잡혀 있다는 것이 죽음을 의미하기 때문에 양은 당연히 겁에 질린다. 이런 상황이 발생하면 일꾼들은 양의 머리와 목을 밟거나 짓누르고, 발로 차고, 나무 바닥에 쾅 부딪는다. 이런 장면은 남극 대륙을 제외한 모든 대륙의 털 깎는 창고에서 촬영된 영상에 등장한다. 조사관들은 일꾼들이 주먹으로, 날카로운 금속깎이로, 심지어 망치로 양의 얼굴을 때리고 패는 장면을 확인했다. 한 영상에서 어떤 일꾼은 양이 죽을 때까지 목을 비틀었고, 심지어 살아 있는 양의 등가죽을 잡고 양이 바닥에 싼 오줌을 그 양의 털로 닦기도 했다.

뮬싱muelsing은 또 다른 잔인한 관행으로, 1920년에 고안되어 오늘날에도 계속 이어지고 있다. 뮬싱을 이해하려면 파리가 양털 속, 흔히 항문 주변 더러운 곳에 주로 알을 낳는다는 사실을 알아야 한다. 구더기는 이 부위를 통해 양의 피부를 좀먹는다. 구더기증fly-strike이라 불리는 이 현상은 양에게 치명적일 수 있다. 구더기증이 생기면 양의 털이 푸르스름해지고 냄새가 나며, 양들은 그 부위가 너무 가려워서 자기 살을 물어뜯으려 할 정도다. 농장주들은 손해를 막기 위해 정원용 가위로 항문 주위 피부를 도려내는데, 이것이 바로 뮬싱이다. 뮬싱을 하고 나서 상처가 나으면 그곳에 흉터가 생겨 털이 더 이상 자라지 않는다. 그러면 구더기가 발생할 위험이 어느 정도 줄어든다. 극도로 고통스러운 이 과정은 대개 진통제 없이 행해진다. 이 말은 1년에 수백만 마리의 새끼 양들이 항문 주변을 고통스럽게 훼손당한다는 뜻이다. 구더기증을 예방하는 더 인도적인 방법이 있는데도 대부분의 새끼 양들은 뮬싱을 당하며, 그 뒤 며칠 동안 걸을 수 없고 극심한 스트레스로 아드레날린 수치가 상승한다. 호주의 양모 생산업체들은 당초 동물복지단체와 관련 업체들의 민원을 받아들여 뮬싱을 단계적으로 없애겠다고 약속했으나, 막상 2018년이 되자 이를 없앨 의사가 없다고 말을 바꿨다.

이런 유형의 학대 행위는 널리 퍼져 있다. NBC는 비밀 조사 결과를 최초로 보도했는데, 보도에 따르면 9명의 양털깎이 도급업자들이 고용한 70명의 노동자들 모두 호주 빅토리아와 뉴사우스웨일스 소재 19개 양털 깎는 창고에서 양을 학대한 혐의가 있는 것으로 밝혀졌다. 미국의 경우도 이보다 나을 것이 없었다. 미국의 조사관들은 와이오밍, 콜로라도, 네브라스카 전역의 목장 14곳을 방문하여 각 목장에서 자행되는 양 학대 및 방치를 꼼꼼하게 기록했는데, 미국 또한 호주와 다를 게 없었다. 2018년 영국에서도 잉글랜드와 스코틀랜드의 양털 깎는 창고에서 자행되는 학대를 기록했는데, 이곳 역시 다른 곳보다 심하지는 않아도 잔인하기는 마찬가지였다.

우리는 이 아름다운 동물들에게 평생 가는 고통을 안겨주고 있다. 사실상 우리는 양을 학대해 양털을 의류 회사에 판매하는 데 일조하고 있거나, 아니면 크리스나 슈렉처럼 부자연스러울 정도로 두꺼운 털을 갖게 해서 그들을 위험한 상황에 빠트린다.

다운

다운down은 대다수 새들의 두꺼운 외부 깃털 층 아래에 있으며, 단열 기능이 있는 부드러운 깃털 층이다. 다운은 인류가 수천 년 동안 보온을 위해 의존해온 또 다른 보온 물질이다. 매년 털갈이 철이 되면 오리와 거위는 부드러운 털이 자연적으로 빠지는데, 예부터 이 깃털은 털갈이 시기가 지난 후에 채취되었다. 독수리와 까마귀의 부드러운 털은 평원인디언Plains Indians, 호피족the Hopi, 주니족the Zuni, 그리고 다른 아메리카 원주민 부족들이 행하는 종교 의식에서 중요한 요소로 활용되기도 했다. 하지만 오늘날 겨울 재킷, 베개, 두터운 이불은 새들을 가혹하게 다루고 있다는 사실을 숨기고 있다. 새들의 상황도 양털 때문에 고통 받는 양에 못지않게 가혹하다.

극히 드문 예외도 있지만, 요즘 노동자들은 오리와 거위가 털갈이를 할 때까지 기다리지 않는다. 노동자들은 겁에 질린 새를 무릎 사이에 끼운 채 새가 살아 있는 상태에서 바로 깃털을 뽑아낸다. 이처럼 털을 뽑을 경우 살이 찢어져 상처에서 피가 나기도 한다. 다친 새들은 방치되어 죽기도 한다. 살아남더라도 상처가 심하면 진통제도 없이 상처를 꿰매거나, 아니면 두려움과 고통에 떨도록 내버려둔다. 깃털이 다시 자라나면 이 과정이 반복된다. 농장은 살아 있는 새에게서 뽑은 다운을 1년에 무려 15t이나 생산한다. 거위 한 마리가 생산하는 깃털이 57g 미만임을 감안한다면, 이는 한 농장에서 거위들이 산 채로 연간 25만 번 깃털을 뽑힌다는 말이다.

가령 캐나다 구스Canada Goose 같은 일부 업체들은 다운 외투를 생산하면서 자신들이 '모든 동물 재료를 윤리적으로 조달하는' 데 최선을 다한다고 주장한다. 하지만 그들은 세부 사항은 보여주지 않으려 한다. 회사의 주장대로 도축된 후 털이 뽑힌다고 해도 새들의 현실은 암울하다. 캐나다 구스에 새를 공급하는 한 농장에서 조사관들은 새들이 압사당하고 물이나 먹이도 없이 밤새도록 방치되며, 한쪽 다리를 잡힌 채 거꾸로 운반되고 혹독한 추위 속에서 덮개도 없는 트럭을 타고 도축장으로 긴 여정을 떠나는 장면을 목격했다.

사람들은 다운 외투를 구입하거나, 다운 베개에 푹 파묻히거나, 다운 이불을 덮고 낮잠을 자는 유혹을 느낀다. 하지만 실제 윤리적으로 생산된 다운을 사기란 거의 불가능하며, 이를 대체할 방법은 매우 많다.

견섬유

어쩌면 당신이 너구리, 소, 개, 양, 거위, 오리 같은 동물의 처지에 대해서는 쉽게 공감을 느낄지도 모르겠다. 벌레는 어떠한가?

누에는 수천 년 동안 윤기가 흐르는 비단을 얻기 위해 사육되어 왔다. 중국의 철학자 공자에 따르면, 비단은 기원전 27세기에 누조嫘祖라는 젊은 여황제가 나무에서 찻잔으로 떨어진 누에 고치를 보고 처음 알게 되었다. 그 후 3,000년 동안 중국에서는 비단 제작 과정이 극비에 부쳐졌다. 그래서 비잔틴의 유스티니아누스 황제는 수도사 2명을 중국에 파견하여 대나무 줄기 속에 누에를 숨겨 유럽으로 밀반출하게 했다.

견직물은 섬세한 직물이며, 이를 만들기 위해서는 고치 안에 있는 누에를 산 채로 삶아 죽이고 견사를 감아내야 한다. 사실 누에는 우아하고 아름다운 성체 나방의 애벌레 단계에 불과한 어린 나방이다. 이 말은 견섬유 산업에서 사육되는 대부분의 누에들이 번데기 단계를 넘어서 살지 못한다는 것을 의미한다. 그들은 아직 한창 나이일 때 고치 안에서 쪄지거나 가스를 맡고 죽임을 당한다. 450g의 견직물을 만드는 데만도 누에가 3,000마리 필요하고, 인도 여성들의 전통의상인 사리 한 벌을 만드는 데는 무려 누에가 5만 마리 필요하다. 따라서 매년 견섬유 산업에서 죽게 되는 곤충의 수는 실로 충격적일 정도로 많다.

양은 꼭 껴안아주고 싶은 마음이 쉽게 들지만 누에는 그렇지 않을 수도 있다. 하지만 어쩌면 모든 생명체들이 더 나은 처우를 받을 자격이 있을지도 모른다. 다행히 벌레든 양이든 개든 소든, 요즘은 동물 학대에 동참하지 않아도 쉽고 멋있게 옷을 입을 수 있다.

동물을 사용하지 않은 의복 ㅡ

비틀즈의 싱어 폴 매카트니의 딸인 패션 디자이너 스텔라 매카트니는 오랫동안 열렬한 동물 권리 운동가로 살아왔다. 그녀는 옷을 디자인할 때 가죽, 견섬유 혹은 모피를 절대 사용하지 않는다. 그런데 2015년 3월, 파리 패션 위크 동안 무대에서 우아한 모델들이 모두 매카트니가 디자인한 화려한 모피 코트, 시크한 스웨이드, 가죽 바지와 재킷을 입고 성큼성큼 걸어 나왔다. 만약 당신이 맥락을 잘 알지 못했다면 이런 장면이 충격으로 다가왔을지도 모른다. 동물을 아끼는 인기 연예인들이 대거 출연한 행사였지만 그 누구도 반대하지 않았다.

무슨 일이 있었던 것일까?

매카트니는 모피나 가공 가죽과 믿을 수 없을 정도로 유사해 보이면서 동물로 만들지 않은 혁신적인 소재를 사용해 한 단계 도약했던 것이다. 이처럼 아름답고 우아한 디자인은 진품과 구별할 수 없었다. '모피 아닌 모피' 코트의 모피는 사실상 폴리에스터나 아크릴 같은 소재로 만들어졌고, 매카트니가 쓴 '가죽 아닌 가죽'은 비건 가죽의 일종으로, 대개 폴리우레탄 같은 소재로 만들어졌다.

과거에 매카트니는 디자인에 모피나 가죽 같은 재료를 사용하는 데 대체로 반대했다. 모피나 가공 가죽처럼 보이지 않아도 멋을 낼 수 있음을 사람들에게 납득시키고자 했기 때문이다. 그녀는 "수년 동안 저는 모피나 가공 가죽을 쓰지 않았습니다. 하지만 고객들과 패션업계에 더 이상 이를 사용할 필요가 없다는 점을 보여주고 싶었어요"라고 말했다. "패션쇼 무대에서 당신은 모피와 인조의 차이를 구별할 수 없습니다. 현대의 인조 모피는 진짜 모피와 너무 비슷해서, 이것이 작업실을 떠나는 순간 누구도 진짜가 아니라고 자신 있게 이야기할 수 없어요. 난 이 문제에 대해 많이 고민했습니다. 그러다 최근 젊은 여성들과 줄곧 이에 대해 이야기를 나눠봤는데, 그들은 진짜 모피를 원하지도 않았습니다. 이제 상황이 바뀌었고 때가 됐다는 느낌이 들었어요. 누가 봐도 모피처럼 보이는 직물을 만들 수 있게 된 거죠."[76]

다른 대부분의 주요 패션 디자이너들도 진짜 모피에 반대하는 입장을 취하고 있다. 마이클 코어스, 구찌, BCBG, 훌라Furla, 도나 카란, 존 갈리아노, 톰 포드, 그리고 지방시Givenchy 등은 모두 반反모피 성명을 발표해 동물 학대 없는 인조 모피 소재를 채택할 것을 약속했다. 랄프 로렌, 조르지오 아르마니, 토미 힐피거, 캘빈 클라인, 네타포르테Net-a-Porter, 버버리, 셀프리지Selfridges 등도 패션 디자인에서 모피를 쓰지 않기로 했다. 2018년 3월, 수십 년 동안 동물 가죽을 자신의 작품에 없어서는 안 될 요소로 생각해온 이탈리아의 디자이너 도나텔라 베르사체도 〈보그〉지와의 인터뷰에서 모피를 더 이상 쓰지 않겠다고 선언했다. "모피요? 저는 거기서 빠져나왔습니다. 유행을 창출하기 위해 동물을 죽이고 싶지 않아요. 옳은 행동 같지 않거든요."[77]

여러 젊고 유망한 패션 디자이너들도 모피에 반대했다. 2016년 호주의 가죽 액세서리 브랜드 밈코Mimco의 광고 제작 감독 캐서린 윌스는 유축농업이 환경에 미치는 영향을 다룬 다큐멘터리 『카우스피러시Cowspiracy』를 관람했고, 얼마 후 직장을 그만뒀다. 그녀는 2018년 〈호주 파이낸셜 리뷰Australian Financial Review〉지와의 인터뷰에서 "대규모 가죽 액세서리 사업을 이끌고 있다는 사실이 제게 점점 불편함으로 다가왔습니다. 2016년 중반 일을 그만두면서 저는 다음에 무엇을 해야 할지 생각해볼 시간을 가져야 했습니다. 그래도 저는 그것이 창의적이어야 하며, 가죽을 사용하지 않는 것이어야 함을 의식하고 있었습니다"라고 말했다.[78]

그녀의 새로운 직장인 상 비스트Sans Beast는 세련되고, 가격도 적당한 가죽 대안품으로 가득한 시장에 합류했다. 수요가 폭발적으로 증가하고 있는 이 시장의 규모는 2025년까지 850억 달러에 이를 것으로 예측된다. 과감한 색상과 요즘 유행하는 두툼한 스타일의 시크한 토트백을 선보인 윌스는, 우아한 스타일과 인도적 윤리를 결합한 맷앤냇Matt & Nat, 라반떼 같은 디자이너들의 대열에 진입했다. BMW, 메르세데스-벤츠, 렉서스, 페라리 같은 고급 자동차 회사들도 현재 비건 가죽 시트 옵션을 제공한다. 스텔라 매카트니는 가죽 아닌 가죽 컬렉션을 처음 선보이고 난 후 "저는 업계에 가공 가죽을 계속 사용할 필요가 있느냐고 진지하게 묻고 싶습니다"라고 말했다.[79]

동물을 이용한 의복의 대안에 매료된 현명한 사람들의 길고 인상적인 대열에서, 매카트니와 윌스는 그저 가장 최근의 사람들일 뿐이다. 최초의 사람을 찾으려면 역사의 출발점까지 거슬러 올라가야 한다.

동물을 이용하지 않은 의복의 간략한 역사 ——

　고대 그리스의 작가 헤로도토스는 최초의 역사학자로 간주되는 인물로, 역사의 아버지로도 불린다. 기원전 5세기에 쓴 그의 《역사》는 인간의 지식과 사건들을 연대순으로 정리해보려는 최초의 시도로, 우리가 고대 세계의 삶을 이해하고자 할 때 읽어보아야 할 가장 중요한 작품 중 하나로 꼽힌다. 《역사》에는 동물을 신주 모시듯 하여 시민들이 의복을 포함한 어떤 목적으로도 동물을 해치지 않으려 했던 사회에 대한 최초의 기록이 담겨 있다. 헤로도토스는 고대 인도의 주민들이 "살아 있는 동물은 어떤 경우에도 죽이려 하지 않는다. 그들이 먹는 유일한 음식은 채소다"라고 쓰고 있다. 여기서 그는 최초의 채식주의자들에 대한 이야기를 하고 있다. 그는 습지에 거주하는 사람들에 대한 이야기도 들려준다. 그들은 "강에서 잘라 오그라뜨린 왕골莎草 옷을 입고 있었는데, 나중에 그들은 이를 엮어서 돗자리를 만들고, 우리가 흉갑胸甲을 입는 것처럼 이것을 입었다."

　풀로 옷을 만들어 입는 이 부족보다 더 주목해야 할 대상은 헤로도토스가 인도에서 재배되고 있었다고 말하는 특별한 나무들이다. 헤로도토스는 다음과 같이 적고 있다. "또한 그곳에는 야생으로 자라는 나무들이 있는데, 그 열매는 양털의 아름다움과 품질을 능가한다. 원주민들은 트리 울tree-wool로 옷을 만들어 입는다." 이는 목화였다. 목화는 목화나무의 씨 주변 꼬투리에서 자연적으로 자라나는 솜털 같은 하얀 섬유로, 오늘날의 증거는 목화가 인도아대륙에서 8,000년 동안 재배되어 왔음을 보여준다. 목화 또는 면화 재배는 지구 반대편의 고대 멕시코에서도 같은 시기에 완전히 독립적으로 발전했다. 이는 좋은 생각은 보편적임을 보여주는 징표라 할 수 있다.

지금도 면은 모직의 훌륭한 대안이다. 면은 완전한 자연 재료일 뿐 아니라, 양을 키우고 돌보고 털을 깎을 때 발생할 수 있는 학대를 피할 수 있다. 면 꼬투리 섬유에서 추출하는 '트리 울'은 양털보다 부드럽지만, 셀룰로오스 성분 덕에 견고함과 내구성이 뛰어나고 수분 흡수력도 좋다. 사실 면의 성질은 건조할 때보다 습할 때 더 빛을 발한다. 면은 겹쳐 입어야 보온 효과를 볼 수 있다는 점에서 양모를 이길 수 없을 것 같지만 사실은 그렇지 않다. 실제로 면캔버스와 면플란넬은 훌륭한 대안이다. 다른 직물에 비해 플란넬은 두께가 두껍고 단열성이 뛰어날 뿐 아니라, 통기성과 내구성도 좋다.

식물성 직물 재배의 역사는 헤로도토스와 그가 말하는 트리 울보다 훨씬 전으로 거슬러 올라간다. 오늘날의 터키 신석기 유적지에서 발견된 유아의 뼈를 둘러싸고 있는 천은 당시 사람들이 리넨과 삼을 함께 짜서 질 좋은 직물로 만들어 사용했음을 보여준다. 아마도 9,000년 전의 고대에서는 이런 직물을 서로 사고팔았을 것이다.

이후 고대 이집트인들은 식물성 직물 생산을 예술의 형태로 끌어올렸다. 타작, 침수처리, 두드려 고르기, 삼빗으로 훑기, 짜기 등의 과정을 거쳐 리넨이 되는 아마는 나일강 둑을 따라 쉽게 대량 재배되었고, 이집트는 리넨의 아름다움으로 고대 세계 전역에서 유명해졌다. 순백의 리넨 드레스를 입은 여성들의 모습이 흔한 고대의 비문과 벽화는 이집트 리넨 생산의 기술과 솜씨를 기리고 있다. 고대 이집트인들은 죽음에 관심이 많았기 때문에, 수천 년 동안 무덤 안에 봉인되어 있던 리넨 조각들이 보존되어 오늘날까지 그 표본들이 남아 있다. 메트로폴리탄 미술관은 이 리넨 조각을 소장하고 있다. 이 조각은 1제곱인치당 200×100개의 실로 짜였는데, 현대적인 기준으로 볼 때는 조잡할 수도 있지만 당시로서는 괄목할 만한 성과였다.

리넨은 여전히 동물성 소재의 훌륭한 대안이다. 리넨은 면과 마찬가지로 사용량이 많아질수록 강해지지만 부드러워지기도 하며, 습할 때 만져봐도 시원하고 건조한 상태를 유지한다. 리넨은 재활용이 가능하고 면보다 2배로 강한 천연 원단 중 하나로, 여름과 겨울에 모두 편안히 착용할 수 있다. 빳빳한 여름 양복부터 천연 단열 기능을 활용한 담요와 잠옷에 이르기까지 리넨은 이 세상에서 가장 편안하고 멋지고 용도가 다양한 원단 중 하나다. 리넨 정장을 입으면 누구나 이집트인처럼 보일 것이다.

오직 면과 리넨만이 양모의 훌륭한 자연적 대안은 아니다. 오늘날 대나무, 삼베, 목재, 콩, 심지어 해초 같은 원료로도 편안하고 튼튼한 직물을 만들 수 있다. 예를 들어 대나무 섬유는 질감이 부드럽고 강하며 통기성이 좋고 냄새가 덜 나며 저렴하다.

대나무 의복은 대나무로만 만들거나, 면, 삼베, 폴리에스테르, 스판덱스 같은 합성물과 혼합하여 만드는데, 편안하고 세련되며 친환경적이다.

삼(대마) 역시 살충제나 화학비료 없이 쉽게 재배할 수 있으며, 환경 친화석이라는 장점이 있다. 삼은 땅속 91cm까지 뿌리를 내려 토양을 고정시키고, 땅의 침식을 방지한다. 삼실로 짠 삼베는 리넨과 비슷한 느낌이지만 면보다 3배 정도 강하며, 자외선과 곰팡이에도 강하다. 삼베의 섬유질은 원래 속이 비어 있는데, 이로 인해 더운 날씨에는 냉각 섬유가 되고 추운 날씨에는 열 섬유가 된다.

라이어셀Lyocell은 훨씬 다양한 방식으로 동물성 제품을 대체할 수 있는 직물이다. 목재 섬유로 만들어진 라이어셀은 가공 공법에 따라 몰스킨moleskin, 스웨이드, 가죽, 실크, 양모와 유사한 특징을 갖게 된다. 가볍고 내구성이 있으며 주름 회복력이 뛰어나기 때문에 많은 사람들이 여행복으로 선호한다. 또 다른 훌륭한 선택지는 모달modal이다. 모달은 생산 과정상 천연 섬유로 분류되지는 않지만, 사실 재생 가능한 너도밤나무 섬유에서 추출한다. 모달은 면보다 수분 흡수력이 50% 높을 뿐 아니라 염색이 쉽고 착용이 편리하며, 세탁을 자주 해도 모양이 변하지 않는다.

심지어 콩으로도 옷을 만들 수 있다. 제조업자들은 두부 제품의 찌꺼기로 캐시미어의 편안함, 면직물의 늘어지는 성질과 내구성, 견직물의 부드러움과 윤기를 지닌 직물을 만든다. 콩으로 만든 옷은 생분해되며 울이나 면보다 튼튼하다.

양모의 가장 특이한 자연 대안물은 콩이 아니라 시셀SeaCell이다. 시셀은 해초 가루와 셀룰로오스를 결합한 원단이다. 의류 업체들은 이 원단이 세포 재생을 촉진하고 염증을 억제하며, 가려움을 진정시키고 신체 해독작용까지 있다고 주장한다. 해초로 만든 옷을 입으면 헤로도토스가 고대 인도에 대해 설명할 때 언급했던, 왕골을 입던 부족과 동일한 방식으로 옷을 입는 격이 될 것이다. 어떤 패션은 실로 시대를 초월한다.

양모를 대신할 수 있는 우수한 합성 원단도 있다. 아크릴, 폴라 플리스polar fleece, 폴리에스테르, 스판덱스, 나일론 등은 모두 훌륭한 선택지로, 특히 보온이 필요한 운동을 할 때 더 좋다. 이 중 재활용 폴리에틸렌 테레프탈레이트recycled polyethylene terephthalate, rPET라는 물질은 특히 친환경적이다. rPET는 재활용 플라스틱으로 만든 폴리에스테르다. 재활용 번호 1번이 적힌 플라스틱 병을 버리면 새로운 병이나 멋진 플리스fleece가 되어 되돌아온다. rPET 원단은 내구성이 좋고 저렴하며, 통기성이 좋고 편안하다. 나일론에 비해 탄소 발자국carbon footprint이 90% 낮고 버진 폴리에스테르보다는 75% 낮으며, 심지어 유기농 면직물보다도 50% 낮다.

'책임감 있고 윤리적인 방법으로' 다운(오리털이나 거위털)을 생산한다고 주장하는 업체들에 대해서는 어떻게 생각해야 할까? 놀랍지만 그것은 근거 없는 소리다. 당신이 어떤 종류이건 다운을 구입한다면, 공급 과정의 어느 단계에서든 산 채로 털을 뽑는 비윤리적인 작업을 하거나, 적어도 공장식 농장과 거위 도축을 지원하는 회사의 제품을 구매하게 될 가능성이 크다. 대부분 거창한 주장을 하는 기업들은 투명성을 거부한다. 자신도 모르게 동물 학대를 지지하고 있지는 않은지 확실히 알 수 있는 유일한 방법은 다운을 아예 구입하지 않는 것이다.

다행스럽게도 다운을 대체하는 합성 제품은 저렴하고 효율이 뛰어나다. 예를 들어 2013년 노스페이스는 써모볼Thermoball 기술을 도입했는데, 써모볼은 프리마로프트PrimaLoft라는 작고 둥글고 가벼운 덩어리로 된 합성 섬유로 다운을 모방한 기술이다. 써모볼은 600필fill 거위 다운과 동일한 단열성을 보이며, 젖은 상태에서도 다운보다 나은 보온 기능을 유지한다. 파타고니아Patagonia는 최근 재킷과 침낭에 사용하는 플루마필PlumaFill 단열재를 선보이며 합성 다운 시장에 진출했는데, 업체 측의 홍보에 따르면 "지금까시 나온 다운이나 합성솜 가운데" 최고의 보온성 대 무게 비율을 자랑한다. 마모트Marmot의 깃털 없는 단열재도 (업체 측 설명에 따르면) "다운보다 낫다." 스포츠 의류 브랜드 중에는 다운을 완전히 퇴출하기로 한 브랜드가 점차 늘고 있는데, 여기에는 빅 5 스포팅 굿즈Big 5 Sporting Goods, 바움즈 스포팅 굿즈Baum's Sporting Goods, 그리고 세계 최고의 아웃도어 장비 제조업체인 콜맨 컴퍼니The Coleman Company 등이 있다.

2017년 12월 미국의 버피Buffy라는 기업은 단열 기능이 있는 침낭 속에서 눈보라를 맞느니, 차라리 안락한 이불 속에서 오후의 낮잠을 즐기고 싶어 하는 사람들을 위해 '버피 컴포터'라는 이불을 공개했다. 이 이불은 실아 있는 세에서 뽑은 깃털 대신, 미네랄이 함유된 마이크로파이버와 유칼립투스를 결합한 기술로 만들었다. 버피는 이 기술로 이불을 생산했을 때, 이불 하나당 거위 12마리가 산 채로 털을 뽑히는 일을 막을 수 있다고 주장한다.

당신이 할 수 있는 일 ━━

동물을 이용한 의복의 대체품을 혁신하려는 움직임이 꾸준히 확장되고 있기 때문에 당신의 옷장에서 더 쉽게 동물 가죽, 양털, 깃털을 없앨 수 있다.

동물을 활용하지 않은 옷을 입어라

'모피, 털 장식이 있는 외투, 털방울이나 장식술이 달린 모자를 쓰지 마라.' 일반적으로 진짜 가죽이나 모피보다 저렴한 인조 모피를 고려하라.

'가죽 옷, 가죽으로 만든 서류 가방, 여행 가방, 소파나 의자 등의 가구를 사용하지 마라.' 다양한 인조 가죽 대체품을 선택하라. 코코넛워터, 파인애플, 콩, 과일 쓰레기, 사과, 종이, 목재, 코르크, 버섯, 콤부차kombucha 차와 포도 잎에서 추출한 물질까지 다양한 재료가 비건 가죽을 만드는 데 사용되고 있다. 선구적인 비건 신발 회사는 영국의 브라이튼에서 출발한 '채식주의 슈즈Vegetarian Shoes'로, 폴 매카트니의 후원을 받고 있다. 이 회사는 신발을 전 세계로 배송해준다.[1] 비건 신발 회사는 뉴욕과 로스앤젤레스를 포함한 세계곳곳에서 생겨나고 있다. 이들 도시에는 무슈즈MooShoes 매장이 있고 온라인에서 비건 신발을 판매한다.[2] 이브 생 로랑과 스티브매든Steve Madden도 남성용 비건 신발을 판매한다.

'견직물을 사용하지 마라.' 훨씬 더 저렴하고 내구성이 강하며, 매우 편리하고 고급스러운 직물들을 다양하게 선택할 수 있다. 라이어셀이나 모달을 고려해보자. '피스 실크peace silk'로도 알려진 아힘사 견직물을 판매하는 비단 공급업자를 믿지 마라. 아힘사 견직물은 나방이 자연석인 생활 주기를 거쳐 완전히 성장하고 난 후 고치를 수집해 견사로 바꾸는 방법으로 생산된다고 알려져 있다. 그러나 실제로 이런 공정을 판단할 기관이 없으며, 잔인한 관행으로 수확된 전통적인 견직물이 간혹 '피스 실크'로 팔리기도 한다.

'모직물을 피하라.' 모직물을 대신할 수 있는 훌륭하고 멋진 대안들이 있으며, 기술의 진보 덕분에 오랫동안 인기를 누려온 모직물의 기능(습하고 추운 날씨에 혹은 운동을 많이 하고 땀을 흘렸을 때 온기를 유지하는)을 이제 폴라플리스 같은 합성 직물이 더 잘 수행할 수 있다. 파타고니아처럼 책임감 있게 양모를 공급받는다고 주장하는 기업들도 양에게 끔찍한 가혹 행위를 하는 생사업체를 이용하는 것으로 밝혀졌다.

'다운이 충전된 캐나다 구스 점퍼나 그 어떤 다운 점퍼 및 이불도 사지 마라.' 점퍼 속 다운을 책임감 있게 공급받는다고 주장하는 브랜드들을 믿지 마라. '책임감 있게'라는 표현에 대한 정의가 불분명하고, 대개 공급 과정이 투명하지 않기 때문이다. 리스토어 하드웨어, 윌리엄스 소노마, 포토리아 반, 웨스트 엠은 판매 중인 거의 모든 다운 품목을 대체할 수 있는 합성 제품들을 선보이고 있다. 실제로 윌리엄스 소노마는 최근 합성 필 제품을 1,230%까지 늘리겠다고 약속했다. 크레이트 & 배럴, CB2는 자사의 장식용 베개에 넣을 합성 다운 충전재를 판매하며, 잠옷이 주력 상품인 랜드 오브 노드는 내추럴 하모니라는 합성 충전재를 판매한다. 일부 영국 기업들, 즉 아돌포 도밍게스, ASOS 개인 레이블, 부후(네이스티 갈의 모회사), 닥터마틴, 팻 페이스, 홉스, 지그소, 몬순 액세서라이즈 Ltd., 나이젤 홀 멘스웨어, 레이스, 탑샵, 프리마크, 웨어하우스, 휘슬즈, 화이트 스터프는 다운을 완전히 사용 금지했다.

동물을 사용하지 않은 옷을 입고 여행하라

만약 오지를 방문하게 된다면 마모트나 노스페이스 같은 브랜드를 선택하라. 어떤 곳으로 모험을 떠나건, 두 브랜드 모두 당신을 안전하고 따뜻하게 지켜줄 단열 대체품을 판매한다. 활동을 좋아하는 사람이라면 알아두어야 할 울 및 다운의 대체품들은 수십 가지가 있다. 예를 들어 전 세계 아웃도어 브랜드들은 폴라텍, 써모그린, 옴니히트, 프리마로프트, rPET, 고어텍스, 써모볼, 플럼테크, 모달, 써머필, 써머체크 등의 기술을 이용한 제품들을 생산한다. 대자연의 가장 혹독한 환경에서도 당신은 동물 학대 없는 이 제품들을 받아볼 수 있다.

당신이 걷기보다 운전을 선호한다면 새 차를 살 때 현명한 결정을 내려라. 판매 직원에게 가죽 인테리어 모델은 보고 싶지 않다고 말하라. 이런 행동은 자동차 가격을 몇 천 달러 낮추는 데 그치지 않는다. 일반적인 가죽 인테리어 제품을 생산하려면 3~8마리의 동물이 목숨을 잃기 때문이다. 비건 인테리어를 선택함으로써 전 세계의 가죽 생산업자들에게 '이제 더 이상 당신들이 동물에게 가하는 잔인함을 용납할 수 없다'는 메시지를 보낼 수 있다.

시선을 끌어라

한 걸음 더 나아가고 싶은가? 사람들의 눈길을 사로잡을 눈에 띄는 슬로건으로 동물 학대에 반대하는 당신(과 당신의 가치)의 입장을 큰 소리로 당당하게 알리는 옷을 입어라. 비건 폴리스, 비거나이즈드 월드, 인 더 소울샤인, 홀섬 컬처, 알바 파리 아트, 비바 라 리바, 베어푸트 본즈, 베지테린, 웨어 베어 본즈, 크레이지스 앤드 위어도스, 더 트리 키서, 로 어패럴 같은 브랜드의 티셔츠와 액세서리에는 'Meat Sucks(고기는 구려)' 'Talk Vegan to Me(내게 비건이라고 말해)' 같은 슬로건이 새겨져 있다. 이 중 상당수 브랜드들은 일반적으로 가죽 지갑, 벨트, 가방 및 액세서리류를 동물실험 없는 제품으로 판매하기도 한다. 예를 들어 오리건주 포틀랜드의 허비보어 의류회사는 'Eat Like You Give a Damn(음식을 가려 먹어라)' 같은 문구가 새겨진 세련된 티셔츠뿐 아니라, 다양한 비건 가죽 벨트, 지갑, 핸드백을 판매한다. 이탈리아 패딩 브랜드 세이브 더 덕Save The Duck은 소매에 행복한 오리 로고가 새겨진 포근한 패딩을 제작한다.

또 다른 대안은 옷을 전혀 입지 않는 것이다. 동물을 이용한 옷을 입느니 차라리 벌거벗고 다니겠다는 입장을 밝히고, 질리언 앤더슨, 토미 리, 클로이 카다시안, 에바 멘데스, 핑크와 함께 이런 활동에 동참하자.

당신의 힘을 효율적으로 사용하라

당신의 실천 의지를 숨기지 마라. 동물을 착취하는 브랜드에 편지나 트윗을 보내라. 당신이 왜 그들의 제품 구매를 중단했는지 말해줘라. 예의를 갖추되, 구체적이고 단호하게 행동하라. 유명 회사에 글을 쓰는 것이 보잘것없는 일 같지만 결코 당신의 목소리가 발휘할 수 있는 힘을 의심하지 마라. 어떤 회사의 CEO가 동물복지에 대한 회사의 입장 때문에 많은 소비자들이 다른 브랜드를 선택한다는 사실을 알게 될 경우, 그 브랜드는 사업 관행을 바꾸거나 새로운 공급처를 찾거나 제품 생산을 완전히 중단할 가능성이 훨씬 높아진다.

지역 입법자들에게 전화를 하거나 편지를 보냄으로써 영향력을 행사할 수 있다. 지역 위원회 회의, 집회, 지역사회 행사에 참석하는 방법을 통해서도 지역 정치에 관여할 수 있다. 당신은 각종 모임이나 행사 등에 동참함으로써 생각보다 지역 공동체 내에 당신과 가치관을 공유하는 사람들이 많음을 확인할 수 있을 것이다.

예를 들어 2018년 봄, 샌프란시스코는 미국의 주요 도시 중 최초로 투표를 통해 모피 판매를 전면 금지하기로 결정했다(곧바로 로스앤젤레스가 합류했다). 이 승리는 동물권 운동가들이 샌프란시스코 감독 위원회에 몇 주 동안 끈질기게 요청해서 얻은 쾌거였다. 운동가들은 위원회 회의에서 지역 모피 업체들과 토론을 벌였고 시청에서 집회를 열었으며 입법자들에게 계속적으로 압력을 행사했다. 결국 감독위원회는 모피 판매 금지를 만장일치로 승인하기로 의결했다. 여배우 알리시아 실버스톤은 이 금지 결정 덕분에 "샌프란시스코가 고향임을 더 자랑스럽게 느끼게 될 것"이라는 편지를 위원회에 보냈다. 하지만 유명인이 아니어도 당신의 편지는 변화를 일으킬 수 있다. 입법가들은 어떤 사안에 대해 서한을 받을 때마다 그만큼 깊이 관심을 갖는 유권자들이 1,000명은 더 있을 것이라 추산한다. 주 및 연방 대표자에게 수시로 편지를 쓰고, 다른 사람들에게 당신과 함께하자고 제안하라. 샌프란시스코의 모피 금지 또는 다른 이정표가 될 만한 업적들은 목소리를 내기로 결정한 온정적인 시민들이 없었다면 결코 이룰 수 없었을 것이다.

비건 디자이너가 되어보라

동물을 깊이 사랑하고 패션에 재능이 있는가? 그렇다면 당신은 점차 증가하는 디자이너들의 한 물결에 동참할 수 있다. 이들은 고품격 패션이라는 고상한 세계에 동물을 사용하지 않는 재료를 도입하는 데 헌신하는 디자이너들이다. 매년 수천 명의 학생이 맨해튼의 뉴욕패션기술대학FIT을 졸업하며, 그들은 업계에서 명성이 자자하다. 근년 들어 FIT는 매년 교과과정에 지속가능성 인식 주간Sustainability Awareness Week을 개설하기로 결정했다. '어떻게 (비건) 패션계에서 성공할 수 있는가?'라는 토론회는 엄선된 최고의 비건 디자이너 패널이 참여한다. 이 토론회의 메시지는 명확하다. 비건 원단은 업계의 미래라는 것이다. 비건 디자인도 그러하다. 당신이 동물을 해치거나 죽이지 않는 옷을 디자인하고 싶다면, 바로 지금 패션 디자인 분야에서 일을 해보라.

지금 당장 시작하라

당신이 최근에야 동물을 사용하지 않은 옷을 입기 않기로 결정했다면 어떻게 해야 할 것인가? 울 스웨터, 가죽 재킷과 액세서리, 예전에 입던 낡은 모피 외투를 어떻게 해야 할까? 이제 당신은 동물을 생각하며 옷을 입기로 결정했기 때문에, 동물을 사용한 오래된 옷을 갖고 있는 것이 찜찜할 수도 있고 잘못을 저지르는 것이라 생각될 수도 있다. 당신이 유행의 첨단을 걷는 사람이 아니고 실용적인 절약형 소비자라면 다른 옷으로 대체하는 일이 돈이 많이 드는 것처럼 보일 수도 있다.

걱정하지 마라. 모든 것을 한꺼번에 바꾸고 싶지 않다면, 갖고 있던 옷들이 오래되거나 더 이상 쓸모없다고 여겨질 때, 동물을 사용하지 않는 대체품으로 교체하는 것도 좋다. 동물을 이용해 만든 옷을 전부 자선단체에 기부하는 방법도 있다. 굿윌, 구세군, 홈리스 쉼터는 옷을 선택할 여유가 없는 사람들을 위해 당신의 오래된 옷을 잘 활용할 것이다. 지역 야생동물 센터는 어떤 모피 의복도 환영한다. 이런 옷들은 어미를 잃은 새끼들이 스스로 걷거나 날 수 있을 때까지 그곳에서 따뜻하고 안전하게 지내는 데 도움을 줄 수 있다. 동물보호단체는 모피 옷에 대해서도 세액공제를 해주며, 이들을 교육용으로 전시하거나 해외 난민 센터에 보낼 것이다.

오래된 의복을 재활용하는 방법을 자세히 알고 싶다면 www.veganrabbit.com을 방문해보자.

너무 늦는 경우는 없다

어쩌면 당신은 채식을 하고 적절한 단체에 기부를 하며, 모피 코트의 '모' 자도 생각해본 적이 없고 기발하면서도 투지 넘치는 비건 슬로건이 적힌 티셔츠를 보란 듯이 갖고 있지만, 막상 신발장에는 번쩍이는 가죽 신발이, 옷장에는 울 수트가 줄줄이 걸려 있는 사람일지 모른다.

하지만 당신만 그런 건 아니다. 지금 이 시점에 이르기까지 당신이 이룩한 변화에 자부심을 가져라. 더 중요한 것은, 다른 변화를 일궈나가기에 아직 늦지 않았다는 점이다.

1990년대에 『베이워치: SOS 해상구조대』에 등장했던 파멜라 앤더슨은 그녀의 상징이 된 빨간 수영복과 더불어, 세트장에서 촬영할 때 보온을 위해 양가죽 어그 부츠를 신기 시작했다. 호주의 어그 부츠에서 착안한 미국 부츠 브랜드는 앤더슨 덕에 섹시하고 편안한 고품격 제품으로 유명세를 타게 되었다. 몇 년이 지난 2007년에야 앤더슨은 어그가 진짜 양가죽으로 만들어졌다는 사실을 깨달았다. 그녀는 온라인 일기에 "『베이워치』를 찍던 시절을 전후해 시작된 그 대유행에 너무 죄책감을 느껴요. 나는 빨간 수영복을 입을 때 몸을 따뜻하게 하려고 어그 부츠를 신곤 했습니다. 어그가 진짜 동물의 가죽인 줄은 전혀 몰랐어요!"[80]라고 썼다. 현재 앤더슨은 친환경 가죽 제품과 란제리를 판매하는 비건 의류 회사를 소유하고 있으며, 어그 대신 스텔라 매카트니의 신발과 주시 쿠튀르Juicy Couture의 비건 부츠를 신는다. 앤더슨은 본의 아니게 어그 부츠 붐을 일으켜 양가죽으로 만든 부츠가 엄청난 인기를 얻었다. 그럼에도 그녀는 후회하는 마음을 솔직히 털어놓았고, 이후에도 줄곧 동물을 생각하는 부츠를 신었다.

어디서부터 시작해야 할지 모르겠는가? PETA의 동물실험 없는 제품 쇼핑 가이드Cruelty-Free Shopping Guide에는 월간 e뉴스레터, 동물을 사용하지 않는 제품으로 살아가기 위한 소형 안내서, 농물을 사용하지 않는 기업의 쿠폰 및 특별 행사, 동물을 사

용하지 않는 기업 및 자선단체에 대한 많은 정보가
담겨 있다. 자세한 내용은 QR코드를 참조하라.[1]

● 오락거리

르네 루소와 앨런 커밍이 주연한 1997년작 영화 『내 친구 버디』
는 버디라는 어린 고릴라를 집으로 데려와 자신의 가족과 함께
살아가게 하려는 괴짜 여인의 실화를 영화화한 것이다. 이 가족
은 악동 같은 침팬지, 새끼 고양이, 말, 거위들, 너구리, 무례한
앵무새 등 온갖 동물이 뒤죽박죽 섞여 있었다. 출발은 상큼했지
만, 버디는 이 여성의 집에서 그다지 행복을 느낄 수 없었고, 결
국 그녀는 버디를 보호구역으로 데리고 가지 않을 수 없었다. 그
곳에서 버디는 행복하게 살았다.

그러나 루소와 커밍과 함께 출연했던 통카라는 실제 침팬지
의 현실 속 삶은 그렇지 못했다. 이 영화가 개봉된 지 20년이 지

난 후 커밍은 미주리 영장류 재단Missouri Primate Foundation의 회장에게 다음과 같은 편지를 썼다.

> 저는 1997년 영화 『내 친구 버디』를 찍는 동안 [통카와] 가까이 지냈어요. 영화에서 내가 맡은 역할은 통카와 찍어야 하는 장면들이 많았고, 촬영하는 몇 달 동안 우리 사이에는 아주 가까운 동지애가 싹텄죠. 촬영이 끝날 무렵, 조련사들은 통카가 저를 그루밍하게 해줬어요. 그건 특별한 우정의 표시였죠. 제겐 언제나 소중한 추억이에요. 이듬해 영화 시사회에서 통카를 보고 싶었지만, 통카가 이제는 다루기 쉽지 않고 '은퇴해서 팜스프링스로 갔다'는 말을 들었어요. 지난 20년 동안 저는 통카가 할리우드 이후의 시간을 드넓은 보호구역에서 살아가리라 상상했어요.[81]

커밍은 버디를 팜스프링스의 한 보호구역으로 보낼 것이라는 약속을 받았다. 하지만 실제로 버디는 미주리주 페스터스에 있는 시설의 작은 우리에 갇혀 있었는데, 커밍은 이 사실을 뒤늦게 알게 되었다. 이 시설은 연방 동물복지 규정을 위반하여 여러 차례 미국 정부의 소환을 받은 곳이었다.

동물들이 사람들에게 큰 즐거움을 준다는 것은 사실이지만, 수백만 개의 유튜브 영상이 입증하듯이 동물들은 그 과정에서 학대를 당하기 일쑤다. 커밍은 자신과 함께 영화에 출연했던 침팬지를 돕기 위해 최선을 다하고 있다. 하지만 인간의 즐거움을 위해 이용되는 다른 수많은 동물에게는 불행한 일들이 훨씬 많이 일어난다.

역사적 기록이 남아 있는 시기부터 인간은 즐거움을 목적으로 동물을 이용해왔으며, 어쩌면 그 이전부터 그래왔다. 마케도니아에서 발견된 고고학 유물들은 적어도 기원전 2000년에 사람들이 즐길 목적으로 사자와 다른 야생동물들을 포획해 우리에서 사육했음을 보여준다. 다른 고대 문명, 즉 이집트, 중국, 바빌로니아, 아시리아에서도 코끼리, 기린, 곰을 포함한 야생동물들을 사로잡아 우리에 가두었다. 가축들도 마찬가지였다. 예를 들어 고대 로마인들은 화려한 전차 경주를 탄생시켰는데, 경주 중 때로는 인간이 죽기도 했지만 더 빈번하게 죽음을 맞이한 것은 말이었다. 동물이 고문을 당하고 흔히 야만적인 방법으로 죽임을 당했던 고대 서커스는 엄청난 인기를 끌었다. 구경거리에 단지 죽이는 장면만을 보여주는 경우도 흔했다. 기원전 13년, 한 고대 로마 서커스는 아프리카에서 데려온 '이국적인' 동물들을 적어도 600마리나 학살했다.

동물이 얼마나 지능이 높은지에 대해 글을 쓴 로마의 과학자이자 역사학자 플리니우스Plinius를 비롯한 일부 사람들은 이것이 실로 동물 학대임을 제대로 파악하고 있었다. 그는 《박물지》에서 다음과 같이 말한다. "자신에게 내려진 지시를 제대로 이해하지 못하고 반복적으로 구타를 당했던 코끼리 한 마리가 있었는데, 이 코끼리는 밤에도 같은 것을 계속 연습했다."

이런 고대의 오락거리는 동물을 경주에 내보내거나 싸움을 시키는 것이 대부분이었다. 잡혀온 동물들끼리 서로 싸움을 벌이는 경우도 있었다. 예를 들어 고대 로마에서 유행했던 투견, 적어도 6,000년 된 투계, 유럽의 인기 스포츠인 곰 사냥, 투우 등이 있다. 투우는 역사상 훨씬 오래전으로 거슬러 올라가고 오늘날에도 여전히 존재한다.

모든 형태의 대중오락과 마찬가지로, 동로마제국의 붕괴와 더불어 동물을 이용한 오락도 드물어졌다. 그러나 몇 세기 내에 새로운 왕국과 제국들이 생겨났고, 이에 따라 또다시 동물을 재미삼아 이용하는 경우가 늘어났다. 8세기 말 신성로마제국의 샤를마뉴대제는 3개의 동물원을 소유했고 코끼리를 키웠으며(이는 로마시대 이후 유럽에서 사로잡힌 코끼리들을 키운 최초의 사례다), 야생에서 포획되었거나 다른 나라의 지도자들에게서 선물로 받은 이국적인 동물들을 키우기도 했다(정부 지도자들이 야생동물을 선물하는 관행은 20세기까지 계속된다. 예를 들어, 전 짐바브웨 대통령 로버트 무가베는 수많은 기린, 얼룩말, 아기 코끼리 들을 북한과 중국에 보냈고, 일부 동물들은 수송 중에 죽음을 맞이했다. 블라디미르 푸틴 러시아 대통령은 세계 지도자들에게 페르시아 표범, 순종 아라비아 말을 비롯해 수많은 야생동물을 받았다).

11세기 후반 정복왕 윌리엄은 전용 소형 동물원을 만들었다. 여기에는 스라소니, 낙타, 그리고 고슴도치 한 마리도 있었을 것이다. 이후 헨리 1세는 우드스톡 마을에 영국 왕실 소형 동물원을 만들었다. 존 왕은 이 동물원에 수용한 동물 수를 늘렸는데, 동물원은 런던 타워로 옮겨져 수백 년 동안 존속했으며, 야생에서 포획되거나 다른 나라의 통치자들에게 선물로 받은 수많은 이국적인 동물이 이곳에서 전시되었다. 주로 아프리카 코끼리, 표범, 사자, 낙타, 심지어 북극곰이 전시되었는데, 이들은 분명 고향에서 멀리 떨어져 외롭게 살았을 것이다.

영국 왕실 소형 동물원은 이런 식으로 세계에서 가장 오랜 역사를 자랑하는 동물 전시장이 되었으나, 이에 뒤질세라 유럽 전역의 왕실들도 동물들을 수집했다. 예를 들어 1660년대에 루이 14세의 베르사유 궁전은 세계에서 가장 이국적인 동물 전시장을 마련했다. 소형 동물원은 순회 전시장으로 탈바꿈하기도 했다. 1700년대 초반 순회 전시장은 코끼리나 호랑이같이 유달리 크고 사나운 동물 무리들을 이끌고 유럽과 미국 전역을 돌아다녔다.

왕족과 귀족들은 이국적인 동물들을 사육할 만한 여유가 있었고, 나중에는 수집한 동물들을 대중에 공개했다(영국에서 입장료는 1페니 반 혹은 살아 있는 고양이나 개 한 마리였다. 개나 고양이는 사자에게 줄 먹이로 쓰였다). 동물원과 서커스는 대중이 이런 동물들을 볼 수 있는 가장 일반적인 장소가 되었다. 고고학자들은 기원전 1,200년 전, 그리고 그 이전에 있었던 서커스 잔해를 발견했지만, 이후에 등장하는 동물 서커스는 영국인 곡예 기수 필립 애슬리가 말 위에 서서 균형 잡는 법을 습득한 18세기 중반까지는 아직 시작되지도 않았다. 서커스는 말이 링 안에서 질주하는 '원 링 서커스one-ring circus'와 광대를 도입하면서 가족 오락물의 주류로 자리 잡게 되었다.

1800년대의 동물 쇼에서는 기이한 행위들이 인기를 끌었다. 미국인 아이작 반 앰버그는 사자 입에 머리를 넣어 군중을 즐겁게 한 최초의 사람 아니 적어도 그렇게 하고 난 후에도 살아남은 최초의 사람이었다고 한다. 그는 사자와 양을 나란히 앉히기도 했다. 이런 서커스 흥행업자 중 가장 유명한 사람은 미국인 P. T. 바넘이다. 바넘은 1841년 특이한 짐승들뿐 아니라 다리가 넷인 여자, 사자 얼굴을 한 남자, 샴쌍둥이를 비롯한 인간을 보여주는, 이른바 자신의 박물관을 연 최초의 인물이었다. 서커스 관객들은 괴상한 인간들보다 야생동물을 더 좋아했다. 그러나 20세기 내내 동물 서커스의 인기가 높아지면서 기형 인간들은 관심 밖으로 밀려났다. 그러나 오늘날 미국 내 가장 큰 서커스단인 링글링 브라더스와 바넘 앤드 베일리 서커스에서 부주의로 동물이 죽는 일이 발생했고, 결국 이 서커스단은 동물보호법 위반으로 서커스 역사상 가장 큰 벌금을 물고 텐트를 접었다. 북미에 남아 있는 동물 서커스 순회공연은 30개가 안 된다. 서커스 유지 비용이 많이 드는 것도 어느 정도 원인으로 작용했지만, 인간 곡예사와 공중곡예사만 등장하는 서커스 바르가스 등 다른 형태의 오락물이 나타나고, 동물보호론자들의 활동으로 서커스 동물들이 얼마나 형편없는 대우를 받는지 대중에게 공개된 것도 한몫했다.

여러 가지 위반 행위들이 나타난 결과, 2018년 현재 스웨덴, 오스트리아, 코스타리카, 인도, 핀란드, 싱가포르 등 19개국은 서커스에서 야생동물 사용을 제한하고 있다. 웨일스와 스코틀랜드 의회는 최근 순회공연에서 특정 야생동물의 출연을 금지했다. 현재 미국에서는 야생동물 순회공연을 금지하는 법안뿐 아니라 코끼리에 막대기 사용을 금지하는 법 제정에도 탄력이 붙고 있다.

비인가 소형 동물원, 아쿠아리움, 해양 공원 ━━

동물원에 가는 대부분의 사람들은 서커스에 등장하는 동물들과는 달리, 동물원의 동물들은 좋은 대우를 받는다고 생각한다. 그러나 동물원의 동물이라고 항상 좋은 대우를 받는 것은 아니며, 특히 열악해 보이는 비인가 소형 동물원은 거의 예외가 없다. 아무리 최상의 환경을 조성한다 해도, 동물을 잡아서 가둬놓는 것은 원래 살던 서식지를 그대로 재현할 수 없다. 코끼리 관람을 단계적으로 폐지하는 등 윤리적 결정을 점차 확대해나가는 대형 동물원들도 이런 사실을 인정하고 있다.

사육되는 동물은 자유롭게 뛰어놀거나 먹이를 찾아다닐 수 없고 취향에 맞는 짝을 고를 수도 없으며, 대개 자신들이 낳은 새끼를 기를 수도 없다. 새끼들은 팔거나 맞바꿀 재산 취급을 받기 때문이다. 귀엽고 어린 동물들은 사람들을 끌어모으지만, '여분의' 새끼 즉 번식에 필요 없는 새끼들은 서커스단이나 연구실 등에 팔리기도 한다. 울타리를 쳐서 동물을 가둬놓고 돈을 받고 총을 쏘아 죽이는 사냥 농장에 동물들을 파는 동물원도 있었다. 어떤 곰 테마 공원에서는 곰을 죽여 고기로 사용했다. 관람객들의 생각 없는 행동 때문에 동물이 죽을 수도 있고 실제로 죽기도 한다. 가령 동물들이 갇혀 있는 울타리 안에 물건을 던져서 동물들이 독성 물질을 섭취하게 될 수 있다. 2004년 댈러스 동물원의 고릴라처럼 동물들이 탈출하려다 죽는 경우도 있다.

포획된 동물이 야생에서 살아가는 동일 종의 동물보다 오래 산다는 통념은 사실과 달랐다. 야생 상태와 포획된 상태의 코끼리 4,500마리를 조사한 결과, 포획된 아프리카 코끼리의 평균

수명은 17년에도 못 미쳤다. 반면 자연 보호구역에서 살아가는 아프리카 코끼리들은 평균 56살에 자연사했다. 마지막으로, 동물원은 공간이 부족할 때 손쉽게 동물을 도태시키기도 한다. 좋게 말해서 도태지 이는 살해와 다름없다. 예를 들어 2017년 스웨덴의 한 동물원은 수용할 공간이 없다는 이유로 9마리의 건강한 사자 새끼들을 몇 년에 걸쳐 안락사시켰음을 인정했다.

이처럼 동물원 뒤에 감춰진 중요한 메시지는, 자연 서식지나 정상적인 삶과 동떨어진 곳에 동물들을 잡아다 가둬놓을 수 있다는 생각이다. 이것은 잘못된 생각이다. 고전영화『야성의 엘자』에 출연했던 버지니아 멕케나는 2004년 포획된 동물들을 위해 헌신한 공로를 인정받아 대영제국훈장을 받았다. 그녀는『야성의 엘자』에 출연하고 나서 "야생동물들은 동물원에 갇혀 있어야 할 게 아니라 야생에서 살아야 한다. 자유는 소중한 개념이며, 포획으로 야생동물들의 자유를 빼앗음으로써 육체적, 정신적으로 고통을 받는다"[82]는 사실을 깨달았다고 말했다.

아쿠아리움과 해양 공원도 동물들에게 비슷한 제약을 가한다. 이곳들의 역사 또한 고대로 거슬러 올라간다. 흔히 로마인들은 유리벽으로 탱크를 만들어 사람들이 특이한 수생생물을 볼 수 있도록 했다. 그러나 우리가 현재 알고 있는 아쿠아리움은 19세기까지는 존재하지 않았다. '아쿠아리움'이라는 용어는 영국인 필립 헨리 고스가 만들었다. 그는 1853년 간단히 '피시 하우스'로 불렀던 최초의 아쿠아리움을 런던 동물원 내에 만들었다. 오늘날 고발 다큐멘터리『블랙피시Blackfish』가 조명하고 있는 씨월드SeaWorld 같은 미국의 해양 공원은 10억 달러 규모의 산업체다. 릭 오배리는 1960년대 인기 TV 시리즈물『플리퍼Flipper』의 돌고래 조련사였지만 이후 돌고래의 자유를 찾아주기 위한 열렬한 활동가가 되었다. 그는 만약 TV 바깥에서 돌고래들에게 무슨 일이 일어나는지 안다면 그 누구도 아쿠아리움 같은 장소를 반기지 않을 것이라고 말했다. 예를 들어 조련사들은 먹이를 주지 않거나 고립시키는 무자비한 훈련으로 돌고래들에게 강제로 재주를 배우게 한다. 가족 무리는 붕괴된다. 돌고래들이 수용된 작은 탱크들은 돌고래에게 위험한 부작용을 일으킬 수 있는 화학물질로 청소한다. 일부 조련사들은 돌고래들이 수영장 측면에 머리를 부딪거나 호흡을 해야 하는데도 수면 위로 올라오지 않는 모습을 반복해서 보고했는데, 해양 생물학자 자크 쿠스토는 이것이 돌고래들의 자살 시도라고 생각했다.

영화『프리윌리』의 공동제작자인 리처드 도너는 "이렇게 멋진 포유동물을 상업적 목적을 위해 야생에서 살아갈 수 없도록 하는 것은 정말 잘못된 일입니다. …… 이런 끔찍한 포획은 앞으로는 절대 일어나서는 안 됩니다"[83]라고 말했다. 위험에 처한 것은 돌고래들만이 아니다. 문어부터 상어에 이르기까지 모든 동물들이 자연환경을 박탈당하고 있다. 사람들을 위한 살아 있는 구경거리로 전락한 동물들은 더 나은 대우를 받아야 한다.

동물을 이용한 다른 오락거리 ____

　보는 사람의 입장에서는 전시된 동물 관람은 그저 구경만 하는 수동적인 오락거리다. 인간이 능동적으로 동물을 다루는 오락거리는 이보다 더 많다. 예를 들어 로데오는 전기 막대기, 자극제, 버킹 스트랩(bucking straps, 동물의 복부에 단단히 묶는 밧줄로, 밧줄에 묶인 동물은 고통에서 벗어나려고 날뛰게 된다―옮긴이)을 사용해 동물들을 자극하고 화나게 한다. 관객들이 보는 거친 날뛰기wild bucking는 동물들이 좋아서 그러는 것이 아니다. 복부에 단단히 감긴 밧줄 때문에 고통을 느끼는 그들은 고통에서 벗어나기 위해 날뛰는데, 이들의 옆구리를 '핫샷hotshot'으로 꾹 찌르면 이들은 관문 밖으로 뛰쳐나가 경기장 안으로 진입하게 된다. 동물들은 흔히 멍이 들거나 인대 파열, 골절, 디스크 파열로 고통을 받으며, 부상이 극심해 로데오에 나갈 수 없게 되었을 때는 도축용으로 팔린다.

　개들이 인간이 탄 썰매를 끄는 개썰매 경주는 덜 해로워 보일 수 있지만 사실은 그렇지 않다. 알래스카의 개썰매 경주 코스인 아이디타로드Iditarod는 올랜도에서 뉴욕까지 달리는 정도의 거리에 해당한다. 개는 약 180kg의 짐을 운반하면서 가능한 한 빨리 코스를 완주해야 하기 때문에 견주는 잠도 재우지 않는다. 대략 1,500마리의 개들이 아이디타로드를 시작하지만, 이 중 3분의 1 이상이 아프거나 다치거나 탈진한다. 수 시간 동안 산을 가로지르고 얼어붙은 강을 건너고 살을 에는 듯한 바람과 눈보라를 맞으면서 툰드라 지역을 통과하느라 극단의 기온 변동을 경험하게 되기 때문이다. 이들 중 일부는 길에서 죽는다. 개들이 힘을 제대로 쓰지 못하거나 빠르지 않다는 이유로 발로 차고 때리는 바람에 죽음을 맞이하는 경우도 있다. 〈올랜도 센티넬Orlando Sentinel〉의 칼럼니스트 조지 디아즈는 "아이디타로드는 알래스카 카우보이들에게 살인 허가를 내주는 야만적인 의식에 지나지 않는다"[84]고 썼다.

다음으로 인간이 능동적으로 참여하는 오락거리 중 가장 잘 알려진 투우가 있다. 매년 수천 마리의 황소가 투우에서 죽는데, 그럼에도 스페인에서는 여전히 투우가 계속되고 있다. 글로벌 여론조사 기관 입소스 모리가 최근에 실시한 조사에 따르면, 이런 피비린내 나는 광경을 지지하는 비율은 전체 스페인 인구의 30% 미만에 불과하다. 스페인의 100개 이상의 도시들은 이미 투우를 금지했다. 그럼에도 스페인에는 여전히 1,200여 개의 정부 지원 황소 경주가 있고, 주 정부가 후원하는 수십 개의 투우 학교가 있다. 프랑스, 멕시코, 포르투갈 역시 아직도 투우를 하고 있으며, 어떤 경기는 피 없이 치르지만 어떤 경기는 유혈이 낭자하다.

지난 6,000년 동안 인기가 있었고 지금도 인기 있는 오락거리는 투견이다. 견주들은 투견을 사육하여 투견장에서 싸우게 하고, 관객들은 그들의 가죽이 떨어져 나가는 장면을 보면서 어떤 개가 승리하는지를 두고 내기를 한다. 싸움에서 진 개들은 골목이나 고속도로에 버려지고, 흔히 피를 흘리며 죽어가다 발견된다. 대부분의 국가에서처럼 미국에서도 투견은 불법이며, 모든 주는 투견을 중죄로 다스리고 있다. 투계도 마찬가지인데, 흔히 닭의 발에 면도날 같은 돌기를 부착하고, 한 마리 이상의 수탉을 싸움장 안으로 들여보내 죽을 때까지 싸우게 한다. 하지만 투견과 마찬가지로 투계도 계속되고 있다.

비둘기 경주는 잘 알려져 있지 않고, 언뜻 보았을 때 전혀 해롭지 않은 것 같지만 사실상 가장 참혹한 경기 중 하나다. 다양한 경기 방식이 있는데 그중에 '귀소' 비둘기들을 날려 보내 수백 킬로미터 떨어진 곳에서 다시 현재 살고 있는 지붕 밑 방까지 돌아오게 하는 경주도 있다. 비둘기는 수컷과 암컷 모두가 새끼에게 소낭유_{嗉囊乳}를 먹여야 한다는 사실을 알고 있는 헌신적인 부모들이다. 이들은 평생의 배우자와 새끼를 뒤로하고 사력을 다해 집으로 돌아가는 경주를 벌인다. 이들은 포식자, 전선, 사냥꾼을 만나거나 피로에 지쳐 중도에 탈락하고, 한 대륙에서 다른 대륙으로 건너가야 하는 경주에서는 80% 이상의 비둘기들이 길을 잃거나 바다에 떨어져 익사한다. 특히 치명적인 경주(극히 일부 비둘기만이 집으로 돌아온다)는 '끝장 레이스smash races'다. 뉴욕 퀸즈에서 벌어진 이런 경주에서 집으로 돌아온 비둘기는 213마리 중 4마리뿐이었다. 비둘기가 꼴찌로 혹은 뒤늦게 지붕 밑 방으로 돌아오거나, 부상을 입은 채 발견되는 경우 비둘기에게 결정타가 가해진다. 부상당한 비둘기는 다리에 둘러진 밴드를 보고 경주에 참가했었다는 것을 알 수 있다. 이를 발견한 사람은 좋은 뜻에서 비둘기를 주인에게 돌려주지만 비둘기에게는 좋은 일이 아닐 수도 있다. 한 경주 참가자가 조사관에게 말한 것처럼 "비둘기 경주에서 가장 먼저 배워야 할 것은 경주에서 진 비둘기를 어떻게 죽이는가"이다.[85] 즉 비둘기의 목을 비튼다는 말이다.

경마는 태어나서 죽을 때까지 평생에 걸쳐 말을 학대하는 오락거리로, 전 세계에서 널리 행해지는 수십억 달러 규모의 사업이다. 말은 아직 뼈가 다 자라지 않은 어린 시기부터 경주를 시작하고 아예 처음부터 약물을 투여한다(대부분 합법이다). 말이 부상과 긴장을 회복해야 할 시기에도 계속 경기를 시키기 위해서다. 이 때문에 뼈가 부러지고 사망에 이르기도 한다. 북미에서는 매일 적어도 3마리씩 트랙에서 죽고, 매년 경주마 수백 마리가 훈련 중에 부상을 입고 죽는다. 살아남은 말들은 대개 너무 심하게 다쳐 5살 이후에는 경주를 할 수 없다. 이런 말들은 결국 '죽임 경매'에 부쳐지는데, 낙찰된 말들은 멕시코나 캐나다의 도축장에서 말고기가 되기 위해 여러 날 걸리는 혹독한 여행을 떠난다. 살아 있는 말들도 일본과 한국으로 보내진다. 경주마로 키울 새끼를 낳기 위한 경우도 있지만, 흔히 갈아 만든 고기가 된다. 2012년 PETA는 말에게 적절한 은퇴 프로그램을 시행하도록 경주업계를 설득하기 시작했는데, 이런 설득이 있기 전 무려 1만 마리의 순종 말들이 도축을 위해 미국에서 트럭으로 실려 나갔다.

영화와 TV ———

"안녕, 실버!" "래시, 집으로 돌아와." "그만해, 돼지야." "말은 말이지. 물론, 물론." "어이, 리니!"

『론 레인저』, 『돌아온 래시』, 『꼬마 돼지 베이브』, 『미스터 에드』, 『용감한 린티』에 출연한 동물 배우들이 남긴 대사들이다. 영화와 TV에 동물들이 나오지 않는다면 어떻게 될까?

오래전이었다면 '재미가 훨씬 덜하고 그 프로그램이 인기를 끌지 못했을 것이다'라고 답했을 것이다. 동물 촬영은 영화의 탄생과 동시에 이루어졌다. 기록상 최초의 영화 제작은 영국의 사진작가 에드워드 마이브리지가 질주하는 말을 촬영하기 위해 고속 스톱모션 사진을 사용했던 1878년으로 거슬러 올라간다. 일설에 따르면, 그는 말이 달릴 때 어느 순간 네 다리가 모두 땅에서 떨어져 있음을 입증함으로써 미국의 사업가이자 대학 설립자인 릴런드 스탠퍼드에게 2만 5,000달러를 따냈다고 한다.

영화 산업은 동물을 착취하여 이득을 얻을 수 있다는 사실을 재빨리 간파했다. 예를 들어 에디슨 영화사의 1903년 단편 영화 『코끼리를 감전사시키다Electrocuting an Elephant』는 동물을 죽여 유료 영화 관객들을 끌어모은 최초의 시도로 알려져 있다. 1902년, 탑시라는 코끼리는 불을 붙인 시가로 자신을 지진 술 취한 서커스 구경꾼을 압사시켰다고 한다. 탑시는 코니아일랜드의 씨 라이온 파크에 팔렸는데, 그 후 탑시의 조련사(그 또한 술에 취해 있었다)는 갈퀴로 탑시를 찌르고 브루클린 거리에 풀어놓았다. 동물원은 탑시의 조련사를 해고한 후 탑시를 팔려고 했다. 하지만 탑시를 데려가겠다는 사람은 아무도 없었다. 이때 동물원은 탑시를 감전사시키는 '처분'을 내림으로써 대중의 이목을 끌고자 했고, 에디슨 영화사가 이를 촬영하기로 동의한 것이다.

샌드백을 가격하는 캥거루, 억지 춤을 추는 코끼리 등 동물을 등장시키는 영화는 서커스 공연과 마찬가지로 곧 인기를 끌었다. 양, 곰, 당나귀, 원숭이들도 인기가 있었는데, 영화계는 서커스 공연 동물보다는 얼떨결에 배우가 된 동물들을 많이 활용했다. 그중 가장 유명한 동물은 린틴틴이라는 독일 셰퍼드였는데, 그는 27편의 영화에 출연하여 팬들로부터 일주일에 만 통이상의 편지를 받았다. 블랙 뷰티라는 말처럼 린틴틴도 국민 영화 스타가 되었는데, 그는 1932년에 죽었다. 이어서 또 다른 개가 국민적 영웅이 되었는데, 1943년 영화 『돌아온 래시』에 출연한 래시라는 콜리종이었다. 이 영화로 말미암아 라디오 쇼가 탄생했고, TV 프로그램이 만들어져 17년 동안 방영되었다. 적어도 9마리의 서로 다른 개들이 래시 역할을 맡았는데, 일부 대역은 암컷이었지만, 대개는 암컷보다 몸집이 큰 수컷이었다.

관객들은 이런 동물들을 정말 사랑했지만 할리우드는 그렇지 않았다. 대체로 네발 달린 스타는 제대로 된 대우를 받지 못하고 혹사당하거나 죽음을 맞았다.

예를 들어 《할리우드의 발굽 소리: 은막에 새로운 길을 열다》를 쓴 페트린 데이 미첨Petrine Day Mitchum은 말들이 총에 맞거나 멈추는 장면을 시뮬레이션하는 장치인 인계철선trip wire에 대해 논하고 있다. "말 앞다리에 걸어놓은 와이어는 말의 뱃대끈cinch에 달려 있는 고리를 통과해, 땅속에 매장해놓은 엄청난 무게의 물체와 연결되어 있었습니다. 앞다리에 걸어놓은 와이어가 다 풀어질 때까지 말이 달리면 말의 앞다리가 밑에서 당겨져 말이 넘어지거나 갑자기 멈추게 되어 있었죠."[86] 이런 장면은 관객들을 흥분시켰을지 모르지만 영화 『역마차』(1939)와 『무법자 제시 제임스』(1939)에서처럼 말은 불구가 되거나 죽음을 맞이했다. 마찬가지로 『천국의 문』(1980)의 세트에서 말 4마리가 죽었고, HBO 드라마 『머니 레이스Luck』(2011~2012)에서는 2마리가 죽었다. 또한 2006년 영화 『내 사랑 플리카』에서 말 한 마리가 밧줄에 걸려 목이 부러졌고, 비슷한 상황에서 또 다른 말이 다리가 부러져 안락사되었다. 영화 역사가들에 따르면 1925년작 『벤허』를 촬영하다가 5마리의 말이 죽었고, 1959년 버전에서는 더 많은 말이 죽었다고 한다.

은막 뒤에서 무슨 일이 벌어지는지 아는 사람은 별로 없다. 침팬지들이 스크린에서 짓는 달콤한 미소는 구달 박사가 말하는 '공포의 얼굴'이다. 침팬지들은 기쁠 때 이빨을 드러내지 않기 때문이다. 이것은 명령에 대응할 때 짓는 표정이다. 이런 어린 침팬지들은 대개 검은 가죽으로 싼 철제 곤봉이나 당구 큐로 맞거나 전기 충격을 받아 복종하게 된다. 어떤 침팬지들은 이빨을 뽑힌다. 영장류학자 사라 배클러는 14개월 동안 할리우드의 유명 훈련 시설을 비밀리에 조사했는데, 이때 "신체적 폭력이 수없이 가해지고 있음을 목격했다"고 말했다. 빗자루 손잡이를 잘라 만든 몽둥이로 툭하면 주먹질과 발길질을 해댔고, "침팬지들이 집중해서 조련사와 보조를 맞추도록 온갖 신체적 학대가 가해졌다."[87]

개와 고양이도 사정은 나을 것 없다. 2007년 디즈니는 영화 『스노우 버디』의 배급 계획을 철회하라는 요구를 받았다. 당시 영화 제작에 동원된 강아지 15마리가 병에 걸렸고, 어떤 강아지들은 위급한 상황이었다. 이들 중 다수가 강아지를 분양하는 뉴욕의 한 사육업자로부터 캐나다의 영화 제작사로 보내졌는데, 이들은 연방법이 요구하는 생후 8주가 아니라 생후 6주밖에 안 된 강아지였다. 〈할리우드 리포터〉지의 2013년 기사에 따르면 『라이프 오브 파이』의 호랑이는 거의 익사할 뻔했다고 한다. 『호빗: 뜻하지 않은 여정』 촬영장의 내부 고발인은 양과 염소 등 27마리의 동물이 탈수와 탈진으로 죽거나 배수로에 빠져 죽었다고 전했다.

촬영하다 죽는 동물은 관객들에게 알려진 것보다 훨씬 많다. 집에서, 훈련 중에, 여행 중에 동물들이 숨을 거두기도 한다. 미국의 동물 이야기 미디어 채널인 '도도Dodo'에서 발간한 2018년 보고서는, 할리우드의 동물 조련사이자 어메이징 애니멀 프로덕션의 소유주 시드니 요스트가 동물을 막대기로 때리고 머리를 발로 차고 더러운 울타리 안에 가둬둔 사실을 폭로했다. 미 농무부는 요스트의 동물복지법 위반 건수가 (3년 동안) 대략 40건에 달했다고 발표했다. 그러나 요스트는 『헝거게임』, 『버틀러』, 『노예 12년』 등의 블록버스터 영화에 쓰기 위해 동물을 계속 훈련시켰다. 농무부는 결국 요스트에게 3만 달러의 벌금을 부과하고, 동물을 다루고 공급하고 전시하는 등의 행위를 금지하는 동시에 면허를 취소했다.

영화 관람객들은 대부분 엔딩 크레딧에서 "이 영화를 제작하면서 어떤 동물도 해를 입지 않았다"는 문구를 본 적이 있을 것이다. 하지만 할리우드의 많은 영화들처럼 진실은 보이는 것과 다르다. 이런 문구를 승인해주는 단체는 로스앤젤레스에 있는 아메리칸 휴메인American Humane, AH 협회로, 이 단체는 1939년 영화 『제시 제임스의 나날들』에서 말이 고의로 죽임을 당한 것을 알게 된 후 결성되었다.

안타깝게도 AH는 기준을 강제할 권한이 없고, 대신 등급만 매길 수 있다. 등급은 훌륭함, 특수 상황, 모니터 되지 않음 등 6단계로 나뉜다. 게다가 AH는 스크린 액터스 길드의 자금 지원을 받는데, 이 길드도 AH의 감시 대상이다. 즉 AH가 자신이 감시하는 바로 그 산업계에서 돈을 받고 있다. 또한 AH는 동물 촬영에 대해서만 등급을 매길 뿐, 동물이 훈련을 받거나 사람이 올라타는 경우는 제외된다. AH의 영화 및 TV 편성 감독인 카렌 로사는 〈로스앤젤레스 타임스〉에 "우리는 비영리 단체입니다. 우리는 그런 포괄적인 감시를 할 수 있는 단체가 아니에요. …… 세트장을 떠나면 그들이 동물을 다르게 대하리라는 가정은 우리가 하는 일이 아닙니다"라고 말했다.[88] 2013년 〈할리우드 리포터〉는 AH가 TV와 영화 세트장에서 있던 동물 학대 사건을 축소 보도한 이야기를 상세하게 들려주었다.

AH는 촬영 전 훈련이나 생활환경을 감시하지 않으며, 훈련자가 동물 관련 범죄를 저질렀거나 연방 동물 복지법을 위반했는지 여부를 확인하지 않는다. 예를 들어 프레데터스 인 액션이라는 단체는 동물 보호소를 제대로 정비하지 않고 사자를 작은 상자에 가둬 눈밭에 두었으며 동물에게 물을 주지 않아 미국 농무부의 소환을 받은 적이 있다. 이처럼 동물 복지를 침해했는데도 이 단체는 영화 『세미프로』에 회색곰을 제공하기로 계약을 맺었다. 동물 공급업체인 버즈 앤드 애니멀즈 언리미티드는 동물을 우리에 가두는 요건이나 수의학적 치료 의무 등을 준수하지 않아 여러 차례 미국 농무부의 경고를 받은 바 있다. 영화 『에반 올마이티』 제작진은 이 업체를 이용했지만, AH는 이를 문제 삼지 않았다. 나아가 어미와 새끼를 떼어놓는 행태를 감시하는 기관이 없으며, 영화 촬영이 끝난 뒤 동물들이 어떻게 지낼지에 대해 AH는 관심을 갖지 않는다.

동물을 사용하지 않는 오락거리

2018년 겨울, 영국의 한 여군 부대가 얼음 여왕Ice Maidens이라는 별명에 어울리는 일을 해냈다. 그들은 인내심과 인간의 힘만으로 남극 대륙을 횡단했다. 여성들은 공전의 기록인 62일 만에

1,600km가 넘는 위험한 지형을 통과했다. 그들은 영하 40도의 저온 속에서, 한 명당 약 80kg 무게의 장비가 달린 썰매를 끌고 스키를 이용해 이 일을 해낸 것이다. 아이디타로드는 잔인한 경기일지 모른다. 하지만 인간이 자진해서 알래스카 같은 곳에 가서 패기를 과시하고 국제적인 뉴스를 만들고 경기 중에 동물을 한 마리도 해치지 않는다면, 굳이 개는 필요하지 않을 것이다.

북극에서 남극까지, 이 세상에는 당장 즐길 수 있는 오락거리들이 많이 있다. 먼저 집 근처에서 야생 동물을 보고 싶기는 하지만 동물원에 사는 동물들이 마음에 걸린다면, 걱정할 것 없다. 태양 아래 혹은 바닷속에 사는 동물 영상 외에도 오큘러스 리프트나 가상현실 헤드셋 같은 새로운 기술이 개발됐기 때문이다. 이 기술은 비참하게 살아가는 동물들 대신, 야생 동물들이 상호 작용하는 장면을 현실감 넘치게 보여준다. 이 장면들이 너무 사실적이어서, 동물들이 숨 쉬는 모습은 물론 그들의 가죽과 털이 눈앞에서 보는 것처럼 생생하게 느껴질 정도다. 또한 실제 심장처럼 맥박이 뛰고 벌려볼 수 있으며, 상처가 진짜처럼 보이는 심장 모형도 있다. 이 모형은 동물을 안전하고 효과적으로 돌보는 방법을 배우려는 사람들을 위해 만들어진 것이다.

동물이 없는 동물원

런던 동물원은 실제와 구분하기 힘들 정도로 진짜 사자와 비슷한 모형을 만들어냄으로써, 이런 작업을 주도하는 선구적 역할을 하고 있다. 사자 모형은 점토로 빚은 뒤 몸체에 라텍스를 여러 겹 덧대고 합성 모피를 수작업으로 꿰매어 입혔다. 사자의 눈은 유리로, 발톱은 플라스틱, 수염은 건조 유리 조각들로 만들어졌다. 사자 모형을 보고 겁을 먹은 사람들은 "그것이 진짜 사자처럼 보였다"는 말을 전했다.

2000년대 초 프랑스의 마리오네트 거리극단 루아얄 드 뤽스Royal de Luxe는 정글에서도 동물원에서도 찾아볼 수 없는 동물을 만들어냈다. 이 동물의 가장 큰 매력 중 하나는 45t의 나무와 강철로 만들어진 높이 12m, 폭 8m의 기계 코끼리라는 점이다. 이 코끼리는 49명의 승객을 태우고 45분 동안 산책을 할 수 있다. 마찬가지로 이 회사가 만든 헤론 트리Heron Tree는 가로 45m, 높이 28m의 강철 구조물로, 꼭대기에는 2마리의 거대한 인공 왜가리가 앉아 있다. 방문객들은 둘 중 한 마리의 등이나 날개에 올라가 회사의 공중 공원을 바라볼 수 있다.

홀로그램 관람 극장은 동물을 착취하지 않고 상호작용하는 또 다른 방법이다. 이 극장은 2017년 가을, 로스앤젤레스에서 세계 최초로 문을 열었으며, 인터넷 기반 TV를 보급하는 필름온FilmOn의 창업자이자 홀로그램 USA의 소유주인 알키 데이비드가 만들었다. 인간이든 동물이든 극장의 모든 공연은 홀로그램으로 상영된다(극장에서 당신이 선택할 수 있는 음식은 모두 채식 식단이기도 하다). 데이비드는 시카고를 시작으로 150개 이상의 극장을 만들 계획이다. 진짜 동물은 나오지 않고 동물을 재료로 한 음식도 없다.

동물이 없는 서커스

동물이 나오지 않는 서커스가 전 세계에서 생겨나고 있다. 몬트리올에 본사를 둔 태양의 서커스는 1984년에 창립된 세계 최대의 공연 제작사다. 이들의 공연은 놀라서 입이 딱 벌어질 정도로 불가능해 보이는 인간 곡예와, 무대, 의상, 특수효과를 통해 서사를 전개하지만, 무엇보다 동물이 등장하지 않는다는 점이 중요하다(간혹 일부 쇼에서는 반려동물을 동원하기도 한다). 더 최근에는 인도에서 로맹 티머스와 샤라니야 라오라는 두 예술가가 동물 없이 춤과 저글링, 곡예와 춤을 혼합한 서커스를 만들었다. 이 예술가들에 따르면, 푸두체리 쇼는 "아직도 이 바닥에 남아 있는 구식의 칙칙한 이미지"와는 큰 차이가 있으면서도 "전통과 예술가들이 받아 마땅한 존경심을 고스란히 간직하고 있다."[89] 2019년 독일에서는 서커스 론칼리가 동물 서커스에서 오직 홀로그램만 사용하는 서커스로 전환했다.

대중은 찬성한다. 동물이 나오는 오락거리를 구경하는 사람들은 점점 줄어들고 있다. 세계 최대 여행 사이트인 트립 어드바이저는 수개월 동안 PETA와 논의하면서 생산적인 만남을 이어

갔고, 그 후 2016년 코끼리 트래킹, 호랑이 만나보기, 돌고래와 수영하기 등 야생동물을 대중과 강제로 접촉시키는 체험 입장권을 더 이상 팔지 않겠다고 발표했다. 2017년 버진 홀리데이즈는 쇼나 기타 오락 목적으로 포획된 고래와 돌고래가 등장하는 새로운 테마 공원이나 호텔 입장권을 판매 및 홍보하지 않겠다는 입장을 밝혔다. 또한 기존 파트너들에게는 그들이 "관리하는 동물들에게 가장 수준 높은 복지를 보장하고, 이들을 더 이상 공연에 출연시키지 말아달라"고 요청할 것을 약속했다.

같은 해, 대표 여행사 토마스 쿡은 태국, 인도, 쿠바, 터키, 도미니카 공화국의 돌고래와 코끼리 테마 파크가 공식적인 복지 기준에 맞지 않는다는 보고서를 확인하고, 일부 돌고래와 코끼리 테마 파크 및 씨월드 일정을 제외했다. '세계동물보호WAP'에 따르면, 동물보호단체들이 수많은 캠페인을 벌인 후, 160개 이상의 여행사들이 코끼리 관광 프로그램과 일회성 코끼리 테마 파크 방문을 중단했다. WAP는 유람선 회사를 압박해 선박 정박 중에 육지에서 당나귀, 조랑말, 낙타, 코끼리를 타고 산 중턱까지 오르는 관광이나 그 밖에 동물을 고통스럽게 하는 관광을 재검토하도록 요청했다.

진짜 코끼리를 보고 싶다면 '테네시주 코끼리 보호구역'의 웹캠을 보라. 이 웹캠을 통해 힘든 서커스 생활에서 구출된 많은 코끼리들이 무엇을 하고 있는지 관찰할 수 있다(https://

www.elephants.com/elecam 참조).

진짜는 아니지만 멋진 코끼리를 보고 싶다면 서커스1903 같은 서커스단을 찾아보라. 미국의 서커스단인 '서커스 1903'은 거대한 꼭두각시 코끼리들과 여행을 떠나는 공연을 선보인다. 코끼리 꼭두각시는 토니상 수상작에 빛나는 뮤지컬 『워 호스』에서 놀라운 동물들을 만들어낸 바로 그 공연자들이 연기한다(https://circus1903.com/ 참조).

애니매트로닉스

동물 '테마파크' 감소와 기술 개선 사이에 접점이 생김으로써 새로운 회사들이 각광받고 있다. 가장 혁신적인 회사 중 하나는 크리처 테크놀로지사다. 이 회사는 "기술적으로 세련되고 창의적인 영감이 담겨 있으며 살아 있는 것 같은 애니매트로닉스animatronics를 제작한다. 애니매트로닉스는 화려한 무대 쇼, 테마파크, 전시회, 스테이지 쇼와 이벤트를 위해 제작된다." 2006년 호주 멜버른에서 설립된 이 회사는 아레나 쇼 '공룡과 함께 걷기'와 '드래곤 길들이기', 무대 공연 『킹콩』에서 애니매트로닉스를 만들어 수많은 상을 받았다. 영화를 바탕으로 『쥬라기 월드: 특별전』에 나오는 애니매트로닉 공룡을 제작하기도 했다.

캘리포니아주 무어파크에 본사를 둔 애니멀 메이커스사Animal Makers Inc.는 영화, TV, 인터넷 영상, 동물원, 호텔, 레스토랑에 쓰이거나 값비싼 개인 소장품으로 활용할 진짜 같은 동물들을 제작한다. 이 회사는 3,000개 이상의 기발한 제품을 판매한다. 이 회사의 설립자인 짐 볼든은 1979년 상점 진열과 개인 소장을 목적으로 독창적인 동물 작품을 판매하면서 일을 시작했다. 그 후 그는 1986년 『세계에 가장 부유한 고양이The Richest Cat in the World』(1986)로 영화와 TV 작업을 시작했다. 볼든이 만든 제품들은 『늑대와 춤을』, 『흐르는 강물처럼』, 『캐리비안의 해적: 세상의 끝에서』 등에 등장했다. 2018년 초 펠드 엔터테인먼트는 유니버설 브랜드 디벨로프먼트사와 함께 영화 『쥬라기 월드』를 바탕으로 한 투어 쇼를 준비 중이라고 발표했다. 이 쇼에는 12m 길이의 실제 크기 공룡들이 등장할 것이다.

가상현실로 만나는 동물들

가상현실 또한 동물 없는 동물 오락의 장을 열고 있다. 가상현실은 동물이 실제 출산하는 장면을 보러 동물원에 가는 것보다 훨씬 나은 영상을 보여준다. 가상현실 체험 '나, 송아지'는 촬영 영상과 컴퓨터 애니메이션을 결합한 프로그램으로, 낙농장에서 태어난 소의 모습을 생생하게 보고 느낄 수 있다. 시청자는 가상의 상황에서 어린 송아지의 몸속에 들어가 있다. 송아지 엄마는 실제로 비건인 알리시아 실버스톤이 목소리 연기를 맡았다. 송아지 엄마는 비밀리에 쌍둥이를 출산했는데, 농부가 전에 새끼들을 빼앗아간 사실을 기억하고 새로 태어난 새끼 한 마리를 숨겨놓고 보호한다.

PETA의 '나, 범고래'도 가상현실 및 증강현실 프로그램이다. 참여자들은 구글의 무선 VR 고글을 쓰고 범고래 가족과 바다에서 자유롭게 헤엄칠 수 있는 세계로 빠져든다. 여기서 10년 전 납치되어 씨월드로 보내진 아기 범고래를 아직도 그리워하는 엄마 범고래(목소리 연기는 『너스 재키』의 주인공 에디 팔코가 맡았다)를 만날 수 있다.

물고기 역시 더 이상 재미 삼아 잡을 필요가 없다. 오랫동안 사진 이미지 분야의 선두주자였던 〈내셔널 지오그래픽〉은 뉴욕 타임스퀘어에서 전시회를 열었는데, 여기서 방문객들은 물고기 떼, 거대 오징어, 혹등고래, 돌고래와 상호작용하며 태평양의 심연을 여행할 수 있다. 『인카운터: 오션 오디세이』는 HBO 드라마 『왕좌의 게임』에서 시각효과를 담당했던 만화 영화 제작사인 SPE 파트너스가 만든 쇼다. 관객들은 물고기들과 상호작용하고, 물속을 걷거나 물개와 놀거나 산호초를 만지거나 어둠 속에서 고래의 노랫소리를 들으며 휴식을 취할 수 있다.

또 다른 미래의 아쿠아리움으로는 라이트애니멀이 있다. 이것은 동물을 해치지 않으면서 가상의 수중 환경을 조성하는 일본의 디지털 소프트웨어 시스템이다. 일본에서 엄청난 인기를 입증한 라이트애니멀은 현재 중국과 한국에도 진출했다.

가상현실을 좋아한다면, 2017년 'VR: 게임, 쌍방향, 실시간'에서 디지털 분야의 오스카상이라는 웨비상을 수상한 오큘러스 리프트의 비리Virry VR을 참고하라. 이것은 흑코뿔소와 백코뿔소, 사자, 코끼리 등 아프리카에서 가장 심각한 멸종위기에 처한 동물들의 서식지인 케냐의 르와 야생동물 보호 구역에서 촬영된 가상의 사파리다. 비리 VR를 보면 달리고 먹고 놀고 있는 대형 동물들이 바로 옆에 있다고 느낄 것이다. 얼룩말, 표범, 버빗원숭이를 포함한 다른 동물들도 만날 수 있다.

컴퓨터 그래픽으로 만든 동물들

비동물 오락의 세계에서 일어난 가장 큰 변화는 어쩌면 할리우드에서 컴퓨터 생성 이미지CGI를 사용하면서 시작되었는지 모른다.

CGI는 영화, 비디오게임, 어플리케이션을 막론하고 어떤 매체든 컴퓨터 그래픽을 사용해 이미지를 생성하는 기술을 말한다. CGI는 1982년작 『컴퓨터 전사 트론』(3D CGI를 폭넓게 사용한 최초의 영화)에서 처음 쓰였고, 간혹 현실에 존재하지 않는 동물(또는 그 밖의 것)을 창조하는 데에도 사용된다. 『반지의 제왕』시리즈의 골룸, 『아바타』의 기묘한 동물, 가장 유명한 『쥬라기 공원』의 공룡 등이 있다. CGI가 동물을 만드는 작업에서 점점 더 자주 활용되면서 실제 동물은 필요 없게 되었다. 레오나르도 디카프리오가 주연한 영화『레버넌트』의 곰이나 영화『노아』의 거의 모든 동물이 그러하다.

　배우 겸 제작자 존 파브로는 디즈니 애니매이션『정글북』을 제작할 때 곰 발루에서 호랑이 셰어 칸까지 원작에서 가장 상징적으로 등장하는 동물 캐릭터들을 생생하게 살려내는 임무를 맡았다. 파브로는 영화에 CGI를 활용하기로 했다. 그는 "CGI가 마치 살아 있는 것처럼 동물의 털과 살을 만들어내는 것을 보면 정말 놀랍습니다. 매일 일터에 가서 이런 시각 효과 예술가들이 이루어낸 것들을 보고 감탄을 금치 못하죠"[90]라고 설명한다. CGI의 결과물은 바로 실물보다 크고 의인화된 동물로 가득 찬 사실적이면서도 신비로운 세계다. 이 세계에서 동물들은 살아가고 숨 쉬고 싸우고 달아나는 모습을 생생하고 멋진 장면으로 보여준다. 히트한 좀비 드라마『워킹데드』도 CGI와 애니매트로닉스 기술을 활용해 놀랍도록 사실적인 암호랑이 시바를 만들어냈다.

　동물을 이용한 오락의 오랜 역사를 생각해보자. 인간이 얼마나 동물을 즐길 거리로 여겨왔는지, 또 우리가 얼마나 많은 방법으로 동물을 착취하며 웃어왔는지 돌이켜보자. 동물 없이도, 동물이 있을 때와 마찬가지로 아니 그보다 더 재밌게 즐길 수 있을까? 대답은 분명 '그렇다'이다.

당신이 할 수 있는 일 ▬▬

동물을 이용한 오락거리는 뭐든지 하지 마라. 이것이 우리가 받아들여야 할 가장 중요한 전제다. 이제부터 앞으로 고려해야 할 더 구체적인 실천 방안들을 소개하고자 한다.

동물을 착취하는 영화, TV 쇼, 광고를 보면 제작자나 스튜디오, 광고회사에 연락해서 항의하라. 의사를 분명하게 제시하되 사려 깊고 예의 바르게 행동하라. 영화를 상영하는 극장 매니저에게 동물 학대를 지원하지 못하겠다고 말하라(환불을 요구할 수도 있다). 지역 신문사 영화 비평가들에게 메일을 보내 영화에서 동물을 사용하고 있는지 여부를 리뷰에 써달라고 요청하라.

당신의 학교나 지역 스포츠 팀의 마스코트가 동물이라면, 옷을 입은 인간 마스코트로 바꾸라는 캠페인을 시작하라.

이웃에서 투견을 벌이고 있다는 의심이 들면 지역 사법 당국에 연락하라. 투견주들은 일반적으로 개를 사슬로 묶어둔다. 당신이 지역사회에서 사슬 반대 조례를 통과시키기 위해 노력한다면 투견을 막을 수 있다.

투계는 거의 모든 곳에서 중죄로 간주된다. 미국 대부분의 주에서는 투계에 참가만 해도 투계용 수탉을 소유하는 경우와 마찬가지로 불법이다. 2002년 조지 W. 부시 대통령은 다른 주로 수탉을 옮겨 투계에 참여하는 것을 연방 범죄로 간주하는 법안에 서명했다. 2007년에는 동물복지법이 개정되어 "주 및 국경을 넘어 싸움을 목적으로 동물을 의도적으로 매입, 판매, 운송하는 행위"를 중범죄로 규정했다. 이웃에서 투계를 한다는 사실을 알게 된다면 지역 법 집행기관에 연락하라.

포획한 야생동물이나 길들인 새가 있는 곳엔 가지 마라. 이 동물들의 열악한 환경을 미국 농무부와 동물보호단체에 알리고 지역 출판사 편집자에게 메일을 보내라. 야외 동물원과 해양 공원을 폐쇄하는 법률 도입을 지지하거나 제안하라.

아이디타로드나 다른 개썰매 경주 혹은 개썰매 체험이 있는 관광 테마 파크에 가지 마라. 알래스카 여행을 계획하고 있다면 개썰매가 포함된 패키지를 원하지 않는다고 여행사 직원에게 반드시 알려라. 개썰매 경주 후원자들에게 그런 잔인한 사업을 지원하지 않는다고 알려라. 대신 아이스 메이든 같은 인간 썰매 경주를 지원하라. 매사추세츠주 로웰에서는 매년 겨울 2월에 전국 인간 개썰매 대회를 개최한다. 이 대회는 인간으로 구성된 팀이 같은 의상을 입고 결승선을 향해 경주를 벌인다. 뉴욕시 '아이디타로드'는 500여 명의 인간 레이서들이 브루클린 다리 위를 지나 맨해튼으로 쇼핑 카트를 밀고 간다.

당신이 사는 마을에서 로데오 경기가 열린다면 지역 당국에 항의하거나, 후원자들에게 편지를 쓰거나, 정문에서 전단지를 배포하거나, 동물보호단체에 시위 방법을 문의하라.

주 및 지역 법률을 검토해 당신이 거주하는 지역에서 동물과 관련된 합법적인 활동과 비합법적인 활동을 알아보라. 어떤 관람객은 로데오 경기를 보다 황소 다리가 부러지는 영상을 찍었는데, 그 후 피츠버그는 버킹 스트랩, 전기 충격봉, 날카롭거나 고정된 스퍼 등을 금지하는 법안을 통과시켰다. 대부분 로데오에서는 측면 스트랩flank straps을 사용하는데, 이런 조치로 사실상 로데오가 전면 금지되었다. 로데오를 금지시킬 또 다른 방법은 수많은 로데오 행사에서 하는 송아지 옭아매기calf roping를 주 또는 지역에서 금지하는 것이다. 이를 없애면 모든 로데오 쇼가 사라질 수 있다.

세계동물보호구역연합GFAS이 승인한 동물보호구역을 방문하라. GFAS가 승인한 보호구역은 영리 목적으로 동물을 사육하거나 활용할 수 없다.

동물이 없는 서커스를 구경해라. 미국과 캐나다의 서커스 바르가스는 한때 동물이 등장했지만 지금은 인간 연기자만 출현한다. 시르크 이탈리아는 13만L의 물이 담긴 무대를 자랑하는 순회 수상 서커스다. 미국 전역의 소외된 이웃들을 위해 많은 활동을 하는 핀 스트리트 서커스, 대담한 곡예와 저글링 연기를 하는 플라잉 하이 서커스도 있다. 다양한 묘기를 선보이는 태양의 서커스는 물론이고, 국제적으로 활동하는 중국 서커스단 중 가장 뛰어난 임페리얼 서커스도 동물이 등장하지 않는다.

가상 필드 여행을 떠나라. 동물의 생활을 방해하거나 씨월드에 가지 않고도 자연에 설치된 라이브 캠을 통해 동물을 귀찮게 하지 않고 가까이서 관찰할 수 있다. 이것은 인간과 동물 모두에게 안전한 여행이다. 북극의 툰드라, 아프리카의 물웅덩이, 바닷속 범고래 실험실, 새들이 둥지를 틀고 새끼를 키우는 스코틀랜드 연안의 섬까지 어디든 고를 수 있다. 동물원보다 이 여행에서 동물에 대해 더 많이 배울 수 있다. 우리나 수조 안이 아니라 동물이 살아가는 자연 그대로의 환경 속에서 그들을 보기 때문이다.

스노클링과 스쿠버다이빙을 해라. 물고기와 다른 수생 생물들이 자신들의 거처에서 자신들의 방식으로 살아가는 모습을 볼 수 있다.

스웨덴의 글래스리켓 무스 공원처럼 동물들을 위한 자연보호구역을 여행하라. 아름다운 자연 서식지에서 살아가고 있는 무스moose를 볼 수 있다.

이런 장소들도 여가를 보내기 좋다.

식물원과 식물 공원: 대부분의 도시에 있으며, 아름다운 자연 환경 속에서 얼룩 다람쥐에서 새까지 그 지역에 살고 있는 야생동물을 관찰할 수 있다.

고래 관람 관광: 미국의 해안 및 세계 곳곳에서 적절한 거리

를 두고 합법적으로 고래를 볼 수 있는 관광 상품이 있다. 어미 고래와 새끼들을 방해했다고 입에 오르내리는 여행사들도 있으니, 예약 전에 여행사에 대해 꼭 확인하라.

자연사 박물관: 자연사 박물관들의 디오라마(diorama, 박물관의 입체 모형)는 자연 서식지에 살고 있는 동물들을 볼 수 있는 가장 좋은 방법 중 하나다. 오늘날의 동물들뿐 아니라, 지구 역사상 존재했던 동물들을 가까이서 볼 수 있다.

정말로 동물과 친밀한 시간을 보내고 싶다면 자원 봉사를 해보자! 여러 농장동물 보호구역에는 자원봉사 프로그램이 있으며, 현재 미국뿐 아니라 해외에도 이런 보호구역이 여러 곳 있다. 가까운 곳이나 여행지에서 얼마든지 봉사를 할 수 있다.[1]

 ❶

동물을 생각하며 세상을 여행하라

아무리 코끼리가 친근해 보여도 코끼리를 타러 가지 마라. 이런 코끼리들은 조련사에게 복종하도록 고문을 받아왔다. 코끼리를 타는 것은 사람에게 위험할 수도 있다. 2016년 태국에서 조롱당하고 구타당한 경험이 있는 코끼리가 36세 영국 남성 관광객을 잡아채서 밟아 죽였다. 많은 코끼리들이 인간이 옮긴 결핵에 감염되어 있다. 코끼리들은 자이푸르의 아메르 요새에서 버마의 정글까지 사람들을 태우고 오가며, 쉬는 동안 사슬에 묶이거나 무거운 짐을 지고 가파른 언덕을 오른다. 원래 이렇게 태어난 코끼리는 없지만 포획된 수많은 코끼리들에게 이런 일이 강제되고 있다.

돌고래와의 수영을 하지 마라. 사람들은 하루를 즐겁게 보낼 수 있겠다고 생각할지 모르지만, 돌고래들은 대개 고향에서 잡혀 와서 먼 거리를 헤엄치며 대양의 파도를 경험하고 새끼들을 기를 권리를 박탈당한 채 좁은 공간에서 인간과의 상호 작용을 강요당하고 있다.

동물들과 셀카를 찍지 마라. 2016년 아르헨티나에서 사람들이 희귀한 새끼 돌고래와 셀카를 찍다가 돌고래가 죽는 일이 있었다. 사람들이 돌고래를 둘러싸고 만져보다 이런 일이 생겼는데, 한 목격자는 돌고래가 이미 죽어 있었다고 말했지만 그래도 결과는 마찬가지다. 최근 호수에서 끌려 나온 백조, 공작, 상어, 바다거북 등 다른 동물들도 사람들이 셀카를 찍는 동안 죽음을 맞았다.

투우 경기를 구경하지 마라. 이 싸움은 황소에게 매우 잔인하다. 황소는 장 내용물을 모두 비워내는 완하제를 복용한 탓에 쇠약해질 수 있고, 경기장으로 내보내지기 전에 바르는 젤 때문에 눈이 멀 수도 있다.

동물 음식을 피하라. 동물로 만든 제품인지 아닌지 확실하지 않은 음식을 조심하라. 코피 루왁은 아시아 사향고양이가 먹고 배설한 커피 콩 열매로 만든다. 사향고양이는 대개 숲에서 포획되어 작은 우리에 갇혀 지내는데, 대부분이 털이 다 빠지도록 커피만 먹다가 죽는다.

동물의 일부분으로 만든 기념품, 예를 들어 거북 등껍질 장식품, 동물의 털로 만든 장난감이나 모자, 거북이 기름, 깃털 귀걸이 등을 사지 마라.

더 자세한 정보는 다음을 참조하라.

GigSalad.com은 미국 내 우편번호로 여행에서 즐길 수 있는 오락거리를 검색할 수 있는 사이트다(이 사이트에 나온 항목들이 전부 동물이 사용되지 않은 것은 아니지만 대부분은 그렇다).

PETA의 홈페이지에는 동물 친화적인 행선지 목록이 나와 있다. 목록에는 세계동물보호구역연합GFAS이 인가한 동물 보호구역과 더 재미있는 활동들도 많이 있다.

내셔널 지오그래픽 웹사이트(www.nationalgeographic.com)에서 어떤 동물 보호구역이 진짜 보호구역인지, 야생동물과의 상호작용을 허용하는지, 또는 그들을 사육하는지 등을 알아낼 수 있다.

GFAS의 페이스북 '보호구역 찾기Find a Sanctuary'에 들어가면

GFAS가 인증하고 검증한 시설을 검색할 수 있다. GFAS는 보호 구역 관리와 동물 보호에 대한 엄격한 기준을 준수한다. 회원으로 등록된 보호구역은 상업용으로 동물을 사육하거나 이용하지 않으며, 동물을 평생 동안 정성껏 보살핀다.

Vegans.UK가 운영하는 블로그[1]는 동물을 이용한 '오락거리'를 대체할 10가지 방법을 소개한다. 동물 서커스, 투우, 마차 등 잔인한 활동 대신 오직 인간만 등장하는 서커스, 권투, 자전거 타기 등의 활동을 제시한다.

음식

눈을 감고 과거로 돌아가 보라. 당신은 5만 년 전 구석기 시대에 살고 있다. 당신과 당신 가족은 가까운 숲에서 긴 하루를 보낸 후 동굴 집으로 돌아간다. 밖은 매우 춥고, 하루하루가 지난날보다 더 춥게 느껴진다. 동굴로 들어가자 불 주변에 옹기종기 모여 앉아 몸을 덥히고 있는 다른 가족들이 보인다. 이들은 먹을 것을 구하러 다니기엔 너무 아프거나 어린 가족들이다. 모두가 배가 고프고, 배불리 먹기를 바란다.

이들은 무엇을 먹었을까?

창을 든 동굴인들이 가젤이나 호랑이를 쫓는 흔한 이미지는 잊기 바란다. 접시에는 대부분 숲에서 찾아낸 식물성 음식이 담겨 있다. 초기 인류의 식사는 대체로 덩이줄기, 뿌리줄기(수평으로 자라는 뿌리), 옥수수, 씨앗, 과일, 야채처럼 전분이 풍부한 음식이었을 것이다. 고기는 있어 봤자 양이 적었을 텐데, 구석기인들은 대개 다른 동물들을 사냥할 만큼 강하거나 빠르지 않았기 때문이다. 그들이 실제로 고기를 먹었다 해도 이는 대형 육식동물이 먹고 남긴 찌꺼기였을 것이다.

우리의 가장 가까운 친척들, 즉 침팬지의 식단을 보면 우리 조상들이 주로 먹던 음식에 대한 통찰력을 얻을 수 있다. 영장류의 식단은 과일, 잎, 꽃, 나무껍질, 견과류, 곤충으로 이루어져 있다. 침팬지들이 간혹 고기를 먹기도 하지만, 기회가 있을 때만 그렇다. 다시 말해 표범이나 다른 대형 육식동물이 먹고 남겼을 때나 고기를 먹는 것이다. 고기는 전부 합해 봐야 야생 침팬지 식단의 겨우 3%를 차지할 따름이다. 우리가 침팬지와 DNA의 99%를 공유한다는 사실을 고려한다면, TV의 광고보다는 동료 영장류로부터 우리의 식단에 대한 단서를 얻는 것이 훨씬 합리적이다.

인간의 내장은 영장류 친척들처럼 길고 구불구불해서 과일과 채소를 소화하기에 안성맞춤이다. 또한 침팬지와 인간의 위는 소화관의 약 4분의 1 정도로 작기 때문에 많은 음식을 한꺼번에 먹기가 어렵다.

비건 동물

고기를 먹어야 키가 크고 몸짱이 된다고 생각하는가? 주로 과일, 새싹, 잎을 먹는 동물 왕국의 대형동물들을 생각해보자.

- 고릴라는 몸무게는 180kg 이상, 키는 거의 1.8m까지 자랄 수 있다.
- 지금까지 가장 큰 공룡은 암피코엘리아스 프레이질리무스Ampicoelias fragilimus로, 무게가 122t으로 추정된다. 그런데 이 공룡은 어떻게 그렇게 크게 자랐을까? 말 그대로 수 톤의 식물성 음식을 먹었기 때문이다.
- 코끼리들은 땅콩을 좋아하지만, 그들이 먹는 식물은 이것뿐이 아니다. 인도와 아프리카 코끼리는 풀, 식물, 덤불, 과일, 잔가지, 나무껍질, 뿌리를 먹고 산다.
- 시속 5km로 달릴 수 있는 빠르고 강한 들소가 좋아하는 먹이는 풀, 왕골, 딸기류, 이끼류다.
- 바닷속에서 사는 소로 알려진 해우海牛는 일상적으로 해초를 즐겨 먹는데, 하루 최대 86kg을 먹는다.
- 근육질이며 힘이 센 야생 야크에게 힘이 나게 하는 식단은 풀, 왕골, 허브인데, 이 동물은 신장이 2.1m, 몸무게가 최대 1t까지 나간다.

초기 인류의 식단

시간을 거슬러 올라간 우리의 식단 여행은 약 6,500만 년 전 푸르가토리우스Purgatorius라는 쥐 크기의 포유동물과 더불어 시작된다. 최초의 영장류로 널리 알려져 있는 푸르가토리우스는 열대 과일, 씨앗, 견과류를 우적우적 씹어 먹는 완전한 채식주의 동물이었다. 수백만 년 동안 푸르가토리우스의 후손들은 주로 과일, 꽃, 간혹 곤충으로 이루어진 비슷비슷한 식단을 이어갔다. 약 1,500만 년 전 견과류와 단단한 씨앗이 추가되었지만, 최초의 주요 변화는 600만 년 전 두 다리로 직립해서 걷는 최초의 영장류 중 하나인 사헬란트로푸스Sahelanthropus가 나타나면서 일어났다. 이 최초의 영장류는 작은 송곳니와 치아의 두터운 에나멜이 돋보이는데, 이를 통해 사헬란트로푸스가 음식을 갈아 먹기보다 주로 씹어 먹었음을 알 수 있다.

약 400만 년 전, 인류의 중요한 조상인 오스트랄로피테쿠스는 식물성 식단에서 에너지를 얻어 아프리카의 삼림지대, 강가의 수풀지대, 계절성 범람원을 돌아다니기 시작했다. 오스트랄로피테쿠스의 식단은 침팬지의 식단과 유사했다. 오스트랄로피테쿠스는 정기적으로 고기를 먹을 수 있을 만큼 소화관이 발달하지 않았으나, 간혹 기회가 있으면 고기를 먹곤 했다. 이런 맥락에서 고인류학자 리처드 리키 박사는 인간이 견과류, 씨앗, 곡물을 넉넉하게 먹지 못할 때만 동물의 고기를 찾았을 것이라고 생각한다. 리키 박사에 따르면 "호미닌은 주로 식물성 식단에 의존하되, 고기를 구할 수 있을 때는 기회를 놓치지 않고 먹었던 것으로 보인다."[91]

260만 년 전에는 고기가 초기 인류의 식단에서 더 흔해졌다. 손재주가 좋은 인류 혹은 돌로 도구를 만든 최초의 인류로 알려진 호모 하빌리스의 치아 연구는 그들이 잎사귀, 목본식물 및 일부 동물의 조직과 같은 질긴 음식을 먹었음을 보여준다. 약 180만 년 전, 최초의 인류 호모 에렉투스(이들은 네 발이 아닌 두 발로 걸은 최초의 직립 인간으로 알려져 있다)가 출현했다. 이들은 수렵채집 집단에서 살았고, 불을 다루어 음식을 요리했다. 호모 에렉투스는 고기를 먹기도 했지만, 주로 덩이줄기와 아삭아삭한 뿌리채소를 먹으면서 근근이 살아갔다. 마지막으로 약 20만 년 전, 오늘날 우리가 알고 있는 인간 종인 호모 사피엔스가 출현했다. 우리의 현대인 조상은 풀씨, 뿌리, 사초, 다육성 식물succulents을 구하러 돌아다녔고, 죽은 동물 고기를 찾아다니기도 했다.

20세기를 통틀어, 대부분의 과학자들은 죽은 동물 고기에서 얻은 여분의 단백질이 인간의 진화, 특히 두뇌 성장을 위해 중요했다고 생각했다. 그러나 최근의 연구는 다른 혁신들, 특히 요리의 발명이 더욱 중요했음을 보여준다. 리처드 랭엄 박사는 저서 《요리 본능》에서 요리가 고기와 식물의 소화 능력을 증진시켰고, 이로 인해 뇌에 더 많은 칼로리가 공급되면서 성장을 크게 촉진했다고 주장한다.

약 1만 2,000년 전, 농사의 도입으로 인간의 삶은 혁명적인 전환을 맞았다. 기후 변화, 더 높아진 인구 밀도, 풍부한 사냥감, 도구의 사용 덕에 인류는 그 후 7,000년 동안 오스트레일리아와 남극을 제외한 모든 대륙에서 식량을 재배할 수 있었다. 이 말은 식단을 보충하는 데 필요한 동물들을 한 장소에 남겨둬야 했다는 뜻이기도 하다. 이것이 바로 동물 사육 역사의 시작이었다.

아마도 무플론mouflon은 최초로 사육된 농장동물일 것이다. 오늘날 양들의 조상인 무플론은 몸집이 작다. 수컷(그리고 일부 암컷)의 뿔은 거의 완전한 원 모양으로 휘어진 아름다운 곡선을 이루고 있다. 오늘날 무플론은 이라크, 이란, 아르메니아 등의 산악지역에 살고 있지만, 1만 년 전에는 훨씬 많은 지역에서 더 많은 수가 살았다. 인간은 애초에 고기, 젖, 가죽을 얻기 위해 양의 초기 조상들을 키웠다. 기원전 3500년에 이르러 무플론은 선택적으로 사육되면서 오늘날의 양과 더 유사해졌는데, 당시에는 양모 때문에 사람들의 사랑을 받았다. 양모는 엮고 자아서 옷을 만들 수 있는 재료였다.

기원전 9000년경, 중국에서 최초의 돼지가 멧돼지boar(현재에도 살아 있다)에서 가축화되었다. 서식지가 파괴되었어도 멧돼지는 아시아 전역은 물론 유럽, 호주 및 미국 일부 지역까지 영역을 확장했다. 멧돼지 떼를 '사운더sounder'라고 하는데, 이들은 이렇게 무리 지어 살면서 근육질의 코로 곰팡이, 양치류, 뿌리, 잎, 개구리, 곤충을 찾기 위해 흙을 파헤친다. 이렇게 철저하게 독립적으로 살아가는 동물을 인간이 어떻게 길들였는지는 아무도 알지 못한다. 어쩌면 더 사교적이고 덜 신중한 멧돼지들이 수 세대에 걸쳐 인간의 서식지를 돌아다니며 음식 쓰레기를 뒤져 먹다가 먹을 게 너무 많아 아예 그곳에 눌러앉았는지도 모른다.

약 1만 500년 전 인간은 메소포타미아에서 야생 소를 길들였다. 오늘날 소의 조상인 오로크auroch는 근육질의 뿔이 달린 동물로, 유럽, 아시아, 북아프리카의 많은 지역을 돌아다녔다(이들은 기원전 17세기경 멸종되었다). 오로크는 기원전 5400년 즈음 고대 수메르의 도시인 에리두에서 일을 시킬 수 있을 만큼 충분히 길들여졌다. 이들은 주로 밭을 갈고 마차를 끌고 물살을 거슬러 강배riverboats를 끌어내는 데 활용되었다. 여러 세대에 걸친 선택적 사육 결과, 결국 두 종의 육종 소가 탄생했다. 그중 한 종은 주로 인도아대륙에서 발견되는 제부zebu 소이고, 또 다른 종은 유라시아에서 발견되는 타우린taurine 소다.

닭은 우리의 또 다른 주요 가축 식량원으로, 지금도 동북아시아와 인도의 대나무 숲에서 볼 수 있는 적색야계의 후손이다. 수컷 야계野鷄는 금빛 깃털, 머리를 왕관처럼 장식하고 있는 아름

인간은 육식동물일까

인간은 짧고 부드러운 손톱과 작은 송곳니를 갖고 있다. 이와는 대조적으로 육식동물(사자나 호랑이 등)은 모두 살코기를 찢을 수 있는 날카로운 발톱과 큰 송곳니가 있다. 육식동물의 턱은 위아래로만 움직이며, 먹잇감에서 살덩어리를 뜯어내 이를 한꺼번에 삼켜야 한다. 반면 인간과 다른 초식동물은 턱을 위아래로, 그리고 좌우로 움직일 수 있어 뒤쪽 치아로 과일과 채소를 갈아서 먹을 수 있다. 다른 초식동물의 이빨과 마찬가지로 인간의 뒤어금니는 납작해서 섬유질 식물 음식을 갈 수 있다. 리처드 리키 박사가 요약한 바와 같이, "당신은 살코기를 손으로 찢을 수 없고 가죽도 손으로 찢을 수 없다. 우리의 앞니는 살이나 가죽을 찢는 데 적합하지 않다. 우리에게는 커다란 송곳니도 없다. 요컨대 우리는 그런 커다란 송곳니가 필요한 식량원을 제대로 처리할 수 없었을 것이다."[92]

육식동물은 먹이를 통째로 삼킨 다음 극산성의 위산으로 살코기를 분해하고 위험한 박테리아를 죽인다. 인간 위산의 강도는 육식동물에 비해 훨씬 약하다. 미리 씹어놓은 과일과 채소를 소화하는 데는 강한 위산이 필요하지 않기 때문이다. 이처럼 강한 위산이 나오지 않기 때문에 일반적으로 우리는 생고기를 요리하지 않고 날것으로 먹을 수 없다. 장관과 결장이 짧은 육식동물은 비교적 신속하게 음식이 몸을 통과한다. 반면 인간의 장관은 훨씬 긴데, 이에 비례해서 몸이 섬유질을 분해하고 식물성 식품으로부터 영양분을 흡수하는 시간도 길어진다. 조리되지 않은 고기를 먹는 것은 우리에게 매우 위험하다. 소화 기관을 통과하는 시간이 길어지면 고기 속 박테리아가 증식할 수 있는 시간이 생기기 때문에 음식 독이 발생할 위험이 높아진다. 고기는 인간의 장을 느리게 통과하면서 썩기 시작하는데, 이때 장 질환 중에서도 특히 대장암 위험이 증가한다.

〈미국 심장학회지American Journal of Cardiology〉의 편집자인 윌리엄 C. 로버츠 박사는 다음과 같이 쓰고 있다. "우리는 자신이 본래 육식동물이라 생각하고 행동하지만, 사실 인간은 육식동물이 아니다. 우리가 동물들을 잡아먹기 위해 죽이면, 그들은 결국 우리를 죽이게 된다. 그 이유는 콜레스테롤과 포화지방이 함유된 동물의 고기가 본래 초식동물인 인간에게 적절한 음식이 아니기 때문이다."[93]

다운 붉은 볏을 갖고 있고, 암컷은 알과 갓 태어난 새끼들을 돌볼 때 보호 기능을 하는 위장 깃털을 갖고 있다. 아마도 인간은 기원전 2000년경 아시아에서 야계를 길들였을 것이다. 1,000년 동안의 선택적 사육을 통해 닭의 모습은 획기적으로 변했다. 성체 야계의 무게는 최대 1.1kg에 달하는 반면, 현대의 닭들은 단 5주 만에 2.2kg의 도축 무게에 도달한다.

공장식 축산 농장

1950년대까지만 해도 많은 영농인들은 자신들이 사육하는 동물들을 도축하고 소비했지만 동물들에게 인도적인 삶을 제공했다. 영농인들은 대체로 자신들이 재배한 농작물 및 동물의 알과 젖을 먹고 살았다. 또한 소와 돼지의 거름으로 밭을 비옥하게 유지했다.

오늘날 일반적인 미국인은 매년 100kg의 붉은 고기와 가금류를 먹어 치운다. 1950년의 63kg과 크게 비교되는 수치다. 1960년대에 특히 패스트푸드점이 폭발적으로 증가했고, 소규모 가족농장은 미국인들의 늘어나는 식욕(그리고 허리둘레)을 따라갈 수 없었다. 오늘날 미국에서만 거의 100억 마리의 육상동물이 인간의 소비를 위해 사육되고 죽는다. 전 세계적으로 그 숫자는 500억에 가깝다. 물고기의 죽음은 톤 단위로 측정해야 한다. 당신이 이 단락을 다 읽을 즈음에는 수천 마리의 동물들이 이미 도축된 상태일 것이다.

이 정도 규모로 도축이 가능하려면 대규모 공장식 농장이 필요하다. 1930년대에 인큐베이터로 닭을 키우는 새로운 시스템이 도입되었는데, 이를 통해 영농인들이 대규모 사업체를 운영할 수 있게 되었다. 1940년대 후반에는 타이슨푸드가 닭을 사육하기 위해 생산 공정에 있는 일련의 기업들을 수직 통합하는 vertical integration 방식을 도입함으로써 자사 공급망 전체를 소유하고 철저하게 관리할 수 있었다. 타이슨과 다른 대기업들은 농장을 통합하여 유축농업을 근본적으로 조립 라인으로 전환할 수 있었다.

사육동물이 도축 수준의 무게에 빨리 도달할수록 수익성

정부 보조금이 육식을 조장한다

지난 세기 동안 공장식 농장과 저가 동물 제품의 생산성이 지속적으로 성장한 것은 우연이 아니다. 20세기와 21세기에 낙농업자들이 정부 보조금과 도움을 받았음을 고려해보면, 이는 어느 정도 예고된 일이었다. 미국 농무부의 마이플레이트MyPlate 가이드라인은 미국인들에게 과일과 채소를 더 많이 먹고 고기는 덜 먹으라고 권고한다. 그러면서도 정부는 여전히 육류와 유제품 산업에 매년 380억 달러를 보조금으로 지출한다. 따라서 소비자들은 추천 식품을 구매할 때 저렴한 고기와 유제품의 유혹을 받는다.

특히 연방정부와 낙농업의 관계는 문제가 많다. 자문회사 '그레이, 클라크, 시 앤드 어소시에이츠'가 최근 발표한 보고서에 따르면 2015년 미국 낙농가들이 얻은 수익의 73%가 납세자들이 낸 보조금에서 온 것이라고 한다. 이 보조금에 고무된 영농인들은 미국인들이 소비할 수 있는 양 이상의 유제품을 생산하고 있다. 2018년 6월 〈워싱턴포스트〉는 미국이 1세기 만에 최대 규모의 치즈 비축량을 달성했다고 보도했다. 63만 톤이 넘는 이 비축량은 남성, 여성, 어린이 한 명당 약 2kg에 해당한다. 그러나 업계는 별로 우려하지 않는 기색이다. 생산 과잉이 45만 톤을 넘은 2016년, 미국 정부는 2,000만 달러 상당의 치즈를 수매해 식품은행 및 식료품 저장소에 분배함으로써 낙농업을 긴급 구제하기로 동의했다. 이 긴밀한 관계는 학교까지 확장된다. 2010~2014년에 도미노피자는 미국 38개 주 소재 3,000개 학교를 설득해 학교식당에 피자를 보급했다.

정부 보조금은 미국인들이 육류와 유제품 소비를 조장하는 캠페인의 자금줄로 사용되기도 한다. 1990년대부터 '우유 있어?' '믿을 수 없을 정도로 맛있는 달걀' '저녁식사를 위한 소고기' '돼지고기. 또 다른 흰 살코기' 같은 슬로건을 내

세운 치열한 로비활동과 이에 호의적인 정치인들 덕에, 육류 및 낙농업은 미국 소비자들에게 직접적인 영향력을 행사할 수 있었다.

은 그만큼 높아진다. 일반적으로 동물을 빨리 살찌우는 방법은 몸에 항생제를 가득 주입하는 것이다. 실제로 미국에서 사용하는 모든 항생제의 약 70~80%가 아픈 사람이 아닌 소, 돼지, 가금류에게 투여된다. 동물을 더 빨리 성장시키기 위해서다. 이 항생제의 잔여물은 동물이 도축되고 요리된 후에도 계속 남아 있다. 결과적으로 항생제에 대한 인간의 내성이 놀라울 정도로 높아졌고, 모든 약물에 내성이 있는 슈퍼버그가 탄생하고 있다. 항생제 내성균을 퇴치하기 위한 대통령 자문회의 의장인 마틴 제이 블레이저 박사는 미국 〈뉴욕타임스〉 기자에게 이렇게 말했다. "우리는 항생제에 중독되어 있습니다. 생물학적 비용이 들지 않는 것처럼 항생제를 사용하고 있죠. 그런데 분명 비용이 듭니다."[94]

일반적으로 공장식 농장은 효율을 극대화하기 위해 소, 돼지, 닭 또는 물고기 등 한 종류의 동물만을 전문적으로 사육한다.

소: 미국에서만 매년 2,900만 마리의 암소, 거세한 수소, 송아지가 육류와 유제품 산업에서 도축된다. 고기를 얻기 위해 사

육되는 소는 대개 목장에서 1년을 보낸다. 이곳의 소들에게 자유는 거의 없고, 목장주는 대개 달궈진 인두나 냉동 소인 장치로 낙인을 찍는다. 특히 수컷은 보통 마취 없이 거세된다. 이들은 폭풍우와 홍수에 고스란히 노출되고, 네브래스카, 사우스다코타, 와이오밍 같은 주에서는 겨울에 많은 소들이 얼어 죽는다. 캔자스나 텍사스 주에서는 여름에 그늘이 없어서 더위를 피하지 못해 소들이 죽는다. 대략 1년이 지나면 소들은 경매장으로 수송되고, 경매가 끝나면 수백 킬로미터 떨어진 곳으로 보내져 배설물과 진흙투성이인 우리에 갇힌다. 이것을 비육장feedlot이라고 하는데, 여기서 수천 마리 소가 좁은 우리에 갇혀 자신의 배설물 속에서 살아간다. 상당수 소들은 도착하자마자 병이 들거나 이내 죽음을 맞는다.

젖소들은 이보다 행복하게 살 거라고 생각할지 모르지만, 그렇지 않다. 그들의 삶은 육류로 사육되는 소보다 더 열악하다. 우유, 요구르트, 치즈 등의 수요를 맞추기 위해, 인간은 암소의 자궁에 인공적으로 정자를 주입해 착상시킨다. 높은 생산량과 이윤을 유지하기 위해, 암소는 이런 식으로 인공 임신을 반복한다. 암소가 송아지(우유는 원래 송아지를 위한 것이다)를 출산하면, 이 사랑스런 송아지는 태어난 직후 혹은 하루 이틀 내에 다른 곳으로 끌려간다. 암컷 송아지는 보통 자기 어미처럼 젖소 판정을 받지만, 수컷은 좀 더 직접적인 목적에 활용된다. 수컷 송아지들은 움직이기 힘든 좁은 상자에 갇혀, 육질을 부드럽게 하기 위해 빈혈을 유발하는 귀리죽을 먹는다. 이들은 불과 생후 몇 개월 뒤에 도축되어 송아지 고기로 판매된다. 어미 젖소 역시 공장식 농장이 요구하는 만큼 광란의 속도로 우유를 생산할 수 없게 되면 트럭에 실려 도축장으로 보내진다. 이들은 대개 개 사료나 육포 등 저급 소고기 제품으로 둔갑한다.

수년간 유제품 업계는 모든 사람이 우유를 마셔야 한다고 주장해왔다. 우유가 유익하기 때문이 아니라 이윤이 창출되기 때문이다. 우유 칼슘은 칼슘 중에서도 흡수율이 가장 낮다. 뼈를 튼튼하게 하는 미네랄을 제공하는 가장 훌륭한 공급원은 녹색 잎이 무성한 야채다. 일반적인 믿음과는 달리, 유제품 우유는 뼈에 해로울 수 있다. 〈영국 의학 저널The British Medical Journal〉이 약 20년 동안 10만 명을 분석한 연구에 따르면 우유는 뼈나 고관절 골절 가능성을 높일 수 있다. 이 연구 결과를 보면 우유 소비율이 가장 높은 나라에서 왜 골다공증 비율이 가장 높은지 짐작할 수 있다. 미국인은 다른 어떤 나라보다 많은 칼슘을 유제품에서 섭취한다. 그리고 미국인은 골다공증 발생률도 높다.

돼지: 돼지는 복잡한 의사소통 체계와 다양한 인지 능력을 갖고 있다. 돼지는 사회적이고 장난을 좋아하며 보호 본능이 강한 동물로, 다른 돼지와 유대를 형성하고 각각의 이름을 구분할

줄 안다. 또한 속임수를 부릴 수 있고 주변 돼지들에게 애정 표현하는 것을 좋아한다. 이런 돼지들이 매년 약 1억 1,500만 마리씩 도축되어 갈비, 베이컨, 햄 등의 돼지고기 제품으로 만들어진다. 암돼지는 몸을 돌릴 수 없을 정도로 좁은 감금틀인 '임신 스톨'에 갇힌다. 새끼 돼지들은 태어난 지 열흘이 갓 지났을 때 비좁고 과밀한 우리로 옮겨져 고기용으로 사육된다.

도축할 시기가 되면 겁에 질린 돼지들은 수송 트럭에 강제로 실려 온갖 극한의 날씨를 뚫고 먼 거리를 이동하게 된다. 많은 돼지들이 여름에는 열사병으로 죽고, 겨울에는 트럭 안에서 얼어 죽는다. 돼지의 피부는 사람과 마찬가지로 털이 거의 없기 때문이다. 업계의 보고에 따르면 매년 100만 마리 이상의 돼지가 수송 중에 죽고, 도축장에 도착할 때까지 최소 4만 마리 이상이 부상을 입는다.

산란계와 육계: 미국에서는 매년 약 90억 마리의 닭이 고기용으로 사육되고 도축된다. 백만 단위가 아니라 억 단위다. 또한 암탉 3억 500만 마리는 알 낳는 기계처럼 계란을 착취당한다. 과자와 케이크부터 계란술nog과 국수에 이르기까지 계란이 들어가지 않는 음식이 거의 없다 보니, 어마어마한 계란 수요를 감당하기 위해 암탉을 철망으로 된 배터리 케이지에 수용한다. 한 케이지당 최소 5마리의 암탉을 수용하여 밀집 사육하기 때문

에, 닭들이 축적된 배설물에서 나오는 암모니아를 흡입하여 호흡기 장애가 자주 발생한다. 똑같이 생긴 철망 케이지를 쌓아 올리기 때문에, 닭들은 아래 케이지에 있는 닭에게 똥오줌을 싸는 상황이 벌어진다. 지난 수십 년간 유전공학 기술을 통해 산란계는 비정상적으로 1년에 300여 개의 알을 낳게 되었다. 반면 오늘날 닭의 조상인 적색야계는 1년에 10~15개의 알을 낳는다. 산란계가 낳은 수평아리는 알을 낳을 수 없기 때문에 양계업계에 쓸모가 없다. 이들은 즉시 대량으로 질식사 당하거나 산 채로 대형 쓰레기통이나 분쇄기에 던져진다.

육계는 특별히 고기용으로 사육되는 닭을 말한다. 육계는 체중을 최대한 많이 늘리기 위해 혹독한 사육 과정을 거쳐 단 6주 만에 다 자란다. 예를 들어 닭가슴살을 더 많이 생산하기 위해 이런 집약적 방식으로 닭을 사육하고 여기다 인공 성장 호르몬과 항생제까지 투여하다 보니, 닭은 건강에 심각한 문제가 발생한다. 많은 닭이 가슴이 너무 무거워져 걸을 수 없게 되고, 태어난 지 몇 주밖에 지나지 않았는데도 심장마비가 온다. 사람들은 창문 없는 거대한 사육장에 수천 마리 단위로 닭을 욱여넣는다. 닭은 모이를 쪼는 서열을 적절히 파악할 수 있는 소집단에서는 사회성을 잘 발휘하지만, 이처럼 대규모 집단에서는 사회 구조를 확립할 수 없다. 좌절감 때문에 공격적으로 변한 닭이 순종적인 닭들을 쪼아대는 바람에 상처를 입거나 죽기도 한다.

양계업계는 동물을 생각한다는 느낌을 주기 위해 '자유롭게 뛰어다니는', '놓아기른' '목장에서 기른' 같은 문구를 사용하고, 현실과 거리가 먼 농장 풍경을 담은 만화를 제작한다. 농무부에 따르면, 방목 농장 인증을 받으려면 '가금류가 밖으로 나갈 수 있음'을 보여주기만 하면 된다. 이런 조건은 의도적으로 모호한 표현을 사용한다. 즉 닭들이 사육장 밖의 작은 흙더미에 접근하려면, 비록 수천 마리의 다른 암탉들을 뚫고 나가야 한다고 해도 작은 구멍이 하나라도 있기만 하면 된다는 말이다. '넬리의 자유 방목 달걀'을 비밀리에 조사한 바에 따르면 겨울과 저녁과 날씨가 좋지 않은 날, 즉 거의 대부분 작은 구멍은 닫혀 있었다. 그래서 구멍 바로 옆에 있는 암탉조차 밖으로 나가지 못했다.

'케이지 프리cage-free'는 암탉이 '먹이와 물에 제한 없이 접근할 수 있는 구조물이나 공간 또는 사육장에 살면서 산란 주기 동안 그곳에서 마음대로 돌아다닐 자유를 누리는 것'을 말한다. 그런데 대개 현실은 이와 다르다. 닭들은 여기저기 돌아다니기는커녕, 여전히 0.1m²에 불과한 엄청나게 비좁은 사육장에서 살기 위해 발버둥 친다. '목장에서 자란' 같은 표현도 동물이 '최소 연간 120일 연속 야외로 자유롭게 나갈 수' 있을 때 쓴다. 그렇다면 이런 궁금증이 떠오른다. 1년 중 나머지 245일은 어떻게 되는가?

어류: 공장식 농장은 지상에만 있는 것이 아니다. 미국에서 매년 소비되는 모든 어류의 거의 절반이 현재 강, 호수, 대양에 인공적으로 만든 양식장에서 사육된다. 육지 동물과 마찬가지로 물고기도 심각한 과밀, 부상, 굶주림, 오염 등으로 고통을 당한다. 이들은 기생충에 감염되고, 덫에 걸린 다른 물고기들과 부딪쳐 상처를 입기 일쑤다. 양식업의 성황도 어류의 고갈을 막지는 못했다. 한때 흔했던 수십 종의 어종이 현재 수십 년 안에 멸종될 수 있는 속도로 포획되고 있다.

양식장은 폐기물과 살충제, 기타 화학 물질을 생태적으로 취약한 해안수로 직접 배출해 지역 생태계를 파괴한다. 자연 수역 울타리 안에 있는 지역에서 직접 물고기를 사육하는 양식장도 수용 능력 이상으로 물고기를 과다 수용하여 건강한 자연 서식지가 망가진다. 이 밖에 물고기 개체수 과잉으로 인한 부산물 때문에 수면에 거대한 해조류 담요가 생겨날 수 있고, 산소가 대폭 감소되며, 물속의 수많은 생명이 목숨을 잃기도 한다. 브라질에서는 수경 재배로 인한 환경 파괴가 현지 기후를 과도하게 변화시켜, 결국 일부 수경 재배 사업체들이 폐쇄될 수밖에 없었다.

상업적인 목적으로 1t의 물고기를 사육하려면 8t의 물이 필요하다. 집약적 새우 생산에는 이보다 최대 10배 이상의 물이 필요하다. 〈사이언스〉지에 실린 한 연구에 따르면, 8,000m²의 연어 농장은 인구 1만 명 규모의 마을만큼 많은 폐기물이 배출된다. 브리티시컬럼비아주의 연어 농장들에서는 인구 50만 명 규모의 도시만큼이나 많은 폐기물이 발생하는 것으로 확인됐다.

동물보호운동의 기원 ───

우리 선조들은 오늘날의 공장식 농장에서 무슨 일이 일어나는지 상상할 수 없었을지 모른다. 하지만 인간은 오래전부터 동물을 도구로 여겨왔다. 프랑스 철학자 르네 데카르트는 이런 입장을《방법서설》에서 간단히 요약하면서, 동물은 본질적으로 생각이 없고 무감각한 기계이며, 그의 표현대로 하자면 영혼 없는 자동인형이라고 썼다. 그러므로 공장식 농장은 단지 대대로 지속되어 온 인간-동물 관계의 논리적 극단성을 보여줄 뿐이다.

역사를 통틀어 대부분의 인간은 동물이 제공하는 고기, 알, 젖의 맛 이상으로 동물에게 별다른 관심을 갖지 않았다. 반면 어떤 사람들은 아무도 신경 쓰지 않는 농장동물의 삶에 관심을 모으려고 헌신해왔다. 동물의 권리를 공개적으로 옹호한 최초의 서구 사상가들 중에는 프랑스의 철학자 미셸 드 몽테뉴가 있는데, 그는 동물 학대가 잘못되었다고 주장했다. 몽테뉴는 동물에 대한 인간의 우월성에 의문을 제기하기도 했다. "동물과 우리를 어떤 방식으로 비교하여 그들이 어리석다고 추론하는가?"라고 그는 물었다. "내가 고양이와 놀때, 내가 고양이와 놀아주는 것인가? 고양이가 나와 놀아주는 것인가? 그걸 어찌 알겠는가?"

100년이 지난 후, 유명한 영국의 철학자이자 정치적 자유주의의 창시자인 존 로크는 "짐승들을 괴롭히고 죽이는 관행은 점차 인간을 대하는 마음까지도 경직시킬 것이다. 따라서 어른들은 어린이들의 동물 학대를 막아야 한다"고 주장했다. 로크가 동물이 인간보다 열등하다는 사실을 부인한 것은 결코 아니다. 그보다는 언젠가 아이들이 사람을 대상으로 폭력을 행사할 수 있으며, 이로 인해 폭력에 점차 무감각해지는 것을 막으려 했다고 보아야 한다. 독일 철학자 임마누엘 칸트는 이 주장에 공명하여 "동물을 잔인하게 대하는 것은 인간 자신에 대한 의무에 반한다. 그 이유는 이런 행동이 고통에 대한 동정의 감정을 누그러뜨려 다른 사람과 관련된 도덕성에 매우 유용한 자연스러운 경향을 약화시키기 때문"이라고 썼다.

제러미 벤담은 동물을 옹호한 최초의 철학자 중 한 명으로, 공리주의의 창시자로 널리 알려져 있다. 공리주의는 다수의 사람들과 동물들(이는 벤담이 주장했을 듯하다)의 행복을 증진할 수 있도록 행동하라고 요구한다. 벤담에게는 지구상 모든 생명체들 간의 지능의 차이는 중요하지 않았다. "동물이 인간처럼 말을 할 수 없다는 것이 뭐가 문제인가?"라고 벤담은 주장했다. 그들은 여전히 살아 있는 존재다.《도덕과 입법의 원리 서설》에서 벤담은 "문제는 그들이 생각하거나 말할 수 있는가가 아니라, 그들이 고통 받을 수 있는가이다"라고 강조했다.

그의 주장이 울림을 준 것은 소수의 사람들에 지나지 않았다. 그러나 19세기 초 영국 하원이 일부 동물 학대를 금지하는 법안을 발의하기 시작했다. 이 법안의 배후에는 리처드 마틴 대령이 있었다. 그는 동물과 가난한 사람들에 대한 지원을 아끼지 않았는데, 이로 인해 조지 4세 왕은 그를 '인도적인 딕Humanity Dick'이라고 불렀다. 〈타임스〉지의 한 기사는 다음과 같은 이야기를 들려준다. 마틴이 "[말]을 보호해야 한다고 주장했을 때, 웃음소리가 들렸다. …… 의장이 이 제안을 반복해서 읽어주자 웃음소리가 커졌다. 한 의원은 마틴이 다음번에는 개를 위한 법안을 만들 것이라고 말하자 더 큰 웃음소리가 터져 나왔고, '다음은 고양이!'라는 외침은 하원을 큰 소동으로 몰아넣었다."

그럼에도 마틴은 세계 최초의 동물권 법안인 '말과 소에 대한 가혹한 처우 법안'을 통과시키는 데 성공했다. 이후 '말, 암말, 거세마, 노새, 당나귀, 소, 암소, 암송아지, 거세우, 양 또는 여타의 소를 때리거나 혹사하거나 학대할' 경우 최고 5파운드의 벌금형 및 2개월의 징역형에 처했다. 이 법이 시행되지 않을 것을 우려한 마틴을 비롯한 다른 하원 의원들은 1824년 동물학대방지협회RSPCA를 설립하여 도축장을 점검하고 위반한 사람들을 기소했다. 30년 후 프랑스는 가축에 대한 잔인한 처우를 불법으로 규정하는 그라몽 법Loi Grammont을 제정했다. 메인, 뉴욕, 매사추세츠, 코네티컷, 위스콘신 등 미국의 여러 주에서도 유사한 법이 제정되었다.

동물권리법과 더불어 최초의 동물권리옹호단체가 탄생했다. 미국에서는 1866년 최초로 헨리 버그라는 뉴욕 출신의 부자가 설립한 미국동물학대방지협회ASPCA가 설립되었다. ASPCA의 임무는 집 없고 학대받는 동물들 혹은 버그의 표현대로라면 "인간의 말 못하는 하인들"을 돌보는 것이었다. 이 단체는 대중에게 동물권에 대해 교육하고, 법 집행 기관과 협업하여 동물 학대자들이 법의 심판을 받도록 했다(앞서 언급했듯이, 9년 후 아일랜드의 작가이자 사회 개혁가인 프랜시스 파워 콥은 훗날 국립 생체해부 반대협회가 될 단체를 설립했다. 이는 동물실험 종식에 헌신하는 세계 최초의 단체다). 1910년, 작가 루퍼트 웰든은 최초의 채식 요리책《노 애니멀 푸드》를 출간했는데, 이 책에는 100가지 채식 요리법뿐 아니라 동물 음식을 자제하는 문제를 다룬 에세이도 있다.

이런 움직임 속에서도 서구사회에는 하늘이 무너져도 동물 제품을 전부 끊겠다는 사람들이 흔치 않았다. 채식주의자들조차 계란과 유제품을 포기하는 것에 대해서는 회의적이었다. 하지만 영국에서 목공을 가르치던 도널드 왓슨은 생각이 달랐다. 어린 시절, 왓슨은 삼촌의 농장에서 돼지가 무자비하게 도축되는 모습을 목격한 후 고기를 먹지 않게 되었다. 32살에 그는 우유를 얻기 위해 젖소를 가두어 사육하는 것이 도축하는 것 못 지않게 잔인하다는 사실을 깨달았고, 그 뒤로 유제품을 전혀 입에 대지 않았다. 훗날 그는 "과거의 문명이 노예 착취 위에 세워졌듯이, 우리는 현재의 문명이 동물 착취 위에 세워졌음을 똑똑히 보고 있다. 머지않아 인간은 한때 동물 제품을 먹었다는 사실을 혐오스럽게 바라볼 것이며, 이것이 인간 정신의 운명이라고 믿는다"[95]고 썼다.

1944년 왓슨은 아내 도로시와 4명의 친구들과 함께 인간이 동물 제품에 의존하지 않게 하는 데 헌신하는 단체를 설립했다. 왓슨은 단체의 이름으로 '비건vegan'을 제안했다. 이 단어에는 vegetarian의 처음 세 글자와 마지막 두 글자가 포함되어 있었기 때문이다. 나중에 그는 이렇게 회고했다. "완전채식주의veganism는 채식주의vegetarianism에서 출발해서 이를 논리적으로 확장시켜 나간다."[96] 그들은 자신들의 새로운 모임을 '비건 소사이어티Vegan Society'라고 불렀다. 이 조직은 오늘날에도 여전히 존재한다.

이 세상에 완전채식주의자가 얼마나 있는지 정확히 아는 사람은 아무도 없겠지만, 그 숫자는 기하급수적으로 증가하는 추세다. 2017년에 발간된 〈가공식품 톱 트렌드Top Trends in Prepared Foods〉 보고서에 따르면, 미국인의 6%가 완전채식주의자로 파악되는데, 이는 2014년에 비해 1% 증가한 수치다. 또한 비건 식당과 사업이 호황을 누리고 있다. 닐슨Nielsen에서 의뢰한 자료는 채식 위주 식품 산업이 2017년 이후 8.1% 성장했다고 밝혔다. 수준 높은 동물보호단체도 크게 늘었다. 여기서 모든 단체를 언급할 수는 없지만, (PETA 외에) 언급할 만한 단체로는 동물법적 보호기금, 플로리다 동물권 재단, 도살에도 자비를Compassion Over Killing, 모든 곳에서 직접 행동을Direct Action Everywhere, 노스웨스트 동물권 네트워크WA, 공연 동물복지협회, 책임 있는 의료를 위한 의사회, 씨 셰퍼드 보존회, 구조 운동(Pig Save and Cow Save로도 알려져 있다), 비건 아웃리치, 주체크(캐나다)를 들 수 있다.

동물이 없는 음식

동물의 고통을 종식시키기 위한 가장 큰 걸음은 채식을 하는 것이다. 이제부터 동물 제품을 먹지 않을 경우, 당신은 개인적으로 매년 200마리의 동물이 도축되는 것을 막을 수 있다. 다행히 1940년대의 도널드와 도로시 왓슨과 비교하면, 오늘날 완전채식주의자가 되기는 훨씬 쉽다.

채식주의자가 된다고 해서 좋아하는 음식을 포기해야 하는 것은 아니다. 반세기 전까지만 해도 그런 희생이 필요했을지 모르지만, 오늘날에는 그저 새로운 음식을 선택하기만 하면 채식주의자가 될 수 있다. 맥&치즈와 아이스크림 케이크부터 '새우' 칵테일에 이르기까지 여러분이 자라면서 먹은 거의 모든 음식을 대체하는 식물성 식품을 찾을 수 있다. 비건 옵션을 선택하면 동물, 환경, 건강에 도움이 되고, 맛도 있으면서 유제품이 포함되지 않은 케이크를 사서 먹게 되는 것이다.

몸에 필요한 모든 영양소는 채식 식단을 통해 쉽게 얻을 수 있다. 우리가 섭취해야 할 3가지 주요 영양소는 탄수화물, 지방, 단백질이다. 사람이 살아가려면 이 영양소가 골고루 필요하며, 예외가 없다. 그러나 육류에는 지방과 단백질만 있고, 위험할 정도로 많은 양이 들어 있는 경우가 종종 있다. 신체의 주요 에너지원이 되는 탄수화물은 아예 없다. 거의 모든 식물성 음식에는 건강에도 좋고 가공되지 않은 탄수화물이 풍부하다. 이는 하루 종일, 서서히 에너지를 방출한다. 또한 식물성 지방은 일반적으로 오메가-3와 오메가-6산이 풍부하며, 심장병, 당뇨병 및 여러 암에 걸릴 위험을 낮춰준다.

사람들은 채식주의자에게 가장 먼저 "하지만 단백질을 어디서 얻지?"라고 묻는다. 이것은 식물에 단백질이 없다는 잘못된 정보 때문에 나오는 질문이다. 사실 등심 스테이크부터 브로콜리, 미국인의 국민 과자 트윙키에 이르기까지 거의 모든 음식에는 단백질이 들어 있다(브로콜리는 스테이크보다 칼로리당 단백질이 많다). 사실 단백질 영양실조는 매우 드문 질환으로, 영어에는 이 단어가 없기 때문에 가나의 가어Ga language에서 콰시오르코르kwashiorkor라는 용어를 빌려와야 했다. 국립의료원에 따르면 몸무게 1kg당 단백질 0.8g이 필요하다. 몸무게가 68kg인 사람의 경우 50g에 해당한다. 그러나 평균적인 미국 남녀는 필요한 양보다 훨씬 많은 단백질을 섭취한다. 하루에 남성은 102g, 여성은 70g의 단백질을 섭취하고 있는 것이다.

순수 채식 식단은 단백질이 매우 풍부하기 때문에 여러 유명 운동선수들이 더 높은 성과를 내기 위해 채식 식단으로 전환했다. 여기에는 울트라 마라톤 챔피언 스콧 주렉, UFC 파이터 네이트 디아즈, 종합격투기 선수 맥 단치히, 테니스 슈퍼스타 비너스와 세레나 윌리엄스, 노박 조코비치, NBA 슈퍼스타 키리 어빙, 포뮬러 원 세계 레이싱 챔피언 루이스 해밀턴이 포함된다.

어떤 사람들에게는 채식 식단이 건강하게 오래 사는 데 매우 중요하다. 의학이 계속해서 발전하고 있음에도, 역사상 그 어느 때보다 아픈 사람이 많다. 2017년 미국인의 기대수명은 2년 연속 감소했다. 미국인 10명 중 7명 이상은 적어도 1개의 처방약을 복용하고 있으며, 50%는 2개 이상, 20%는 최소 5개를 복용하고 있다. 콜레스테롤을 낮추는 스타틴statins부터 혈압약, 당뇨병 치료제에 이르기까지 약사들은 미국의 무수한 건강 문제를 해결하기 위해 매년 40억 개 이상의 처방전을 쓰고 있다.

이 중 심장병이 가장 많으며, 매년 미국에서만 60만 명 이상의 생명을 앗아간다고 한다. "식습관이 심장병에 큰 영향을 미친다는 것은 의심할 여지가 없다"고 하버드대학교 T. H. 첸 공공보건학교의 역학 및 영양학 교수인 월터 윌렛 박사는 설명한다. 윌렛 박사는 2014년 〈가정 의료 저널Journal of Family Practice〉에 발표된 연구를 언급한다. 이 연구는 중증 심장병을 앓고 있는 환자 200명 이상을 몇 년 동안 추적했다. 이 환자들은 주로 가공육, 튀긴 음식, 고지방 유제품, 정제된 곡물, 달걀, 단 음료가 포함된 미국인의 표준 식단으로 성장했다. 이 연구에서 의사들은 환자에게 통곡물, 과일, 채소, 콩 같은 식물성 식품을 더 많이 먹고, 동물성 식품은 웬만하면 피하라고 요구했다. 이런 식이요법을 하지 않은 21명 중 13명은 심장마비나 뇌졸중 등 또 다른 심혈관 질환이 생겼다. 그러나 평균 4년 동안 식단에서 동물성 식품을 제외한 나머지 177명의 경우 오직 한 사람만 질환이 생겼다(경증 뇌졸중). 연구 결과는 다음과 같다. "의학과 수술을 통한 오늘날의 치료는 관상동맥 질환을 관리할 뿐 이 질환을 막거나 중단시키는 데는 별로 영향을 주지 못한다. 우리 연구와 다른 연구에서 살펴본 바와 같이, 영양학적 개입을 통해 관상동맥 질환이 더 이상 생기지 않게 되었고, 심지어 상황이 반전되기도 했다."[97]

채식 식단은 2형 당뇨를 극적으로 개선시킬 수 있고 반전도

가능하다. '책임 있는 의료를 위한 의사회'가 실시한 연방 재정 지원 연구에서 연구자들은 남녀 당뇨병 환자들에게 두 식단 중 한 가지를 무작위로 제공했다. 하나는 칼로리를 줄이고 탄수화물을 제한하는 기존의 '당뇨 식단'이었고, 다른 하나는 저지방 완전 채식 식단이었다. 채식 식단에는 종류에 관계없이 과일, 채소, 콩, 통곡물은 물론 이들로 만든 무수한 식품들이 포함되었다. 이 중에서 완전 채식 식단은 혈당 조절에 3배나 강력한 효과가 있어서 다수의 참가자들은 이를 통해 약을 줄이거나 끊을 수 있게 되었다. 후속 연구에서는 만성 당뇨병 환자 가운데 신경 손상을 일으키는 질병인 신경장애를 앓는 사람들이 완전 채식 식단으로 호전되기도 했다.

이번에는 암에 대해 이야기해보자. 2013년 캘리포니아주 소재 로마 린다대학과 국립암연구소의 공동 연구에 의하면, 채식을 하는 여성은 유방암, 자궁경부암, 난소암을 포함한 여성 특이성 암에 걸리는 비율이 34% 낮다고 한다. 개별적으로 진행된 7개의 연구와 12만 5,000명에 가까운 참여자로 구성된 메타 분석 결과, "채식주의자는 허혈성 심장질환 사망률(29%)과 전반적인 암 발병률(18%)이 비채식주의자들에 비해 매우 낮다."[98] 한편 〈미국 임상영양학저널American Journal of Clinical Nutrition〉에 게재된 6만 3,000명 이상의 참가자를 대상으로 한 연구를 살펴보면 "모든 암의 발병률은 육식을 하는 사람들보다 채식주의자들이 더 낮았다."**99**

어떤 경우 채식 식단은 암도 반전시킬 수 있다. 15년 전 비영리 예방 의학 연구소Preventive Medicine Research Institute의 회장이자 설립자인 딘 오니시 박사는 93명의 초기 단계 전립선암 남성을 모집했다. 이들은 '지켜보고 기다리는' 단계에 해당하는 환자들이었다. 연구대상 집단의 절반은 기존의 전형적인 식단을 계속 유지했고, 나머지 절반은 채소, 과일, 콩과류, 통곡류가 풍부한 채식 식단을 선택했다. 이 연구가 끝날 무렵, 첫 번째 집단의 PSA 지표(전립선암의 진행을 나타내는 지표)는 6% 급속히 증가했다. 그러나 채식 식단을 선택한 집단은 PSA 지표가 4% 감소했고, 이는 종양이 줄어들었음을 의미한다.

여기서 도달하게 되는 과학적 결론은 분명하다. 동물성 제품을 피하는 것은 나중에 생길 만성 질환을 피하기 위한 가장 중요한 조치 중 하나다. 건강에 좋지 않은 습관을 끊으려면 결심이 필요하다. 흡연자들이 니코틴에 중독되는 것처럼, 미국인 표준 식단으로 성장한 사람들은 건강에 해로운 음식에 중독되게 만드는 엄청난 양의 소금, 설탕, 지방을 끊는 데 어려움을 겪는다.

다행히 현재 우리는 식물성 음식을 선택함으로써 동물성 음식과 마지막 작별인사를 쉽게 할 수 있게 되었다.

베지 버거에서 비건 버거로

오랫동안 베지 버거와 고기 대용식품은 동물이 포함되지 않은 식단의 주요 품목이었다. 미국 전역의 식료품점에 완전 채식과 채식 식품 둘 다 제공하는 브랜드에는 가르딘, 필드 로스트, 니트 미트, 스위트 어스, 이브스, 에이미스 키친 같은 회사들이 있다. 오늘날 콩 '치킨' 너겟부터 후무스 '게맛살' 케이크, 곡물 고기에 이르기까지 당신이 좋아하는 거의 모든 음식을 대체하는 비건 음식이 나와 있다. 글로벌 시장조사 회사인 마켓스앤드마켓스의 보고서에 따르면 2023년까지 육류 대체품 시장이 70억 달러에 육박할 것으로 추산된다. 이 제품들은 맛있고 인기가 있지만, 단순히 고기를 모방하기 위해서가 아니라 채식을 하는 사람들에게 선택권을 주기 위해 만들어진 제품들이다.

2016년 5월 비욘드 버거가 첫 선을 보였다. 식물성 단백질을 함유한(정확하게 말하면 20g) 햄버거 패티는 동물의 고기를 사용하지 않고 만들어지며, 글루텐, 항생제, 호르몬, GMO가 들어 있지 않다. 비욘드 버거 개발 팀은 이런 물질들을 넣지 않고, 완두 단백질과 다른 식물성 재료들을 사용하여 고기 냄새가 나는 버거를 개발했다. 비트 즙을 이용해 육즙처럼 붉은 액체가 흐르기도 한다. 제조사인 비욘드 미트Beyond Meet에 따르면, 이 패티는 "식물성 단백질을 동물성 단백질에서 볼 수 있는 것과 동일한 섬유구조로 만들기 위해 가열, 냉각 및 압력을 가하는 독점적 시스템"을 활용해 탄생했다.

다시 말해 식물성 재료를 사용해 고기의 구조, 식감, 맛을 모방한 패티로, 육류로 만든 버거처럼 프라이팬에 구웠을 때 지글지글 소리를 내며 노릇노릇해진다. 이 회사의 사명은 "동물성 단백질을 완벽하게 식물성 단백질로 대체하는 대량 시장 해법을 마련하는 것이다. 또한 기후변화에 긍정적인 영향을 미치고 자연자원을 보존하며 동물복지를 존중함으로써 인간의 건강을 증진하는 데 전념하고 있다."*100*

2018년 말 비욘드 미트는 1억 달러의 주식 상장을 신청했다. 이 회사에 배우 레오나르도 디카프리오, 트위터 공동 창업자 에반 윌리엄스와 비즈 스톤, 마이크로소프트 창업자 빌 게이츠, 전직 맥도날드 CEO 돈 톰슨이 투자했다. 비욘드 미트 제품은 쉽게 찾아볼 수 있다. 크로거 스토어, 홀푸즈, 세이프웨이, 스톱앤드샵 같은 주요 소매업체와 미 전역에서 5,000개가 넘는 식료품점들이 이미 비욘드 버거를 판매 중이고, 그 수는 점점 늘어나고 있다. TGI 프라이데이스, A&W 레스토랑, 베지 그릴 같은 레스토랑 체인점들 역시 비욘드 미트 제품을 선보이고 있다(비욘드 미트에는 비욘드 소시지, 비욘드 치킨, 비욘드 비프 크럼블즈 라인도 있다).

시장에서 식물성 고기를 사고자 한다면, 비건 정육점을 방문해보자. 특히 미니애폴리스의 허비버러스 부처Herbivorous Buther는 히코리향 베이컨, 카피콜라 햄, 로스트비프, 파스트라미, 칠면조,

립 아이 스테이크, 초리조, 소시지, 육포 등 다양한 전통적인 델리 햄의 비건 대체품을 제공한다. 브루클린에서 시작한 몽크스미트에 가면 밀 글루텐으로 만든 세이탄 스테이크와 고기가 들어가지 않은 미트볼을 메뉴에서 볼 수 있다. 또한 캘리포니아 버클리의 부처스 썬, 캐나다 브리티시컬럼비아주의 베리 굿 부처스, 노스캐롤라이나 애슈빌의 노 이블 푸드, 캘리포니아 로스앤젤레스의 세나 비건, 캘리포니아 코스타메사의 애벗스 부처, 캐나다 토론토의 얌춉스도 식물성 고기를 판매한다.

실험실에서 탄생한 고기 클린 미트

1932년 윈스턴 처칠은 〈포퓰러 메카닉스Popular Mechanics〉지에 실은 글에서 "50년 후에는 가슴이나 날개를 따로 배양하는 적절한 방법을 개발하여, 이 부위를 먹으려고 닭 한 마리를 키우는 불합리함에서 벗어나게 될 것"[101]이라고 예측했다. 이런 낙관적인 예측을 하기에 50년은 너무 짧았을지 모르지만, 처칠의 예측은 앞으로 10년 미만 내에 어느 정도 실현될지 모른다.

지난 10년 동안 기업가들은 고기는 먹고 싶지만 동물은 해치고 싶지 않은 사람들을 위해 실험실 고기를 개발해왔다. 이를 '배양육(시험관 고기)' 또는 '클린 미트clean meat'라고도 한다. 만드는 방법은 다양하지만, 기본적인 착상은 조직 배양을 통해 동물 세포에서 진짜 고기를 '키워내는' 것이다. 배양육은 공장식 농장,

수송 트럭, 도축장이 필요 없다. 소 사료를 재배하기 위해 숲을 밀어 평지로 만들 필요도 없다. 동물들의 폐기물이 지하수와 수로로 유입되어 수질을 오염시키지도 않는다. 실험실에서 배양했기 때문에 대장균, 살모넬라균, 캠필로박터균도 발생하지 않을 것이다.

2013년 구글 공동 창업자 세르게이 브린이 후원하는 마크 포스트 교수와 마스트리흐트대학교 연구진은 실험실에서 개별 배양한 소 근육 1만 가닥을 모아 만든 실험실 배양 소고기 패티를 최초로 선보였다. 이러한 돌파구가 마련되면서 모사 미트 MosaMeat사가 탄생했는데, 이 회사는 조직공학 기술을 응용해 저렴한 고기를 대량 생산하기 위해 노력하고 있다.

이 기술로 최초의 햄버거를 생산하는 데는 30만 달러가 들었지만, 모사미트는 그 과정을 빠르게 간소화하여 2020년대 초까지 고급 레스토랑에 자사 패티를 공급하고, 머지않아 기존 슈퍼마켓 고기와 경쟁하게 되길 희망한다. 어쩌면 다른 생산자들이 선수를 칠 수도 있다. 클린 미트 후원자들도 속속 생겨나고 있다. 2017년 3억 달러 규모의 무역협정에서 중국 정부는 혁신에 동참하기 위해 이스라엘의 세 기업, 즉 수퍼 미트, 퓨처 미트 테크놀로지스 및 미트 엣더 퓨처에 투자했다. 뉴 크롭 캐피털과 스트레이 도그 캐피털을 포함한 벤처 캐피털 회사들도 클린 미트로 이윤 창출을 노리면서 유사 회사에 수백만 달러를 투자했다. 뉴 크롭 캐피털 직원인 크리스토퍼 커는 "투자 관점에서 볼 때 이는 1조 달러 규모의 잠재적 시장"이라고 설명한다.[102]

동물을 이용한 전통적인 식품 회사들은 변화가 임박했음을 의식하고 있다. 2018년 세계 2위의 닭고기, 소고기, 돼지고기 가공업체인 타이슨푸드는 실제 동물을 사육, 번식, 도축하지 않으면서, 대형 철제 탱크에서 동물세포를 재생하여 고기를 생산하는 신규업체 멤피스 미츠에 투자했다. 실험실 배양 식품의 폭발적 증가는 육지 동물에 국한되지 않는다. 핀리스 푸드는 실험실에서 배양한 물고기를 개발하고 있다.

기업가들은 기존 동물 농장을 뉴에이지 세포 농장으로 진환하는 방법까지 연구하고 있다. 퓨처 미트 테크놀로지스의 설립자이자 수석 과학자인 야코브 나흐미아스는 닭가슴살, 갈비, 갈은 소고기 등으로 배양할 소량의 세포들과 필요한 장비를 영농인들에게 공급할 계획이다. 그는 2018년 〈패스트 컴퍼니Fast Company〉에서 "이런 분배 모델을 통해 우리는 유기적으로 성장할 수 있으며, 근본적으로 닭장을 이런 생물 반응 장치로 대체할 수 있다"[103]고 설명했다.

비건 달걀 및 달걀 대체품

현재 여러 브랜드의 비건 달걀이 나와 있다. 아마도 가장 잘 알려진 것은 '팔로 유어 하츠 비건 에그Follow Your Heart's Vegan Egg'

일 텐데, 이는 간편한 아침 식사용 스크램블을 만들기에 안성맞춤이다. 스타벅스는 비건 달걀 샌드위치를 선보이고 있으며, 비건 샐러드는 델리카트슨 코너가 있는 대부분의 건강식품 식료품점에서 구할 수 있다. 노른자는 베그Vegg에서 출시한 비건 에그 요크Vegan Egg Yolk가 있다. 이는 모든 비건 식품과 마찬가지로 100% 무콜레스테롤이다.

빵을 구울 때 사용할 수 있는 수많은 달걀 대체식품이 존재한다. 사과 소스, 연두부, 으깬 바나나, 아마 씨 같은 대체품부터 비건 에그, 베그, 밥스 레드 밀 에그 리플레이서Bob's Red Mill Egg Replacer 같은 달걀 대체품들이 있다. 간단히 병아리콩 통조림에 들어 있는 아쿠아파바를 사용할 수도 있다. 라틴어 aqua(물)와 faba(콩)를 합친 단어 아쿠아파바aquafaba는 캔에 들어 있는 액체(병아리콩을 삶은 물)다. 아쿠아파바는 쉽고 저렴하게 구입할 수 있다. 레몬 머랭 파이, 파블로바, 초콜릿 무스, 마카롱, 비건 브라우니를 비롯한 환상적인 디저트를 만들 때 아주 유용하다.

달걀이 주재료인 음식을 대체할 비건 식품을 즐길 수 있는 새로운 방법들은 매우 다양하다. 두부 스크램블은 채식 브런치 신봉자들의 주식이다. 소량의 두부를 으깨고 강황, 영양 이스트, 인도 흑염 같은 양념을 넣어 볶아주면 된다. 마요네즈는 달걀 노른자와 식용유로 만드는데, 비건 마요네즈도 있다. 팔로 유어 하츠 비거네즈Follow Your Heart's Vegenaise, 트레이더 조의 PB 브랜드 상품, 헬만스 등 다양한 업체에서 다양한 제품들이 출시돼 있다. 카놀라유, 두유, 레몬주스, 겨자 가루를 섞어 마요네즈를 직접 만들 수도 있다.

식물성 밀크

식물성 밀크는 이제 많이 알려져서 비건이 아니어도 소에서 짠 우유보다 선호하는 사람이 많아졌다. 마켓스앤드마켓스의 2016년 연구에 따르면 아몬드, 콩, 코코넛, 귀리, 쌀, 대마 밀크에 초점을 맞춘 대체 낙농 시장이 2022년까지 140억 달러 이상의 가치를 갖게 될 것으로 예측된다. 캐슈, 헤이즐넛, 땅콩, 아마, 완두콩, 마카다미아, 피스타치오, 바나나 밀크도 있다. 이 비유제품 밀크는 각기 고유의 특징과 장점을 가지고 있다. 예를 들어 캐슈 밀크는 걸쭉하고 크림이 풍부하며 소스 원료로 제격이다. 아몬드 밀크는 씨리얼과 함께 먹기에 이상적이다. 귀리 밀크는 커피에 잘 어울린다. 코코넛 밀크는 카레에 안성맞춤이다. 쌀 밀크는 디저트와 음료에 잘 어울린다. 최근 친환경적인 귀리 밀크는 품귀 현상을 빚을 정도로 인기를 끌고 있어서 인터넷에 원성이 자자하다.

비건 치즈

고기, 달걀, 생선은 안 먹고 지낼 수 있어도 상당수가 치즈는 포기하지 못한다. 연구자들이 보여준 것처럼 치즈에 농축 카소모르핀casomorphins이 함유되어 있기 때문일 수 있다. 카소모르핀은 헤로인을 비롯한 여러 약물 중독 성분과 동일한 화학 물질이다. 다행히 치즈를 대신할 식품은 많이 있다.

유사 치즈를 만들던 초기에는 대개 제품에서 치즈 맛이 잘나지 않는 편이었다. 현재 많은 회사들이 우유 치즈를 비건 치즈로 재창조하는 것은 물론 이를 능가하고 있다. 가장 흔하게 구입할 수 있는 브랜드로는 다이야, 팔로 유어 하트, 차오, 카이트힐, 미요코가 있다. 이들은 모두 홀푸즈 및 전국의 여러 식료품점에서 구입할 수 있다. 비용에 민감한 구매자들을 위해 상표가없는 비非낙농 치즈를 판매하는 슈퍼마켓도 많다.

당신은 피자, 나초, 또는 구운 치즈를 좋아하는지 모르지만, 오늘날 비건 치즈는 실로 다양하게 사용되고 있다. 이런 치즈로 우유 치즈와 똑같이 크림이 풍부하고 쫄깃쫄깃한 거의 모든 요리를 만들 수 있다. 더 주목할 만한 사실은 이제 새로 출시되고 있는 공방 치즈도 쉽게 구할 수 있다는 것이다. 공방 치즈는 농도나 맛에서 애호가들이 선호하는 우유 치즈에 전혀 뒤떨어지지 않는다. 예를 들어 카이트 힐은 전통적인 치즈 제조법으로 비건 크림치즈, 연질 치즈, 경질 치즈를 만든다. 카이트 힐은 유명비건 요리사 탈 로넨과 장 프레보가 공동 창업했는데, 장 프레보는 미국과 프랑스에서 선도적인 치즈 제조 시설을 총괄하고 있다. 당신은 카이트 힐에서 다양한 전통 프랑스 비건 치즈를 구할 수 있다. 다른 인기 브랜드로는 스테 말텐, 트리라인, 닥터 카우, 치즈하운드(이례적으로 푸른 치즈를 만든다), 바이오라이프를 들 수 있다. 비건 치즈에 주력하는 업체들도 있다. 브루클린의 리버델, 오리건주 포틀랜드에서 비건 치즈를 판매하는 전설의 브이토피아 등이다. 브이토피아는 염소젖 치즈부터 모짜렐라에 이르기까지 없는 게 없다.

찬장에 볶지 않은 캐슈, 영양 효모, 식물성 밀크, 미소된장이 있다면, 이런 간단한 재료들로 집에서도 당신만의 비건 치즈를 쉽게 만들 수 있다. 셀 수 없이 많은 제조법들이 온라인에 소개되어 있다. 피자를 좋아한다면 다이야, 에이미즈, 토퍼키, 볼드 오가닉스, 이안스에서 비건 피자를 구할 수 있다. 비건 피자 가게들이 미국 전역에서 붐을 일으키고 있으며, 기존의 많은 피자 가게들도 비건 치즈 피자를 제공한다.

비건 버터

현재 유제품 버터를 대체할 수 있는 많은 비건 버터들이 냉장 시설이 있는 거의 모든 마켓에서 판매되고 있다. 기존 버터와 가장 유사한 맛을 찾는다면 어스밸런스 혹은 최근 잇츠 비건이라는 제품을 출시한 '아이 캔트 빌리브 잇츠 낫 버터!I Can't Believe It's Not Butter!' 같은 브랜드를 찾아보라. 버터와 유사한 제품은 식물성 기름과 물을 혼합하여 만드는데, 버터보다 열량이 40%, 포화지방이 70% 적다. 미요코의 크리미 유러피언 스타일 컬처 드 비건 버터Creamery European Style Cultured Vegan Butter가 특히 눈에 띈다. 이 상품은 코코넛 오일, 물, 캐슈, 해바라기유, 바다 소금으로 만든 버터다. 건강식품 매장에서 쉽게 찾아볼 수 있는 누티바와 엘린데일 오가닉스 제품과 더불어 코코넛 버터는 훌륭한 대체품이다. 온라인에서 쉽게 찾아볼 수 있는 레시피를 이용해 아쿠아파바나 코코넛 오일로 직접 만들어볼 수도 있다.

비건 요거트

어떤 사람들에게는 요거트가 아침 활력의 근원이다. '이제 요거트는 못 먹겠구나'라는 생각에 실망할 필요는 없다. 현재 다양하고 맛있는 비건 요거트가 시판되고 있으며, 유제품 요거트의 크림 질감과 프로바이오틱스도 풍부하다. 예를 들어 뉴욕 브루클린 소재 비非낙농 요거트 브랜드인 아니타스 요거트는 코코넛 밀크, 코코넛워터, 프로바이오틱스 배양 방식을 활용해 걸쭉하고 영양분이 풍부한 요거트를 만들어낸다. 카이트 힐과 포리저는 아몬드, 캐슈 및 기타 견과류를 이용해 맛깔나는 질감과 맛을 내고, 쏘 딜리셔스So Delicious와 트레이더 조스는 견과류, 코코넛 밀크, 콩 제품을 사용한다.

비건 아이스크림과 초콜릿

전에는 보기 힘들던 비건 아이스크림은 이제 새로운 브랜드가 끊임없이 탄생하면서 흔해졌다. 나다무!NadaMoo!, 코코넛 블리스, 토푸티, 쏘 딜리셔스 식물성 재료로만 만든 아이스크림은 냉동고의 단골 상품이다. 벤&제리스, 브레이어스, 하겐다즈처럼 기존 회사들도 자신들만의 비非유제품 아이스크림을 선보였다. 아이스크림 장인 반리우웬도 민트칩, 쿠키크럼블 딸기잼, 그리고 초코칩 쿠키도우 및 비건 아이스크림을 생산하고 있다.

일반적으로 식물성 아이스크림은 콩, 코코넛, 캐슈, 아몬드, 삼과 같은 다양한 종류의 비유제품 밀크를 원료로 사용한다. 당신이 사는 지역의 아이스크림 가게에 비유제품 아이스크림이 없다면 판매 요청을 하고, 셔벗을 선택하라. 셔벗에는 거의 유제품이 들어 있지 않다.

많은 사람들이 채식 식단으로 바꾸려고 할 때 "그런데 초콜릿은 비건인가?"라는 외면하고 싶은 질문을 떠올린다. 그렇다. 그리고 세상에서 가장 맛있는 다크 초콜릿과 초콜릿 트러플도 비건 초콜릿이다.

물론 대부분의 밀크 초콜릿에는 우유가 들어 있다. 하지만 전부 그런 것은 아니다. 여러 제조업체들이 코코넛 밀크와 쌀 밀크를 쓰기 때문에 식물성 밀크 초콜릿도 있다. 참 스쿨Charm School의 코코넛 밀크 초콜릿, 인조이 라이프의 쌀 밀크 초콜릿,

전혀 의심이 가지 않는 제품에도 동물 성분이 있을 수 있다. 가장 대표적인 것이 젤라틴인데, 젤라틴은 대부분의 쫀득쫀득한 제품들, 비타민, 마시멜로, 샴푸, 요거트, 아이스크림, 과일 젤라틴, 젤리, 푸딩에 들어 있고, 다른 여러 제품에서 걸쭉하게 하는 물질로 확인할 수 있다. 젤라틴은 대개 소나 돼지의 삶은 피부, 힘줄, 인대, 뼈에서 얻은 단백질이다. 다행히 젤라틴은 대부분의 레시피에서 과일 펙틴, 우뭇가사리, 구아검(채식 검), 카라기난carrageenan 같은 재료로 쉽게 대체할 수 있다. 사워 패치 키즈, 스웨디시 피시, 스키틀즈, 도츠검드롭스, 애니스 오가닉 버니 푸룻 스낵스는 쫀득쫀득한 비건 캔디 제품이다. 구운 마시멜로가 없는 캠프파이어를 상상할 수 없다면, 댄디스와 트레이더 조스의 맛있고 끈적끈적한 비건 마시멜로를 먹어보자.

젤라틴과 유사한 동물성 재료로는 생선 부레로 만든 순수한 젤라틴 운모Isinglass가 있는데, 이 젤라틴은 맥주, 와인 및 여러 제품에서 정화제로 사용된다. 기네스, 파브스트 블루 리본, 사무엘 아담스 같은 메이저 맥주 브랜드들은 대체 정화법으로 전환했지만, 여전히 많은 맥주 회사들이 운모에 의존하고 있다. 동물 제품을 사용하지 않고 만든 맥주와 와인 목록을 보려면 www.barnivore.com을 참조하라.

설탕도 가공할 때 탈색 필터 역할을 하는 동물 탄화 골분을 이용한다. 일반적으로 탄화 골분은 아프가니스탄, 아르헨티나, 인도, 파키스탄산 소뼈로 만들어진다. 이 뼈들은 스코틀랜드, 이집트, 브라질의 무역상에게 팔리고, 다시 미국 설탕업계에 판매된다. 사탕수수로 만든 설탕은 흔히 뼈로 가공되지만 시장에는 그렇지 않은 설탕도 많다. 투르비나도, 데메라라, 모스코바도 설탕은 탄화 골분을 필터로 쓰지 않는다. 사탕무와 코코넛 설탕, 인증된 유기농 사탕수수 설탕 또한 마찬가지다.

곰돌이 푸는 꿀을 좋아했지만 그렇다고 우리가 꿀을 먹을 이유는 없다. 꿀은 동물, 즉 매혹적이고 지적이며 의사소통에 능한 벌들을 해쳐서 상품화하는 또 다른 제품이다. 여왕벌의 날개 자르기, 인공수정, 벌집 대량 제거, 벌과 함께 벌집을 태우기 등은 양봉 산업의 관행이다. 꿀 대신 메이플 시럽, 아가베 시럽, 코코넛 과즙, 당밀, 쌀 시럽, 수수, 수카나트Sucanat, 보리 누룩, 현미 시럽, 데이트 페이스트date paste 등 수많은 천연 대체품이 시중에 유통되고 있다. 많은 회사들이 믿을 수 없을 정도로 실제 꿀에 가까운 맛이 나는 꿀을 개발하고 있는데, 덕분에 꿀을 생산하기 위해 정말 열심히 일하는 동물에게서 꿀을 빼앗지 않아도 된다. 예를 들어 비프리 허니는 사과로 만든 꿀을 시판한다. 회사의 설명에 따르면 비프리 허니 한 병이 벌 7,500마리를 살릴 수 있다고 한다.

라카 초콜릿의 코코넛 밀크바를 찾아보라. 전 세계적으로 인기 있는 누텔라 같은 제품도 누티바스 유기농 다크 헤이즐넛 스프레드나 저스틴스 초콜릿 헤이즐넛 버터 블랜드 같은 비건 대체품이 있다.

포장지에서 특히 유장whey과 카세인 같은 동물 성분이 있는지 확인해보자. 저가의 초콜릿에는 레시틴lecithin이나 알부민albumin 같은 동물 부산물이 들어 있는 경우가 많다(어쨌든 코코아버터는 식물성이다). 대략적으로 카카오 함유율이 높은 초콜릿

(70% 이상이 좋다)을 구입하라. 함유율이 높을수록 초콜릿은 진하다. 진짜 초콜릿은 카카오 열매에 들어 있는 씨앗을 볶아서 간 것으로 만든다(라틴어로 테오브로마 카카오Teobroma cacao는 문자 그대로 신의 음식을 의미한다). 거기에 사탕수수, 코코아 버터, 바닐라, 콩 레시틴과 같은 성분을 첨가해 우리에게 친숙한 초콜릿 맛이 나게 된다. 좋은 소식은 대부분의 다크 초콜릿 제품들이 원래 비건 제품이고 구운 초콜릿과 코코아 가루 또한 그렇다는 것이다. 약간 달콤한 초콜릿 칩도 대부분 비건 제품이다. 어디에서나 살 수 있는 품질 좋은 다크 초콜릿 바는 린트 엑셀런스 다크 초콜릿, 트레이더 조스 다크 초콜릿 바, 테오 초콜릿, 인데인저드 스피시스 초컬릿 바 시리즈 등이다. 영국에서는 부자부자스 구르메 셀렉션 초콜릿 트러플즈를 쉽게 구할 수 있다.

레스토랑과 테이크아웃

채식주의자로 외식을 한다는 것이 치즈 없는 샐러드나 달걀 없는 파스타 요리를 해달라고 부탁해야 함을 의미하던 시대는 지났다. 수천 개의 새로운 비건 식당들이 전 세계적으로 문을 열었기 때문이다. 당신은 어떤 전통 식당에서도 훌륭한 비건 식사를 할 수 있다. 예를 들어 인도 식당, 쓰촨식 식당, 이탈리아 식당

(파스타 이 파지올리[만약 닭이 들어 있지 않다면], 파스타 마리나라, 파스타 아라비아타), 일본 식당(아보카도, 오이, 다이콘수시), 한국 식당(채소 비빔밥), 멕시코 식당(콩을 돼지 기름인 라드로 익히지 말라고 주문한다)에 이르기까지, 어디에서건 비건 식사가 가능하다. 건강에 좋고 알맞게 요리한 신선한 채소를 좋아한다고 해도, 루스 크리스 같은 스테이크 식당에 가보자. 놀랍게도 이런 식당들은 마늘 냄새가 나는 찐 시금치, 구운 감자, 버섯, 구운 토마토, 아스파라거스 등 엄선된 재료들로 만든 메뉴를 내놓을 것이다.

현재 급성장 중인 체인점 베지 그릴은 음식에 고기, 유제품, 달걀, 콜레스테롤, 동물성 지방을 전혀 넣지 않는다. 이 회사는 미 전역에 30여 개의 식당을 운영하고 있으며, 전국으로 체인점을 확장할 계획을 발표한 바 있다. 준￦ 고급 레스토랑 체인점 바이 클로에By Chloe는 뉴욕시를 거점으로 신속하게 매장을 확장하고 있고, 보스턴, 프로비던스, 로스앤젤레스, 런던에 식당이 있으며, 앞으로 더 많은 식당을 열 계획이다. 클로에가 준비하는 완전 비건 메뉴는 그 지역에서 나는 재료로 매일매일 음식을 준비한다.

비건 음식은 미슐랭 등급의 레스토랑부터 제임스 비어드 상James Beard Award을 수상한 비건 요리 셰프, 비건 푸드 트럭에 이르기까지 요리계에서도 상당한 인기를 끌고 있다. 해피 카우 같은 앱은 어떤 여행지에서도 채식 식당을 찾을 수 있도록 도와준다.

유명한 비건 레스토랑으로는 포틀랜드, 오리건의 블라써밍 로터스, 텍사스주 오스틴의 인기 식당이자 커피숍인 볼딘 크리크 카페, 태국 전통 음식을 흉내 내 맛깔나는 채식 식단을 제공하는 로스앤젤레스의 불란 타이, 에티오피아 요리을 비건으로 만든 브루클린의 부나 카페, 베이 에리어 외곽에 자리한 사랑받는 멕시코 채식 식당 그라시아스 마드레가 있다. 포르타벨라 너겟 스터프드 포보이스로 유명한 시카고 디너 앤드 그라운드 콘트롤은 그리운 옛 맛을 내는 완전 비건 음식을 제공한다. 이상의 목록은 비건 음식을 제공하는 새롭고도 훌륭한 식당의 극히 일부에 해당한다.

요즘에는 치폴레(이곳에서 일종의 비건 '돼지고기'인 소프리타스를 먹어보라), TGI 프라이데이스, 타코벨(치즈가 든 콩 타코와 브리토), 버거킹, 화이트캐슬, 웬디스 같은 전국적인 체인점에서도 쉽게 채식을 할 수 있다.

최근 몇 년 사이에 비건 밀키트와 비건 홈딜리버리 서비스가 대거 등장했다. 퍼플 캐럿, 비스트로, 마마세즈, 헬시 셰프 크리에이션, 더 비건 가든, 팔레타, 베진아웃, 키친 베르데, 테이크아웃 키트, 선바스켓 등이다. 블루 에이프런과 플레이티드 같은 밀키트 서비스도 비건 옵션을 제공한다.

당신이 할 수 있는 일 ────

　수많은 연구들은 유기농으로 재배된 무첨가 식품, 기름기가 적은 비건 식단이 동물의 생명도 구하고 당신의 건강도 증진시키는 가장 좋은 방법임을 입증하고 있다.

　앞에서 언급한 바와 같이 다행히 채식주의자가 되기란 식은 죽 먹기다. 인터넷에서 구할 수 있는 간단하고도 맛있는 수많은 레시피, 동물로 만든 원래의 식품과 유사한 맛을 내며 모든 식료품점에 마련되어 있는 비건 식품 덕에, 이제 당신은 적극적으로 변화를 도모할 수 있다. 거의 모든 것을 비건화 할 수 있는 것이다. 예를 들어, 아침 식사 때 먹는 베이컨과 달걀을 오트밀과 과일 혹은 스크램블 두부와 베지 베이컨으로 바꾸어보라. 점심에는 샐러드를 준비하거나 후무스랩hummus wrap이나 콩으로 만든 타코를 먹을 수 있으며, 소고기 버거 대신 베지 버거를 선택해서 먹을 수 있다. 저녁식사를 준비할 때는 우선 비건 라자냐나 푸짐한 베지 스튜 같은 간편한 레시피를 선택할 수 있고, 찐 브로콜리와 콩치즈를 얹은 구운 감자를 만들어볼 수도 있으며, 비건 수프 캔을 따거나, 비건 피자를 오븐에 데워 먹을 수도 있다. 이외에도 타이 쌀 '치킨' 또는 비건 맥&캐슈 치즈 같은 비건식을 전자레인지에 데워 먹을 수도 있다.

　여기서 멈추지 마라! 당신에게는 채식주의 운동의 사절使節

이 될 기회가 마련되어 있다. 다음은 당신의 지역사회에서 사절이 될 수 있는 여러 방법들이다.

채식에 대한 통념을 깨트려라

채식에 대한 매우 우스꽝스럽지만 흔히 살펴볼 수 있는 통념을 불식시킬 준비를 하라. 그중 3가지 통념을 소개한다.

'비건들은 단백질을 충분히 섭취하지 못한다.' 이는 가장 널리 퍼져 있는 근거 없는 통념 중 하나로, 많은 사람들이 단백질을 오직 육류에서만 섭취할 수 있다고 생각하기 때문에 생긴 것으로 보인다. 이와 관련한 가장 중요한 통계 자료를 살펴보자. 식물성 식품은 모두 예외 없이 단백질을 함유하고 있다. 미국 성인 가운데 단백질이 부족한 사람은 3% 미만이고, 대부분은 식사를 통해 단백질을 과도하게 섭취한다. 평균적인 사람들이나 채식주의자들마저도 필요한 것보다 70%나 많은 단백질을 섭취한다. 공식적인 영양 관련 단체들은 대부분 체중 1kg당 0.8g의 단백질을 권장하고 있다. 이는 활동량이 적은 평균적인 남성의 경우 하루에 대략 56g, 여성의 경우 53g에 해당한다. 적정 단백질 일일 권장량을 결정하려면 몸무게에 0.8을 곱하거나 웹사이트에서 간단하게 계산할 수 있다.❶

❶

'성장기 아이들을 채식주의자로 키워서는 안 된

다.' 몸이 빠른 속도로 자랄 때 지방과 단백질을 충분히 공급해주어야 한다는 것은 완전히 잘못된 속설이다. 대규모 연구를 통해 비건 식단으로 성장한 아이들이 고기를 먹는 또래들보다 평균적으로 키가 2cm 정도 크다는 사실이 밝혀졌다. 최근의 연구는 가장 치명적인 질병이 생각보다 훨씬 일찍부터 몸에 영향을 미치기 시작한다는 사실을 밝혀냈다. 예를 들어 알츠하이머병과 관련된 베타 아밀로이드 판beta-amyloid plaques은 최초의 기억 상실 증상이 나타나기 수십 년 전에 이미 뇌 세포를 헝클어뜨리기 시작한다. 여러 연구는 심장질환의 첫 단계인 혈관 지방 줄무늬fatty streaks가 연구 대상이던 10살 미만의 거의 모든 미국 어린이들에게서 발견된다는 사실도 보여주었다. '책임 있는 의료를 위한 의사회'가 설명하고 있듯이, "오늘날 치킨 너겟, 구운 소고기, 감자 튀김을 먹는 아이들은 내일의 암 환자, 심장병 환자, 당뇨병 환자들이다."*104*

'비건으로 살아가기 위해서는 돈이 많이 든다.' 유명하고 비싼 비건 레스토랑의 인기가 점차 높아지는 것은 분명하지만, 예산 내에서 두부 크림 파이 같은 비건 음식을 먹는 것은 어렵지 않다. 쌀, 감자, 콩(살사를 얹은), 파스타 같은 기본 식품들은 저렴하며, 찬장에 오래 보관할 수 있다. 이 재료들로 식사를 준비하는 방법은 많고, 여기에 뿌릴 소스도 전혀 비싸지 않다. 유기농 제품이 이상적이긴 하지만, 평소에 자주 가는 저렴한 슈퍼마켓

농산물을 구매해도 문제없다(농산물을 신경 써서 깨끗이 씻기만 하면 된다). 냉동 과일과 채소는 영양분이 무한정 보존되며, 대량으로 구매하는 알뜰한 소비자들에게는 탁월한 선택이다.

식당에 비건 메뉴 옵션을 요구하라

대부분의 식당은 비건 메뉴를 제공함으로써 고객의 요구에 부응하고 있다. 거의 모든 식당이 고객의 요구를 수용하고자 할 것이다. 하지만 정말로 메뉴판에 먹을 만한 것이 없을 때는 어떻게 해야 할까? 서빙하는 사람은 대개 기꺼이 당신을 도울 것이고, 요리사는 새로운 것을 만듦으로써 가벼운 흥분을 느낄 것이다. 팁을 후하게 주고, 나중에 레스토랑에 감사를 표하고, 소셜 미디어에 그 식당에 대한 호의를 표현하라. 비건 메뉴를 제공해보라고 권하고, 한 걸음 더 나아가 추천도 해보자. 다른 업종과 마찬가지로 레스토랑도 일종의 사업이고, 비건 옵션이 더 많아지면 그만큼 더 많은 수익이 발생하게 될 것이다. 커피숍에 가서 비록 '없다'는 답이 돌아올 것을 알고 있다 해도 두유나 아몬드 밀크를 주문하라. 항상 예의 바르게 행동하되, 지역의 사업자들에게 고객이 원하는 바가 무엇인지를 보여주자.

비건식을 잘 아는 의사를 찾아라

과거에 의사들은 막상 자신들이 담배를 피우면서도 저타르

담배를 홍보하는 TV 광고에 출연하곤 했다. 오늘날 담배를 피우는 의사는 별로 없다. 하지만 아직도 많은 의사들이 고기와 유제품을 먹는다. 불행하게도 전체 의과대학의 거의 4분의 1 정도만이 영양 관련 교과 과정을 개설하고 있으며, 그것도 단 한 과목에 불과하다. 그마저도 4년의 전 과정에서 일반적인 교육은 단 25시간뿐이다. 이런 현실에 비춰볼 때, 오늘날의 주요 사망 원인을 예방하거나 되돌리는 데 채식 식단이 어떤 역할을 하는지 보여주는 연구를 많은 의사들이 알지 못한다는 것을 알 수 있다. 특히 이미 수년 전에 수련을 마친 의사들은 더 그러할 것이다.

의사와 상담할 때 채식주의 식단으로 바꾸겠다고 하면 의사가 반대할 수도 있다. 실제 이렇게 말하는 사람도 있다. "육류 식품을 끊을 생각을 해봤는데, 의사가 별로 좋은 선택이 아니라고 말했어요." 오늘날의 최첨단 수술과 약품은 분명 효과적이고, 한때 사형선고로 여겼던 질병도 치료할 수 있다. 하지만 의료 처방의 핵심은 여전히 영양요법을 통해 만성질환을 예방하는 것이다. 여기에는 끔찍한 부작용을 거론하는 장황한 목록이 뒤따르지도 않는다. 의사에게 질문하는 것을 두려워하지 말고 의사의 답변을 확인하자. 새 의사를 찾는 것을 두려워하지 마라. 새 의사를 찾는다면 www.plantbaseddoctors.org를 방문해 진료할 때 채식 영양 요법을 알려주는 의사들의 목록을 확인해보자.

SNS를 활용하라

자신을 전형적인 활동가라고 생각하지는 않더라도, 소셜 미디어를 통해 비건식에 대한 긍정적인 메시지를 전파할 수 있다. 빠르고 손쉬운 레시피를 강조하라. 음식 사진을 찍어서 페이스북, 인스타그램, 핀터레스트Pinterest에 올려보라. 당신의 탁월한 선택과 당신이 요리한 음식에 걸맞은 고화질의 사진을 사용하라. 노란 여름 호박과 소방차처럼 빨간 파프리카들을 눈부시고 선명하게 보여줘라.

친구, 가족, 동료를 위해 요리하라

비건 음식의 사절이 되는 가장 좋은 방법은 당신이 아는 모든 사람들을 위해 채식 요리를 하는 것이다. 과일, 채소, 콩과류, 통곡물이 동물의 신체 부위와 육즙보다 더 맛있음을 입증하라.

채식에 유난히 회의적인 사람들을 위해 요리한다면, 그들이 전부터 즐겨 먹던 요리를 잘 봐두었다가 이것을 채식으로 요리해 대접해보라. 피자는 갓 볶은 채소와 올리브 오일, 그리고 캐슈, 영양 효모, 소금을 섞은 '파르메산' 치즈로 만들면 일반 피자처럼 맛있게 만들 수 있다. 슈퍼볼 파티를 한다면 가데인의 BBQ 윙, 비욘드 미트의 가정식 텐더를 만들어보라. 아니면 밀 글루텐, 타히니, 영양 효모로 당신만의 윙을 만들어보라. 손님들이 선호하는 요리를 채식으로 만들어보라. 비프 웰링턴의 대체 음식 비건 웰링턴이나 치즈 냄새가 나는 마카로니 캐서롤을 한 번만 먹어봐도 많은 사람들이 평생 육류가 들어 있지 않은 안전한 음식에 매료될 것이다.

동물을 위한 혁명에 동참하라

이 책은 동물과 동물의 놀라운 재능에 대한 새로운 연구들, 그리고 우리가 동물들을 친절하게 대하는 데 도움이 될 새로운 제품들의 추세를 조금밖에 담을 수 없었다. 그럼에도 이 책을 읽어주어서 감사하다. 이 책을 통해 동물에게 관심을 갖는 당신만의 여정을 출발하기를 바란다. 새로운 시도들이 우리 앞에 기다리고 있다. 머지않아 비건 휴가 회사, 비건 여름 캠프, 비건 호텔, 비건 아기 옷과 어린이 책, 축하 선물용 비건 초콜릿 샴페인 병 등을 볼 수 있을 것이다. 또한 비건 요가(www.jivamukti.com 참조) 등 다양한 주제의 비건 강좌, 비건 데이트 사이트(veggie connection.com), 폐경기 증상을 다루는 비건 치료법 등도 곧 나오게 될 것이다. PETA와 여러 동물단체들은 당신이 결단을 내리지 못하거나 혼란을 겪을 때 마음을 바꾸게 해주는 비건 멘토를 제공한다. 예를 들어 당신이 포장을 보며 '방목 사육한' 닭이 낳은 달걀이 정말 인도적인지 궁금할 때, 라놀린이 어떻게 만들어졌는지 알고 싶을 때, 비건 발레화나 비건 워커를 사는 것이 얼마나 좋은지 판단할 때 비건 멘토가 당신을 기다리고 있다.

당신이 무심코 동물을 해치지 않고 적극적으로 동물을 존중하는 사람으로 바뀌는 중이라면, 채식주의 모임에 가입하지 않았어도 혼자라고 생각하지 마라. 지금처럼 편하게 비건이 될 수 있었던 적도, 지금보다 비건이 인기가 있었던 적도 없었다. 당신이 무엇을 해야 할지 알게 되었으니 이제 사실상 당신이 아는 모든 사람에게 동물 문제를 알려라. 함께 일하는 친구나 가족은 물론, 개 공원에서 알게 된 사람들, 마트에서 만나는 다른 손님들에 이르기까지 모든 사람들을 대상으로 즉시 작업에 착수하라. 대부분의 사람들은 새로운 음식에 대해 듣고 싶어 하고(분명 그것을 따라 하고 싶어 하고), 새로운 조리법을 공유하고 싶어 한다. 또한 새로운 옷감, 효과 만점인 수분 크림에 대해 듣고 싶어 하고, 토끼의 눈이 아니라 인간의 피부에 실험하는 바닥 청소제에 대해서도 관심이 많다.

사람들은 항상 최신 정보를 갈망한다. 사람들에게 비건에 관한 모든 것들을 소개해서 삶의 질을 향상시켜라. 합성 물질로 만든 면도용 솔이나 화가의 붓은 오소리 털을 보존할 수 있고, 비건 스포츠웨어는 양모나 다운보다 가벼우며, 비건식을 하면 동물들의 삶을 7년 혹은 그 이상 연장할 수 있다. 이외에도 다양한 실천 방법을 소개하라.

당신이 제시하는 사항들이 비건과 관련된 것이라고 늘 당장 알릴 필요는 없다. 폴 매카트니의 아내 린다 매카트니는 남편에게 '고기처럼 보이는' 스파게티 볼로네즈와 '생선살처럼 보이는' 생선 튀김에 비건 타르타르 소스를 얹어 차려줬다. 린다는 이렇게 남편을 비건으로 만들었지만 이 음식들이 동물로 만든 것이 아니라고 말하지 않았다.

동물들에게는 최대한 많은 친구가 필요하다. 당신도 그중 하나다. 대부분의 사람들은 동물을 생각하는 친절한 선택이 얼마나 많은 차이를 만드는지 모른다. 하지만 동물들에게 그런 선택은 삶과 죽음의 차이를 의미하는 경우가 다반사다. 일단 현실에 눈을 뜨고 뒤에서 무슨 일이 벌어지는지 알게 된다면 외면하지 말고, 톨스토이의 말대로 반드시 다가가서 도와주려고 노력해야 한다. 비건으로 살아감으로써, 또 다른 사람에게도 비건의 삶을 권유함으로써 당신은 개, 코끼리, 귀뚜라미, 닭을 도울 뿐 아니라, 언젠가 표준으로 자리 잡을 인간 행동의 혁명에 동참하는 한 사람이 될 것이다. 이 팀에 합류한 것을 축하한다.

● 감사의 글

  스쳐 지나가는 것일지라도 내 삶을 풍요롭게 하고, 자신들에 대한 이해의 폭을 넓혀준 모든 동물들, 손가락이라도 까딱했던 사람들, 한 마디라도 했던 사람들, 활동을 촉진하거나 기부를 하거나, 아니면 돌봐줄 사람이 필요한 동물들을 도운 사람들, 그리고 이 책의 출간에 기여해준 PETA 직원들과 자원봉사자들에게 감사드린다.

—잉그리드 뉴커크

  네 발로 된 친구들, 특히 토비, 줄리아, 거스에게 고마움을 전한다. 두 발 친구들, 그중에서도 특히 닉 브롬리, 미란다 스펜서, 앤디 키퍼, 제이미 미쉬킨에게 감사한다.

—진 스톤

우리 두 사람은 파크 & 파인 리터러리 앤드 미디어Park & Fine Literary and Media의 존 마스, 사이먼 & 슈스터Simon & Schuster 팀, 특히 담당 편집자인 조너선 콕스의 지원과 노력에 감사드리며, 조너선 카프, 에밀리 시몬슨, 메간 호건, 소냐 싱글톤, 칼리 로만, 브리지드 블랙, 킴벌리 골드슈타인, 애니 크레이그, 라이언 라파엘, 하이디 마이어, 스티븐 베드퍼드의 노력에도 감사드린다.

　매일 아침 자전거를 타다 들르는 절 바로 아래 조립식 건물에는 검둥개가 산다. 언제 처음 이 개를 봤는지 정확하게 기억은 나지 않지만 아마도 어느 추운 겨울날 아침 얘가 빨간 옷을 입고 절 마당을 돌아다니던 때였을 것이다. 당시 묶여 있지 않은, 덩치도 작지 않은 녀석이 나를 보며 달려오는 것 같아 순간적으로 당황했지만 이 녀석은 나를 쳐다보지도 않고 그냥 지나쳤다. 그때 이후 나는 이 개에 대한 작은 사랑을 키워왔다. 무엇보다도 개가 추울까 봐 따뜻한 옷을 입혀준 견주의 마음씨, 그리고 그 옷을 입고 좋아라 돌아다니는 개에게 조금씩 마음을 빼앗겼던 것이다. 어쩌면 따뜻한 방 안에서, 가족들의 사랑을 듬뿍 받으며 살아가는 개가 아니고, 차디찬 겨울, 야외에 있는 자신의 집에서, 그것도 대부분의 시간을 묶여 지내면서도 묵묵히 자신의 처지를 받아들이며 살아가는 모습이 왠지 수도승과 비슷해서인지 모르겠다. 나는 이 개를 도도라고 부르지만 원래 이름은 삼월이다.

어떤 이름으로 불러도 삼월이는 멀리서 부르면 들은 척도 하지 않고 집 안에 웅크리고 앉아 있다. 꽤 오랜 시간 꾸준히 먹을 것을 공양했음에도 거리가 떨어진 곳에서 보면 심지어 짖는 경우도 있었다. 그 이유는 뒤늦게 알게 되었는데, 이 녀석, 아니 이분은 14세 되신 할머니인지라 멀리 있으면 잘 보이지 않고, 가까이서 부르지 않음 잘 들리지도 않았던 것이다. 그런데 꼭 보이지 않고 들리지 않아서 반응이 미지근한 것만은 아니다. 내가 삼월이를 도도라 부르는 이유는 삼월이가 어떤 경우에도 자신의 품위를 잃지 않기 때문이다. 근래 들어 삼월이가 나를 반가워하는 것만큼은 분명하다. 하지만 그 반가움을 나타내기 위해 하는 행동은 고작 두 번 정도 핥아주는 데에 불과하고, 내가 먹을 것을 가지고 있어도 절대 거기에 집착하지 않는다. 마치 '줄 테면 주고 말테면 마라'는 듯이 먹을 것을 늦게 준다고 해서 보채지도 않고, 자신이 먹을 것을 다 먹으면 더 이상 연연하지 않고 곧바로 자신의 집으로 들어가버린다. 절 옆에 사는 개라고 도견(道犬)의 모습을 보여주는 것일까? 그렇다고 삼월이가 매몰찬 개는 결코 아니다. 내가 떠나려 하면 삼월이는 집에서 나와 내가 가는 모습을 물끄러미 바라봐준다. 잘 가라는 건지, 더 맛있는 걸 가지고 오라는 건지, 아니면 아무 생각 없이 그러는 건지 내가 삼월이가 아닌 이상 알 수 없지만 그런 은은함이 삼월이의 매력을 배가한다. 주변의 지인들은 이 옮는다고 목욕도 제대로 한 적이 없고, 냄새가 풀풀 나는 삼월이를 만지지 말라 하지만 나는 삼월이가 마냥 좋다. 그것이 외사랑이라 할지라도 나는 매일 삼월이를 만나 그녀가 알아듣지 못하는 말을 건넬 것이며, 적어도 눈빛으로는 알아듣는 이야기를 나누며 아침을 맞을 것이다.

　내가 삼월이 이야기를 한 것은 어떤 동물도 마음을 열고, 공감하려는 마음으로 대하게 되면 너무나도 자연스레 정이 생긴다는 것이다. 혀의 만족을 포함해 자신의 욕구에 눈이 어두워져서 그렇지 동물을 이해하려 하고, 정을 붙이려 하면 개나 고양이 같은 반려동물은 물론, 신비한 삶을 살아가는 야생동물, 심지어 사람들이 즐겨먹는 소, 돼지, 닭 등의 가축들에게까지도 애정을 느낄 수 있음을 확인할 수 있을 것이다. 그들은 의사소통, 길 찾기 등 다양한 능력으로 우리를 놀라게 하며, 우리와 다를 바 없는 사랑과 놀이 등에 빠지기도 한다. 그들에게 조금만 다가서려 하면 우리는 그들이 함부로 대해선 안 되는 생명체임을 깨닫게 되고, 자연스레 그들을 마음대로 대할 수도 없게 될 것이다. 나 또한 삼월이는 그저 절 옆에 사는 한 마리 개에 불과했다. 하지만 그녀의 "이름을 불러 주었을 때 그는 나에게로 와서 꽃이 되었다." 이 책의 저자이자 페타(PETA)의 설립자 잉그리드 뉴커크와 공저자 진 스톤은 이 책의 1부에서 모든 동물들이 실제로 우리에게 꽃이 될 수 있음을 느낄 수 있도록 다양한 동물들의 신기하고 친근하며 사랑스런 모습들을 보여주기 위해 노력하고 있다.

인류 역사를 통틀어 인간은 동물을 못살게 굴어왔다. 아니 이런 표현으로는 모자랄 정도로 너무나도 끔찍하면서도 가혹한 행위들을 서슴없이 자행해왔다. 공저자들은 책의 2부에서 이러한 만행이 이루어져온 분야를 크게 실험, 의복, 오락 그리고 음식으로 나누고, 각각의 분야에서 우리가 구체적으로 어떻게 동물들을 학대해왔는지를 상세히 고발한다. 여기에 그치지 않고 그들은 이를 극복하기 위한 오늘날의 노력들이 어떻게 이루어지고 있으며, 개인으로서의 우리가 무엇을, 어떻게 해야 지금까지의 동물 학대 관행을 중단하고 동물과 함께 공존해나갈 수 있을지를 차근차근 설명해나간다. 동물을 알게 모르게 학대함으로써 누릴 수 있는 이익에 미련을 갖지 않고 저자들의 이야기를 열린 마음으로 읽어나간다면 책을 덮을 즈음해서 독자들은 반려동물뿐 아니라 심지어 벌레들까지도 '친구 동물'로 생각하게 될 것이다.

역자가 책을 번역하면서 강한 인상을 받았던 것 중의 하나는 페타를 위시한 서구의 동물권 단체가 매우 체계적으로 목표를 위해 분투하고 있다는 것이다. 책의 내용으로 미루어 보건대 그들은 동물권 활동의 지형도를 명확하게 파악하고, 각각의 문제들의 현황과 해결책을 많은 사람들과 공유하고, 또 협업을 해나가기 위해 열정적인 노력을 기울이고 있다. 예컨대 그들은 각 분야에서 자행되는 잔혹한 관행의 현실은 물론, 활동가들을 포함한 각계각층의 이와 같은 현실을 개선하기 위한 노력을 놓치지 않고 있었다. 뿐만 아니라 동물권 활동에 필요한 자료들을 어디에서 구할 수 있는지, 개선을 이루기 위한 실천 가능한 지침에는 어떤 것들이 있는지를 상세히 알리기 위해 분투하는 모습을 보이고 있기도 한데, 서구에서 동물권 운동이 눈부신 성과를 속속 낳고 있는 것은 모두 이와 같은 '체계적인' 노력의 결과일 것이다. 역자는 동물권 활동에 관심이 있는 사람들은 물론, 다양한 영역에서 선(善)을 실현하고자 하는 사람들이 이 책의 2부에서 소개되고 있는 선을 산출하고 확산하는 방법에 관한 '형식'을 의식하면서 자신의 실천 방향을 잡아보길 권해본다. 부디 책이 널리 읽혀서 '제대로 방향을 잡고, 제대로 길을 찾아가는 올바름'을 실천하는 사람들이 많아지길 바란다.

책이 나오기까지 감사해야 할 분들이 적지 않다. 먼저 번역을 권해주신 리리 사장님과 편집자 조민영 선생님, 그리고 번역에 도움을 준 박현주 교수님께 감사드린다. 부모님의 은혜는 늘 빼놓을 수 없다. 번역을 핑계로 집안일도 제대로 돕지 않는 불효자식을 늘 사랑으로 감싸주시는 부모님이 아니라면 연구에 전념하는 것이 불가능할 것이다. 아침부터 밤늦게까지 늘 함께 해주시는 이창근, 홍기천 교수님은 연구의 배경화면이시다. 두 분께 늘 감사할 따름이다. 마지막으로 박창길 교수님을 비롯해 여러 방면에서 여러 방식으로 활발한 활동을 펼치시는 동물권 활동가들, 그리고 개인적으로 동물들과의 공존을 염두에 둔 삶을 살아가는 분들께 커다란 감사의 마음을 전한다. 이 책이 기존의 실천에 더욱 힘을 실어주게 되길 바라며……

2021년 가을

김성한

참고문헌

프롤로그

Jacobson, Rebecca A. "Slime Molds: No Brains, No Feet, No Problem." *PBS News Hour*, April 5, 2012. https://www.pbs.org/newshour/science/the-sublime-slime-mold.

Koerth-Baker, Maggie. "Humans Are Dumb at Figuring Out How Smart Animals Are." *FiveThirtyEight*, May 18, 2018. https://fivethirtyeight.com/features/humans-are-dumb-at-figuring-out-how-smart-animals-are/.

1부 동물들의 놀라운 능력

Anderson, Charles. "Dragonflies That Fly Across Oceans." *TED*. https://www.ted.com/talks/charles_anderson_discovers_dragonflies_that_cross_oceans/transcript.

Associated Press. "Goats escape from Idaho rental service. What happened next will not shock you." *Los Angeles Times*, August 3, 2018. http://www.latimes.com/nation/la-na-boise-goat-escape-20180803-story.html.

Avakian, Talia. "This Stork Flies Over 8,000 Miles Every Spring to Visit His True Love." *Travel + Leisure*, April 23, 2018. https://www.travelandleisure.com/travel-news/stork-south-africa-klepetan-malena.

https://www.sciencealert.com/birds-see-magnetic-fields-cryptochrome-cry4-photoreceptor-2018.

Bates, Mary. "What's This Mysterious Circle on the Seafloor?" *National Geographic*, August 15, 2013. https://blog.nationalgeographic.org/2013/08/15/whats-this-mysterious-circle-on-the-seafloor/.

Bekoff, Marc. "Grief in animals: It's arrogant to think we're the only animals whomourn."

Psychology Today, October 29, 2009. https://www.psychologytoday.com/us/blog/
animal-emotions/200910/grief-in-animals-its-arrogant-think-were-the-only-animals-
who-mourn.

Bekoff, Marc. "The Power of Play: Dogs Just Want to Have Fun." *Psychology Today*,
September 5, 2017. https://www.psychologytoday.com/us/blog/animal-
emotions/201709/the-power-play-dogs-just-want-have-fun.

_____. *The Emotional Lives of Animals*. Novato: New World Library, 2007.

Bergamin, Alessandra. "Why Do Pacific Salmon Die After Spawning?" *BayNature*,
November 21, 2013. https://baynature.org/2013/11/21/pacific-salmon-die-
spawning/.

Bittel, Jason. "Monarch Butterflies Migrate 3,000 Miles—Here's How." *National
Geographic*, October 17, 2017. https://news.nationalgeographic.com/2017/10/
monarch-butterfly-migration/.

Blank, David, and Weikang Yang, "Play Behavior in Goitered Gazelle, Gazella
Subgutturosa (Artiodactyla: Bovidae) in Kazakhstan." *Folia Zoologica* 61: 2(2012):
161–71.

Borrell, Brendan. "Are octopuses smart?" *Scientific American*, February 27, 2009. https://
www.scientificamerican.com/article/are-octopuses-smart/.

Brogaard, Berit. "Can Animals Love?" *Psychology Today*, February 24, 2014. https://www.
psychologytoday.com/us/blog/the-mysteries-love/201402/can-animals-love.

BT. "Animals are busy having conversations all around us, say scientists." June 6, 2018.
http://home.bt.com/news/science-news/animals-are-busy-having-conversations-all-
around-us-say-scientists-11364276341883.

Business Report. "Slimy leeches are devoted parents." July 2, 2004. https://www.iol.
co.za/business-report/technology/slimy-leeches-are-devoted –parents-216206.

Buzhardt, Lynn. "Do Dogs Mourn?" *VCA*. https://vcahospitals.com/know-your-pet/do-
dogs-mourn.

Callaway, Ewen. "Alex the Parrot's Posthumous Paper Shows his Mathematical Genius."
Scientific American, February 21, 2012. https://www.scientificamerican.com/article/
alex-parrot-posthumous-paper-mathematical-genius/.

Caraza, Bianca. "Frisky Felines: Why Cats Play." *Global Animal*, June 11, 2011. https://
www.globalanimal.org/2011/06/11/frisky-felines-why-cats-play/.

Carey, Benedict. "Alex, a Parrot Who Had a Way With Words, Dies." *NewYork Times*,

September 10, 2007. http://www.nytimes.com/2007/09/10/science/10cnd-parrot. html.

Castro, Joseph. "Animal Sex: How Sea Turtles Do It." *Live Science*, May 5, 2014. https:// www.livescience.com/45354-animal-sex-sea-turtles.html.

———. "Wow! Dung Beetles Navigate by the Stars." *Live Science*, January 24, 2013. https://www.livescience.com/26557-dung-beetles-navigate-stars.html."

CBS News. https://www.cbsnews.com/news/are-we-smart-enough-to-measure-animal- intelligence/.

Chandler, David. "Farewell to a Famous Parrot." *Nature*, September 11, 2007. https:// www.nature.com/news/2007/070910/full/news070910-4.html.

Cheever, Holly. "A Bovine Sophie's Choice." *All-Creatures.org*, Summer 2011. http:// www.all-creatures.org/articles/ar-bovine.html.

Choi, Charles. "Gorillas Play Tag Like Humans." *Live Science*, July 13, 2010. https://www. livescience.com/10718-gorillas-play-tag-humans.html.

"Cognitive Dissonance." *Economist*, June 12, 2014. https://www.economist.com/blogs/ babbage/2014/06/how-bees-navigate.

Coley, Ben. "Why Do Lions Play?" *Africa Geographic*. January 18, 2016. https:// africageographic.com/blog/why-do-lions-play/.

Courage, Katherine. "Octopus Play and Squid Eyeballs—And What They Can Teach Us About Brains." *Scientific American*, November 18, 2014. https://blogs. scientificamerican.com/octopus-chronicles/octopus-play-and-squid-eyeballs-mdash- and-what-they-can-teach-us-about-brains/.

Crane, Louise. "The truth about swans." *BBC*, December 4, 2014. http://www.bbc.com/ earth/story/20141204-the-truth-about-swans.

Dinets, Vladimir. "Play Behaviour in Crocodilians." *Animal Behaviour and Cognition* 2: 1 (2015): 49–55.

Dooren, Thom van. *Flight Ways, Life and Loss at the Edge of Extinction*. New York: Columbia University Press, 2014.

Economist. "Animals think, therefore…" https://www.economist.com/news/ essays/21676961-inner-lives-animals-are-hard-study-there-evidence-they-may-be-lot- richer-science-once-thought.

Emerson, Sarah. "We Now Know Why Great White Sharks Gather in a Mysterious Ocean Void." *Motherboard*, September 18, 2018. https://motherboard .vice.com/en_us/

article/7xjbd9/we-now-know-why-great-white-sharks-visit-the-mysterious-white-shark-cafe.

Fagen, Robert, and Johanna Fagen. "Play Behavior and Multi-Year Juvenile Survival in Free-Ranging Brown Bears, Ursus arctos." *Evolutionary Ecology Research* 11: 7 (2009): 1053–67.

Farooqi, Samina, and Nicola Koyam. "The Occurrence of Post conflict Skills in Captive Immature Chimpanzees." *International Journal of Primatology* 37: 2(2016): 185–99.

Feltman, Rachel. "These Birds Use a Linguistic Rule Thought to be Unique toHumans." *Washington Post*, March 8, 2016. https://www.washingtonpost .com/news/speaking-of-science/wp/2016/03/08/these-birds-use-a-linguistic-rule-thought-to-be-unique-to-humans/?utm_term=.484c8b4dd8c2.

"Flight, Food and Echolocation." *Bat Conservation Trust*. http://www.bats.org.uk/pages/echolocation.html.

Gamble, Jennifer, and Daniel Cristol. "Drop-catch behaviour is play in herring gulls, Larus argentatus." *Animal Behavior* 63: 2 (2002): 339–45.

Geggel, Laura. "Gray Whale Breaks Mammal Migration Record." *Live Science*, April 14, 2015. https://www.livescience.com/50487-western-gray-whale-migration.html."

"Genetic connectivity across marginal habitats: the elephants of the Namib Desert." *Ecology and Evolution* 6: 17 (2016): 6189–201.

Ghosh, Pallab. "Snails 'Have a Homing Instinct.'" *BBC News,* August 3, 2010. https://www.bbc.com/news/science-environment-10856523.

Gill, Victoria. "Chimpanzee Language: Communication Gestures Translated." *BBC*, July 4, 2014. http://www.bbc.com/news/science-environment-28023630.

_____. "Chimpanzees' 66 Gestures Revealed. *BBC*, May 5, 2011. http://news.bbc.co.uk/earth/hi/earth_news/newsid_9475000/9475408.stm.

Goldman, Jason. "Why Do Animals Like to Play?" *BBC*, January 9, 2013. http://www.bbc.com/future/story/20130109-why-do-animals-like-to-play.

Gorvett, Zaria. "If you think penguins are cute and cuddly, you're wrong." *BBC*, December 23, 2015. http://www.bbc.com/earth/story/20151223-if-you-think-penguins-are-cute-and-cuddly-youre-wrong.

Graham, Sarah. "Internal Compass Helps Blind Mole Rat Find Its Way." *Scientific American*, January 20, 2004. https://www.scientificamerican.com/article/internal-compass-helps-bl/.

Gray, Peter. "Chasing Games and Sports: Why Do We Like to Be Chased?" *Psychology Today*. https://www.psychologytoday.com/us/blog/freedom-learn/200811/chasing-games-and-spor.

"Great Wildebeest Migration". *Maasai Mar*. http://www.maasaimara.com/entries/great-wildebeest-migration-maasai-mara.

Greenwood, Veronique. "How a Kitty Walked 200 Miles Home: The Science of Your Cat's Inner Compass." *Time*, February 11, 2013. http://science.time.com/2013/02/11/the-mystery-of-the-geolocating-cat/.

Grillo, Robert. "A Revolution in Our Understanding of Chicken Behavior." *FreeFrom Harm*, February 7, 2014. https://freefromharm.org/chicken-behavior-an-overview-of-recent-science/.

Grimm, David. "In dogs' play, researchers see honesty and deceit, perhaps something like morality," *The Washington Post*, May 19, 2014. https://www.washingtonpost.com/national/health-science/in-dogs-play-researchers-see-honesty-and-deceit-perhaps-something-like-morality/2014/05/19/d8367214-ccb3-11e3-95f7-7ecdde72d2ea_story.html?noredirect=on&utm_term=.759303f99543.

Guzman, Sandra. "Think Pigeons Are a Nuisance? Meet New York City's Pigeon Whisperer." *NBC News*, October 16, 2015. https://www.nbcnews.com/news/latino/pigeons-nuisance-meet-new-york-city-s-pigeon-whisperer-n445506.

Hale, Benjamin. "The Sad Story of Nim Chimpsky." *Dissent Magazine*, August17, 2011. https://www.dissentmagazine.org/online_articles/the-sad-story-of-nim-chimpsky.

Hamilton, Kristy. "Why You Should Never Squash a Spider." *IFLScience*, April24, 2015. https://www.iflscience.com/plants-and-animals/mother-wolf-spider-squashed-hundreds-babies-scatter/.

Hare, Brian, and Vanessa Woods. "What Are Dogs Saying When They Bark?[Excerpt]." *Scientific American*, February 8, 2013. https://www.scientificamerican.com/article/what-are-dogs-saying-when-they-bark/.

Hare, Brian. "Opinion: We Didn't Domesticate Dogs. They Domesticated Us." *National Geographic*, March 3, 2013. https://news.nationalgeographic.com/news/2013/03/130302-dog-domestic-evolution-science-wolf-wolves-human/.

Helmuth, Laura. "Saving Mali's Migratory Elephants." *Smithsonian Magazine*, July 2015. https://www.smithsonianmag.com/science-nature/saving-malis-migratory-elephants-74522858/.

Herzing, Denise. "Could We Speak the Language of Dolphins?" *TED.* https://www.ted.
　　com/talks/denise_herzing_could_we_speak_the_language_of_dolphins/transcript.

Hogenboom, Melissa. "Are there any homosexual animals?" *BBC,* February 6, 2015.
　　http://www.bbc.com/earth/story/20150206-are-there-any-homosexual-animals.

Holland, Jennifer. "Surprise: Elephants Comfort Upset Friends." *National Geographic,*
　　February 18, 2014. https://news.nationalgeographic.com/news/2014/02/140218-
　　asian-elephants-empathy-animals-science-behavior/.

Hopkin, Michael. "Homing Pigeons Reveal True Magnetism." *Nature,* November 24, 2004.
　　https://www.nature.com/news/2004/041122/full/news041122-7.html."

"How Birds Fly." *Journey North.* http://www.learner.org/jnorth/tm/FlightLesson.html.

HowStuffWorks. "6 Pets that Traveled Long Distances to Get Home." https://animals.
　　howstuffworks.com/pets/pet-travel/6-pets-that-traveled-long-distances-to-get-
　　home2.htm.

Incrediblebirds. "Divorces in Birds." http://incrediblebirds.com/sex-life-birds-also-have-
　　penises/divorces-in-birds/.

International Wolf Center. "How Do Wolves Say Hello?" http://www.wolf.org/wolf-info/
　　basic-wolf-info/biology-and-behavior/communication/.

Irish Examiner. "Cheetahs don't roar... but the adorable noise they do make will
　　surprise you." April 4, 2018. https://www.irishexaminer.com/breakingnews/
　　discover/cheetahs-dont-roar-but-the-adorable-noises-they-do-make-will-surprise-
　　you-835718.html.

Ishida, Yasuk, Peter Van Coeverden de Groot, Keith Leggett, Andrea Putnam, Virginia
　　Fox, Jesse Lai, Peter Boag, Nicholas Georgiadis, and Alfred Roca.

Jenkins, Andrew. "The Protective Mouth brooding Fish." *PADI,* July 30, 2014.https://
　　www2.padi.com/blog/2014/07/30/creature-feature-the-protective-mouth-brooding-
　　fish/.

Johnston, Ian. "How Ancient Egypt's beloved cats helped our feline friends colonise the
　　planet." *Independent,* June 19, 2017. https://www.independent.co.uk/news/science/
　　ancient-egypt-cats-colonise-planet-sacred-animals-a7798021.html.

Keim, Brandon. "What Pigeons Teach Us About Love." *Nautilus,* January 4, 2018. http://
　　nautil.us/issue/56/perspective/what-pigeons-teach-us-about-love-rp.

Kerney, Max, Jeroen Smaers, P. Thomas Schoenemann, and Jacob Dunn. "The
　　Coevolution of Play and the Cortico-Cerebellar System in Primates." *Primates* 58: 4

(2017): 485–91.

King, Barbara. *How Animals Grieve*. Chicago: University of Chicago Press, 2013.

Kivi, Rose. "How Do Elephants Behave?" *Sciencing*, April 24, 2017. https://sciencing.com/elephants-behave-4567810.html.

Koyama, Nicola. "How Monkeys Make Friends and Influence Each Other." *The Conversation*, September 17, 2016. https://theconversation.com/how-monkeys-make-friends-and-influence-each-other-65906.

Krulwich, Robert. "Introducing A Divorce Rate For Birds, And Guess Which Bird Never, Ever Divorces?" *NPR*, April 22, 2014. https://www.npr.org/sections/krulwich/2014/04/22/305582368/introducing-a-divorce-rate-for-birds-and-guess-which-bird-never-ever-divorce.

Krumboltz, Mike. "Just like us? Elephants comfort each other when they're stressed out." *Yahoo News*. February 18, 2014. https://news.yahoo.com/elephants-know-a-thing-or-two-about-empathy-202224477.html.

Langley, Liz. "Do Crows Hold Funerals for Their Dead?" *National Geographic*, October 3, 2015. https://news.nationalgeographic.com/2015/10/151003-animals-science-crows-birds-culture-brains/.

Lents, Nathan. "Koko, Washoe, and Kanzi: Three Apes with Human Vocabulary." *The Human Evolution Blog*, July 28, 2015. https://thehumanevolutionblog.com/2015/07/28/koko-washoe-and-kanzi-three-apes-with-human-vocabulary/.

Manier, Jeremy. "Dolphin Cognition Fuels Discovery." *The University ofChicago*. https://www.uchicago.edu/features/dolphin_cognition_fuels_discovery/.

Masson, Jeffrey. *When Elephants Weep*. New York: Dell Publishing, 1995.

Maxwell, Marius. *Stalking Big Game with a Camera in Equatorial Africa*. Literary Licensing, LLC, 2013.

McClendon, Russell. "Wild Birds Communicate and Collaborate with Humans, Study Confirms." *Mother Nature Network*, July 22, 2016. https://www.mnn.com/earth-matters/animals/blogs/wild-birds-communicate-and-collaborate-humans-study-confirms.

Meeri, Kim. "Chirps, whistles, clicks: Do any animals have a true 'language'?" *Washington Post*, August 22, 2014. https://www.washingtonpost.com/news/speaking-of-science/wp/2014/08/22/chirps-whistles-clicks-do-any-animals-have-a-true-language/?noredirect=on&utm_term=.3749a1cd837b.

Melnick, Meredith. "Monkeys, Like Humans, Made Bad Choices and RegretThem, Too." *Time*, May 31, 2011. http://healthland.time.com/2011/05/31monkeys-play-rock-paper-scissors-and-show-regret-over-losing/.

Mendelson, Zoe. "Traffic Is Changing How City Birds Sing." *Next City*, February 19, 2016. https://nextcity.org/daily/entry/noise-pollution-bird-calls-san-francisco.

Mott, Cody, and Michael Salmon. "Sun Compass Orientation by Juvenile Green Sea Turtles (Chelonia mydas)." *Chelonian Conservation and Biology* 10: 1(2011): 73–81."

National Audubon Society. "Masked Booby." https://www.audubon.org/field-guide/bird/masked-booby.

National Geographic. "Blue Whales and Communication." March 26, 2011.http://www.nationalgeographic.com.au/science/blue-whales-and-communication.aspx."

National Ocean Service. "What causes a sea turtle to be born male or female?" https://oceanservice.noaa.gov/facts/temperature-dependent.html.

Natural World Safaris. "The Caribou Migration." *Natural World Safaris*. https://www.naturalworldsafaris.com/experiences/natures-great-events/caribou-migration-in-arctic-canada.

Newitz, Annalee. "Scientists investigate why crows are so playful." *Ars Technica*, October 19, 2017. https://arstechnica.com/science/2017/10/scientists-investigate-why-crows-are-so-playful/.

Notopoulos, Katie. "The Heartwarming Story of Cher Ami, The Pigeon WhoSaved 200 American Soldiers." *BuzzFeed*, January 3, 2014. https://www.buzzfeed.com/katienotopoulos/the-heartwarming-story-of-cher-ami-the-pigeon-who-saved-200. https://www.nytimes.com/2018/07/03/science/owls-vision-brain.html.

Nuwer, Rachel. "Ten Curious Facts About Octopuses." *Smithsonian.com*, October 31, 2013. https://www.smithsonianmag.com/science-nature/ten-curious –facts-about-octopuses-7625828/.

Observations of Animal Behaviour. "The Enchanting Pebble," April 11, 2013. http://blog.nus.edu.sg/lsm1303student2013/2013/04/11/the-enchanting-pebble/.

Osborne, Hannah. "A Fish Just Passed a Test of Self-Awareness by Recognizing Itself in a Mirror." *Newsweek*, September 4, 2018. https://www.newsweek.com/fish-passes-self-awareness-test-mirror-recognition-1104273.

"Pacific Salmon, (*Oncorhynchus spp.*)." *U.S. Fish & Wildlife Service*. https://www.fws.gov/species/species_accounts/bio_salm.html.

Pappas, Stephanie. "Are Bats Really Blind?" *Live Science*, September 6, 2016. https://www.livescience.com/55986-are-bats-really-blind.html.

Parker, Laura. "Rare Video Shows Elephants 'Mourning' Matriarch's Death." *National Geographic*, August 31, 2016. https://news.nationalgeographic.com/2016/08/elephants-mourning-video-animal-grief/."

PETA. "The Hidden Lives of Ducks and Geese." https://www.peta.org/issues/animals-used-for-food/factory-farming/ducks-geese/hidden-lives-ducks-geese/.

———. "The Hidden Lives of Pigs." https://www.peta.org/issues/animals-used-for-food/factory-farming/pigs/hidden-lives-pigs/.

PLOS. "Goffin's cockatoos can create and manipulate novel tools: Cockatoos adjust length, but not width, when making their cardboard tools." *ScienceDaily*, November 7, 2018. www.sciencedaily.com/releases/2018/11/181107172905.htm.

Pomeroy, Ross. "7 Facts You Didn't Know About Elephant Trunk." *RealClearScience*, October 14, 2013. https://www.realclearscience.com/blog/2013/10/the-most-amazing-appendage-in-the-world.html.

Remy, Melina. "Why Do Squirrels Chase Each Other?" *Live Science*, August 2, 2010. https://www.livescience.com/32740-why-do-squirrels-chase-each-other-.html.

Resnick, Brian. "Do animals feel empathy? Inside the decades-long quest for an answer." *Vox*, August 5, 2016. https://www.vox.com/science-and-health/2016/2/8/10925098/animals-have-empathy.

Saad, Gad. "We're just like animals when it comes to finding a date." *Wired*, March 30, 2016. http://www.wired.co.uk/article/human-animal-behaviour-courtship-displays-evolutionary-psychology.

Samhita, Laasya, and Hans Gros. "The 'Clever Hans Phenomenon' Revisited." *Communicative & Integrative Biology* 6: 6 (2013): e27122.

Schelling, Ameena. "Mother Cow Hides Newborn Baby To Protect Her From Farmer." *The Dodo*, February 25, 2015. https://www.thedodo.com/dairy-cow-calf-baby-rescue-1010627123.html.

Schneider, Caitlin. "How Scientists Discovered the Song of the Humpback Whale." *Mental Floss*, August 11, 2015. http://mentalfloss.com/article/67250/how-scientists-discovered-song-humpback-whale.

Sharpe, Lynda, and Michael Cherry. "Social Play Does Not Reduce Aggression in Wild Meerkats." *Animal Behaviour* 66: 5 (2003): 989–97.

Sharpe, Lynda. "So You Think You Know Why Animals Play..." *Scientific American*, May 17, 2011. https://blogs.scientificamerican.com/guest-blog/so-you-think-you-know-why-animals-play/.

Sheldrake, Rupert. *Dogs That Know When Their Owners Are Coming Home: Fully Updated and Revised*. New York: Crown/Archetype, 2011.

Smith, Joe. "Dragonfly Migration: A Mystery Citizen Scientists Can Help Solve." *Cool Green Science*, September 16, 2013. https://blog.nature.org/science/2013/09/16/dragonfly-migration-a-mystery-citizen-scientists-can-help-solve/.

Sommerville, Rebecca, Emily O'Connor, and Lucy Asher. "Why Do Dogs Play? Function and Welfare Implications of Play in the Domestic Dog." *Applied Animal Behaviour Science* 197 (2017): 1–8.

Strycker, Noah. *The Thing with Feathers*. New York: Riverhead Books, 2014.

Sullivan, Ashley. "Wounda: The Amazing Story of the Chimp Behind the Hugwith Dr. Jane Goodall." *The Jane Goodall Institute*, November 21, 2017. http://news.janegoodall.org/2017/11/21/tchimpounga-chimpanzee-of-the-month-wounda/.

Todd, Zazie. "Why Do Dogs Play?" *Companion Animal Psychology*, November 8, 2017. https://www.companionanimalpsychology.com/2017/11/why-do-dogs-play.html.

Tucker, Abigail. "What Can Rodents Tell Us About Why Humans Love?" *Smithsonian Magazine*, February 2014. https://www.smithsonianmag.com/science-nature/what-can-rodents-tell-us-about-why-humans –love-180949441/.

University of Zurich. "Bird communication: Chirping with syntax." *ScienceDaily*, March 8, 2016. www.sciencedaily.com/releases/2016/03/160308134748.htm.

Weisberger, Mindy. "Frogs 'Talk' Using Complex Signals." *Live Science*, January 13, 2016. https://www.livescience.com/53358-brazilian-frogs-complex-communication.html.

Williams, Sarah. "Pythons Have Surprising Homing Ability, New SnakeNavigation Study Finds (VIDEO)." *Huffington Post*, March 23, 2014. https://www.huffingtonpost.com/2014/03/23/python-homing-snake-navigation-study_n_5017132.html.

Worrall, Simon. "How Burmese Elephants Helped Defeat the Japanese in World War II." National Geographic, September 27, 2014. https://news.nationalgeographic.com/news/2014/09/140928-burma-elephant-teak-kipling-japan-world-war-ngbooktalk/.

Yin, Steph. "Nearly a Decade Nursing? Study Pierces Orangutans' Mother–Child Bond." *New York Times*, May 17, 2017. https://www.nytimes.com/2017/05/17/science/orangutans-weaning-nursing.html.

Yirka, Bob. "Horses Found Able to Use Symbols to Convey Their Desire for a Blanket."
Phys.org, September 26, 2016. https://phys.org/news/2016-09-horses-convey-desire-
blanket.html?utm_source=nwletter&utm_medium=email&utm_campaign=daily-
nwletter.

Yong, Ed. "Empathic rats spring each other from jail." *National Geographic*, December
9, 2011. https://www.nationalgeographic.com/science/phenomena/2011/12/09/
empathic-rats-spring-each-other-from-jail/.

Young, Rosamund. *The Secret Life of Cows*. London: Faber & Faber, 2018.

———. *The Secret Life of Cows*. London: Faber & Faber, 2018. University of Lincoln. "It's
not just a grunt: Pigs really do have something to say." *ScienceDaily*, June 29, 2016.
www.sciencedaily.com/releases/2016/06/160629100349.htm.

Young, Stephen. "Science: How Hoppers Keep Their Bearings on the Beach."
NewScientist, April 29, 1989. https://www.newscientist.com/article/mg12216624-
600-science-how-hoppers-keep-their-bearings-on-the-beach."

2부 인간에 의한, 동물을 위한 혁명

Abramowitz, Rachel. "'Every Which Way but Abuse' Should Be Motto." *Los Angeles
Times*, August 27, 2008. http://articles.latimes.com/2008/aug/27/entertainment/et-
brief27.

Alchon, Suzanne. *A Pest in the Land: New World Epidemics in a Global Perspective*.
Albuquerque: University of New Mexico Press, 2003.

Allen, Arthur. "U.S. Touts Fruit and Vegetables While Subsidizing Animals That Become
Meat." *Washington Post*, October 3, 2011. https://www.washingtonpost.com/
national/health-science/us-touts-fruit-and-vegetables-while-subsidizing-animals-
that-become-meat/2011/08/22/gIQATFG5IL_story.html?utm_term=.8f61c5ba80fe."

Animal Welfare Institute. "Inhumane Practices on Factory Farms." https://awionline.org/
content/inhumane-practices-factory-farms.

———. "Subtherapeutic Antibiotics in Agriculture." https://awionline.org/sites/default/
files/uploads/documents/fa-antibioticsfactsheet-112511.pdf.

Animals in Science Policy Institute. "Animals in Testing." https://www.animalsinscience.
org/why_we_do_it/animals-in-testing/.

Associated Press. "Gorilla's Escape, Violent Rampage Stun Zoo Officials." *NBCNews*, March 19, 2004. http://www.nbcnews.com/id/4558461/ns/us_news/t/gorillas-escape-violent-rampage-stun-zoo-officials/#.XFs3DC2ZPfE.

———. "The Hobbit: Handlers Claim Deaths of Animals Could Have Been Prevented." *The Guardian*, November 19, 2012. https://www.theguardian.com/world/2012/nov/20/the-hobbit-animal-deaths-farm.

Backwell, Lucinda, Francesco d'Errico, and Lyn Wadley. "Middle Stone Age bone tools from the Howiesons Poort layers, Sibudu Cave, South Africa." *Journal of Archaeological Science* 35: 6 (2008): 1566–80.

Barber, Nigel. "Do Humans Need Meat?" *Psychology Today*, October 12, 2016. https://www.psychologytoday.com/blog/the-human-beast/201610/do-humans-need-meat.

Bittman, Mark. "Rethinking the Meat-Guzzler." *New York Times*, January 27, 2008. http://www.nytimes.com/2008/01/27/weekinreview/27bittman.html.

Bogdanich, Walt, Joe Drape, Dara L. Miles, and Griffin Palmer. "Mangled Horses, Maimed Jockeys." *New York Times*, March 24, 2012. https://www.nytimes.com/2012/03/25/us/death-and-disarray-at-americas-racetracks.html.

Boyle, Rebecca. "Eating Cooked Food Made Us Human." *Popular Mechanics*, October 22, 2012.

Busch, Anita. "Sidney Yost & Amazing Animals Prods Hit With Fines, License Revocation Over Animal Welfare Act Violations; Appealing Government Decision." *Deadline*, January 18, 2018. https://deadline.com/2018/01/sidney-jay-yost-amazing-animals-productions-fined-license-revoked-animal-welfare-violations-appealing-decision-order-1202246105/.

Business Wire. "Don Lee Farms Introduces First Organic Raw Plant-Based Burger—Made with Plants, Not with Science." February 15, 2018. https://www.businesswire.com/news/home/20180215006465/en/Don-Lee-Farms-Introduces-Organic-Raw-Plant-Based.

Calvo, Amanda. "Tensions Are on the Rise in Spain Over its Bloody Tradition of Bullfighting." *Time*, July 19, 2016. http://time.com/4400516/bullfighting-calls-for-ban-spain/.

Canadian Council on Animal Care. "Three Rs: Replacement, Reduction and Refinement." https://3rs.ccac.ca/en/about/three-rs.html.

Carrera-Bastos, Pedro, Maelan Fontes-Villalba, James O'Keefe, Staffan Lindeberg, and

Loren Cordain. "The Western Diet and Lifestyle Diseases of Civilization." *Research Reports in Clinical Cardiology* 2011: 2 (2011): 15–35.

Cartner-Morley, Jess. "Fur flies as Stella McCartney unveils 'skin-free skin' in Paris." *Guardian*, March 6, 2017. https://www.theguardian.com/fashion/2017/mar/06/fur-stella-mccartney-unveils-skin-free-skin-paris-fashion-week.

Chiorando, Maria. "European Meat Alternative Market Spikes by 451% in Four Years." *Plant Based News*, February 13, 2018. https://www.plantbasednews.org/post/european-meat-alternative-market-spikes-451-four-years.

Clifton, Merritt. "Fewer Dogs & Cats Used in U.S. Labs Than Ever Before." *Animals 24-7*, June 24, 2017. https://www.animals24-7.org/2017/06/24/fewer-dogs-cats-used-in-u-s-labs-than-ever-before/.

_____. "U.S. Labs Now Using More Animals Than Ever, Data Review Finds." *Animals 24-7*, May 1, 2015. https://www.animals24-7.org/2015/05/01/u-s-labs-now-using-more-animals-than-ever-data-review-finds/.

_____. "Why Is Animal Use in Labs Up, Even As Public Moral Approval Is Down?" *Animals 24-7*, May 18, 2017. https://www.animals24-7.org/2017/05/18/why-is-animal-use-in-labs-up-even-as-public-moral –approval-is-down/.

Committee for the Update of the Guide for the Care and Use of Laboratory Animals. *Guide for the Care and Use of Laboratory Animals*. Washington: The National Academies Press, 2011.

Conniff, Richard. "Why Fur Is Back in Fashion." *National Geographic*, September 2016. https://www.nationalgeographic.com/magazine/2016/09/skin-trade-fur-fashion/.

Cordain, Loren, Stanley Eaton, Anthony Sebastian, Neil Mann, Staffan Lindeberg, Bruce Watkins, James O'Keefe, and Janette Brand-Miller. "Origins and Evolution of the Western Diet: Health Implications for the 21st Century." *The American Journal of Clinical Nutrition* 81: 2 (2005): 341–54.

Cordain, Loren, Stanley Eaton, Janette Brand-Miller, Neil Mann, and Karen Hill. "The Paradoxical Nature of Hunter-Gatherer Diets: Meat-Based, Yet Non-Atherogenic." European Journal of Clinical Nutrition 56 (2002): S42–S52.

Crawford, Elizabeth. "Vegan Is Going Mainstream, Trend Data Suggests." *FoodNavigator-USA*, March 17, 2015. https://www.foodnavigator-usa.com/Article/2015/03/17/Vegan-is-going-mainstream-trend-data-suggests#."

Cruelty Free International. "Alternatives to Animal Testing." https://www.

crueltyfreeinternational.org/why-we-do-it/alternatives-animal-testing.

Davis, John. "The Origins of the Vegans: 1944–46." *Veg Source*, September 2016. http://www.vegsource.com/john-davis/origins_of_the_vegans.pdf.

Despain, David. "Why You Can All Stop Saying Meat Eating Fueled Evolution of Larger Brains Right Now." *Evolving Health*, December 2, 2012. http://evolving.

Diaz, George. "Iditarod Dog Deaths Unjustifiable." *Orlando Sentinel*, March5, 2000. https://www.orlandosentinel.com/news/os-xpm-2000-03-05-0003050070-story.html.

Dindar, Shereen. "World's oldest leather shoe found in Armenia." *National Post*, June 9, 2010. http://news.nationalpost.com/2010/06/09/worlds-oldest-leather-shoe-found-in-armenia-2/.

Donahue, Bill. "Putin's Persian Leopard Project is an Olympic-Size Farce." *Salon*, February 9, 2014. https://www.salon.com/2014/02/08/putins_persian_leopard_project_is_an_olympic_sized_farse_partner/.

Dunn, Rob. "Human Ancestors Were Nearly All Vegetarians." *Scientific American*, July 23, 2012. https://blogs.scientificamerican.com/guest-blog/human-ancestors-were-nearly-all-vegetarians/.

Eaton, Stanley, Loren Cordain, and Staffan Lindeberg. "Evolutionary Health Promotion: A Consideration of Common Counterarguments." *Preventative Medicine* 34: 2 (2002): 119–23.

Eden Farmed Animal Sanctuary. "Interview with Jerry Friedman." July 4, 2014. http://edenfarmedanimalsanctuary.com/animal-flesh-human-brain-evolution-dispelling-myths-2/.

Evans, Katy. "World's First Lab-Grown Chicken Has Been Tasted and Apparently it's Delicious." *IFLScience*, March 16, 2017. http://www.iflscience.com/technology/worlds-first-labgrown-chicken-has-been-tasted-and-apparently-its-delicious/.

Ensley, Gerald. "Case of the 3,600 Disappearing Homing Pigeons Has Experts Baffled." *Chicago Tribune*, October 18, 1998. https://www.chicagotribune.com/news/ct-xpm-1998-10-18-9810180320-story.html.

Flanagin, Jake. "It's 2015—Time to Pack up the Iditarod." *Quartz*, March 11, 2015. https://qz.com/358639/the-iditarod-is-exploitative-and-inhumane/."

Food & Water Watch. "Factory Farm Nation." November 2010. https://www.factoryfarmmap.org/wp-content/uploads/2010/11/FactoryFarmNation-web.pdf.

Food Empowerment Project. "Exporting Factory Farms." http://www.foodispower.org/

exporting-factory-farms/.

Foundation for Biomedical Research. "Love Animals? Support Animal Research." https://fbresearch.org/love-animals-support-animal-research/.

Four Paws US. "Bans on Circuses." https://www.four-paws.us/campaigns-topics/topics/wild-animals/worldwide-circus-bans.

Franco, Nuno. "Animal Experiments in Biomedical Research: A Historical Perspective." *Animals* 3: 1 (2013): 238–73.

Freston, Kathy. "Shattering the Meat Myth: Humans Are Natural Vegetarians." *Huffington Post*, November 17, 2011. https://www.huffingtonpost.com/kathy-freston/shattering-the-meat-myth_b_214390.html.

Garfield, Leanna. "A Former McDonald's CEO Is Teaming Up With the Vegan Meat Movement." *Business Insider*, November 10, 2015. http://www.businessinsider.com/mcdonalds-vet-don-thompson-joins-beyond-meat-2015-11.

———. "Leonardo DiCaprio Just Invested in the Bill Gates–Backed Veggie Burger That 'Bleeds' Like Beef—Here's How It Tastes." *Business Insider*, October 17, 2017. http://www.businessinsider.com/review-leonardo-dicaprio-beyond-meat-veggie-plant-burger-2017-10.

Gibbons, Ann. "The Evolution of Di." *National Geographic*, February 2013. https://www.nationalgeographic.com/foodfeatures/evolution-of-diet/.

Gluck, John. "Second Thoughts of an Animal Researcher." *New York Times*, September 2, 2016. https://www.nytimes.com/2016/09/04/opinion/sunday/second-thoughts-of-an-animal-researcher.html.

Gowlett, John. "What Actually Was the Stone Age Diet?" *Journal of Nutritional& Environmental Medicine* 13: 3 (2003): 143–47.

Grinnell, George. *The Indians of Today*. Whitefish: Kessinger Publishing, 2010. History.com. "Black Death." https://www.history.com/topics/black-death.

Gruttadaro, Andrew. "The Insane Story Behind Disney's 'Snow Buddies,'The Movie That Killed 5 Puppies." *Complex*, December 16, 20. https://www.complex.com/pop-culture/2016/12/snow-buddies-killed-five-puppies?utm campaign=popculturetw&utm_source=twitter&utm_medium=social.

Hajar, Rachel. "Animal Testing and Medicine." *Heart Views* 12: 1 (2011): 42.

Haki, Danny. "At Hamburger Central, Antibiotics for Cattle That Aren't Sick." *New York Times*, March 23, 2018. https://www.nytimes.com/2018/03/23/business/cattle-

antiobiotics.html?rref=collection%2Ftimestopic%2FFactory%20Farming&action=click
&contentCollection=timestopics&region=stream&module=stream_unit&version=late
st&contentPlacement=1&pgtype=collection.

Hardy, Karen, Jennie Brand-Miller, Katherine D. Brown, Mark G. Thomas, and Les
Copeland. "The Importance of Dietary Carbohydrate in Human Evolution."
Quarterly Review of Biology 90: 3 (2015): 251–68."

Hastings Center. "Alternatives to Animals Fact Sheet." http://animalresearch.
thehastingscenter.org/facts-sheets/alternatives-to-animals/.

_____. "Animal Research and Pain." http://animalresearch.thehastingscenter.org/facts-
sheets/animal-research-and-pain/.

healthscience.blogspot.com/2012/12/why-you-can-all-stop-saying-meat-eating.html.

Hill, Logan. "The Legacy of Flipper." *New York Magazine*, July 13, 2009. http://nymag.
com/movies/profiles/57863/.

Hodge, Gene Meany. *Kachina Tales from the Indian Pueblos*. Santa Fe: Sunstone Press,
1993.

Holloway, April. "First hemp-weaved fabric in the World found wrapped around baby
in 9,000-year-old house." *Ancient Origins*, February 6, 2014. http://www.ancient-
origins.net/news-history-archaeology/first-hemp-weaved-fabric-world-found-
wrapped-around-baby-9000-year-old.

Hughes, Dana. "Mugabe's Ghoulish Gift for North Korea's Kim Jong Il." *ABCNews*, May 14,
2010. https://abcnews.go.com/International/mugabe-sends-exotic-animals-north-
korean-death/story?id=10650497."

Humane Society of the United States. "Factory Farming in America." http://www.
humanesociety.org/assets/pdfs/farm/hsus-factory-farming-in-america-the-true-cost-
of-animal-agribusiness.pdf.

Hunt, Julia. "Alan Cumming Seeking Sanctuary for Chimpanzee He Once Starred
With." *Independent*, June 5, 2017. https://www.independent.ie/style/celebrity/
celebrity-news/alan-cumming-seeking-sanctuary-for-chimpanzee-he-once-starred-
with-35792384.html.

Iafolla, Robert. "Ads Pulled After Claims of Chimp Abuse." *Whittier Daily News*, July 1,
2005. https://lists.ibiblio.org/pipermail/monkeywire/2005-July.tx.

Jha, Alok. "Synthetic Meat: How the World's Costliest Burger Made It On To the Plate."
Guardian, August 5, 2013. https://www.theguardian.com/science/2013/aug/05/

synthetic-meat-burger-stem-cells.

Johns Hopkins. "History of Agriculture." http://www.foodsystemprimer.org/food-production/history-of-agriculture/.

Kadoph, Sara, and Anna L. Langford. *Textiles*. Upper Saddle River: PrenticeHall, 2006.

Kaplan, Hillard, Jane Lancaster, and Ana Hurtado. "A Theory of Human LifeHistory Evolution: Diet, Intelligence, and Longevity." *Evolutionary Anthropology* 9: 4 (2000): 156–85.

King, Barbara. "Humans Are 'Meathooked' But Not Designed for Meat-Eating." NPR, May 19, 2016. https://www.npr.org/sections/13.7/2016/05/19/478645426/humans-are-meathooked-but-not-designed-for-meat-eating.

Kristof, Nicholas. "Our Water-Guzzling Food Factory." *New York Times*, May 30, 2015. https://www.nytimes.com/2015/05/31/opinion/sunday/nicholas-kristof-our-water-guzzling-food-factory.html?rref=collection%2Ftimestopic%2FFactory%20Farming.

Laver, James. *The Concise History of Costume and Fashion*. New York: Abrams, 1979.

Leneman, Leah. "No Animal Food: The Road to Veganism in Britain,1909–1944." *Society and Animals* 7: 3 (1999): 219–28.

Luca, Francesca, George Perry, and Anna Di Rienzo. "Evolutionary Adaptations to Dietary Changes." *Annual Review of Nutrition* 30 (2010): 291–314.

Lynch, Alison. "Stella McCartney debuts her 'fur-free fur' at Paris Fashion Week." *Metro*, March 9, 2015. http://metro.co.uk/2015/03/09/stella-mccartney-debuts-her-fur-free-fur-at-paris-fashion-week –5095084/?ito=cbshare."

MarketsandMarkets. "Dairy Alternatives Market Worth $29.6 Billion by 2023." January 2019. https://www.marketsandmarkets.com/PressReleases/dairy-alternative-plant-milk-beverages.asp.

McHugh, Jess. "Swedish Zoo Admits to Killing 9 Healthy Lion Cubs." *Travel+Leisure*, January 12, 2018. https://www.travelandleisure.com/travel-news/zoo-dead-lion-cubs.

Messenger, Stephen. "Captivated: A Brief History of Animals Exploited for Entertainment." The Dodo, January 18, 2014. https://www.thedodo.com/captivated-a-brief-history-of—394381912.html.

Miller, Michael. "Meet Chris, the insanely overgrown sheep that nearly died for the sake of our fashion." *Washington Post*, September 3, 2015. https://www.washingtonpost.com/news/morning-mix/wp/2015/09/03/meet-chris-the-insanely-overgrown-sheep-that-nearly-died-for-the-sake-of-our-fashion/.

Montaigne, Michel de. "Of sumptuary laws." *Quotidiana*. Edited by Patrick Madden. September 23, 2006. http://essays.quotidiana.org/montaigne/sumptuary_laws/.

Mooney, James. *The Ghost Dance Religion and Wounded Knee*. Mineola: Courier Dover Publications, 1973.

Morris, Craig. "USDA Graded Cage-Free Eggs: All They're Cracked Up to Be." *US Department of Agriculture*, September 13, 2016. https://www.usda.gov/media/blog/2016/09/13/usda-graded-cage-free-eggs-all-theyre-cracked-be.

Mott, Maryann. "Wild Elephants Live Longer Than Their Zoo Counterparts." *National Geographic*, December 11, 2008. https://news.nationalgeographic.com/news/2008/12/wild-elephants-live-longer-than-their-zoo-counterparts/.

Muskiet, Frits, and Pedro Carrera-Bastos. "Beyond the Paleolithic Prescription: Commentary." *Nutrition Reviews* 72: 4 (2014): 285–86."

National Anti-Vivisection Society. "Alternatives to Animal Research." https://www.navs.org/what-we-do/keep-you-informed/science-corner/alternatives/alternatives-to-animal-research/#.XIfiPy2ZOne.

———. "The Animal Welfare Act." https://www.navs.org/what-we-do/keep-you-informed/legal-arena/research/explanation-of-the-animal-welfare-act-awa/#.XIfg4y2ZOnc.

National Institute of Environmental Health Studies. "Alternatives to Animal Testing." https://www.niehs.nih.gov/health/topics/science/sya-iccvam/index.cfm.

Newkirk, Ingrid. "Will In Vitro Meat Help Put an End to Animal Suffering?" *Newsweek*, September 23, 2017. http://www.newsweek.com/will-vitro-meat-help-put-end-animal-suffering-669615.

Nicholson, Ward. "Paleolithic Diet vs. Vegetarianism." *Beyond Vegetarianism*, October 1997. http://www.beyondveg.com/nicholson-w/hb/hb-interview1c.shtml.

O'Keefe Jr., James, and Loren Cordain. "Cardiovascular Disease Resulting From a Diet and Lifestyle at Odds With Our Paleolithic Genome: How to Become a 21st-Century Hunter-Gatherer." *PlumX Metrics* 79: 1 (2004):101–8.

Outwater, Alice. *Water, A Natural History*. New York: Basic Books, 2008.

PETA. "10 Things We Wish Everyone Knew About the Meat and Dairy Industries." December 6, 2013. https://www.peta.org/living/food/10-things-wish-everyone-knew-meat-dairy-industries/."

PETA. "Alternatives to Animal Testing." https://www.peta.org/issues/animals-used-for-experimentation/alternatives-animal-testing/. "Trauma Training 101." http://features.peta.org/TraumaTraining/101.asp.

———. "Are Humans Supposed to Eat Meat?" https://www.peta.org/features/are-humans-supposed-to-eat-meat/.

———. "Factory Farming: Misery for Animals." https://www.peta.org/issues/animals-used-for-food/factory-farming/.

———. "Graveyard Races: Summary." https://www.peta.org/features/graveyard-races/summary/.

Phys.org. "Milk Drinking Started Around 7,500 Years Ago in Central Europe." *Phys.org*, August 28 Briana. "Meat-Eating Among the Earliest Humans." *American Scientist*, March–April 2016. https://www.americanscientist.org/article/meat-eating-among-the-earliest-humans.

PR Newswire. "Meat Substitutes Market Worth 6.43 Billion USD by 2023." February 6, 2018. https://www.prnewswire.com/news-releases/meat-substitutes-market-worth-643-billion-usd-by-2023-672903423.html.

Richards, Michael. "A Brief Review of the Archaeological Evidence for Palaeolithic and Neolithic Subsistence." *European Journal of Clinical Nutrition* 56:12 (2002): 1270–78.

RSPCA. "What Is Mulesing and What Are the Alternatives?" May 12, 2016. http://kb.rspca.org.au/what-is-mulesing-and-what-are-the-alternatives_113.html.

Scheltens, Liz, and Gina Barton. "How Big Government Helps Big Dairy Sell Milk." *Vox*, May 2, 2016. https://www.vox.com/2016/5/2/11565698/big-government-helps-big-dairy-sell-milk.

Schweig, Sarah. "Sheep Decides to Keep Wool, Hides Out in Cave for 6YEARS." The Dodo, August 27, 2015. https://www.thedodo.com/wooly-sheep-hides-in-cave-1315578823.html.

Shapiro, Paul. "Lab-Grown Meat Is on the Way." *Scientific American*, December19, 2017. https://blogs.scientificamerican.com/observations/lab-grown-meat-is-on-the-way/.

Shivan, Joshi. "Evolved to Eat Meat? Maybe Not." *Huffington Post*, March 5, 2017. https://www.huffingtonpost.com/entry/evolved-to-eat-meat-maybe-not_us_58bc7e4be4b02eac8876d020.

Simon, David. "Uncle Sam Says: Eat More Meat!" *Meatonomics*, December 9,2014. https://meatonomics.com/2014/12/09/uncle-sam-says-eat-more-meat/.

Smith, Jane. "Ethics in Research with Animals." *Monitor on Psychology* 34: 1(2003): 57."

Smithsonian National Museum of Natural History. "Homo Erectus." http://humanorigins.si.edu/evidence/human-fossils/species/homo-erectus.

_____. "Homo Habilis." http://humanorigins.si.edu/evidence/human-fossils/species/homo-habilis.

_____. "Homo Neanderthalensis." http://humanorigins.si.edu/evidence/human-fossils/species/homo-neanderthalensis.

_____. "Homo Sapiens." http://humanorigins.si.edu/evidence/human-fossils/species/homo-sapiens.

Solis, Steph. "Ringling Bros. Circus Closing After 146 Years." *USA Today*, January 14, 2017. https://www.usatoday.com/story/news/nation/2017/01/14/ringling-bros-circus-close-after-146-years/96606820/.

Sorvino, Chloe. "Tyson Invests In Lab-Grown Protein Startup Memphis Meats, Joining Bill Gates And Richard Branson." *Forbes*, January 29, 2018. https://www.forbes.com/sites/chloesorvino/2018/01/29/exclusive-interview-tyson-invests-in-lab-grown-protein-startup-memphis-meats-joining-bill-gates-and-richard-branson/.

Strom, Stephanie. "Tyson to End Use of Human Antibiotics in Its Chickens by 2017." *New York Times*, April 28, 2015. https://www.nytimes.com/2015/04/29/business/tyson-to-end-use-of-human-antibiotics-in-its-chickens-by-2017.html?rref=collection%2Ftimestopic%2FFactory%20Farming.

_____. "What to Make of Those Animal-Welfare Labels on Meat and Eggs." *New York Times*, January 31, 2017. https://www.nytimes.com/2017/01/31/dining/animal-welfare-labels.html?rref=collection%2Ftimestopic%2FFactory%20Farming.

The Flaming Vegan. "Vegan Mythbusting #2: Eating Meat Gave Our Ancestors Bigger Brains." September 8, 2014. http://www.theflamingvegan.com/view-post/Vegan-Mythbusting-2-Eating-Meat-Gave-Our-Ancestors-Bigger-Brains.

Timmins, Beth. "Who Were the World's Very Earliest Vegans?" Independent, April 6, 2017. http://www.independent.co.uk/life-style/who-were-the-world-s-very-earliest-vegans-a7668831.html.

Ungar, Peter. "The 'True' Human Diet." *Scientific American*, April 17, 2017. https://blogs.scientificamerican.com/guest-blog/the-true-human-diet/.

University of Hohenheim. "Meat Substitutes and Lentil Pasta: Legume Products on the Rise in Europe." December 2, 2018. https://www.uni-hohenheim.de/en/press-

release?tx_ttnews%5Btt_news%5D=39041&cHash=7d3379678828c2cddf90799cde96b
63c.

University of Sydney. "Starchy Carbs, Not a Paleo Diet, Advanced the Human Race."
August 10, 2015. https://sydney.edu.au/news-opinion/news/2015/08/10/starchy-
carbs—not-a-paleo-diet--advanced-the-human-race.html."

Vegan Society. "History." https://www.vegansociety.com/about-us/history.

Whitfield, John. "Lice genes date first human clothes." *Nature*, August 20, 2003. https://
www.nature.com/news/2003/030818/full/news030818-7.html.

World Animal Foundation. "Don't Support Marine Mammal Parks." https://worldanimal.
foundation/advocate/don-t-support-marine-mammal-parks/.

World Wildlife Fund. "Overview." https://www.worldwildlife.org/threats/overfishing.

Wrangham, Richard. "The Evolution of Human Nutrition." *Current Biology* 23: 9(2013):
PR354–R355.

Zaraska, Marta. "How Humans Became Meat Eaters." Atlantic, February 19,2016.
https://www.theatlantic.com/science/archive/2016/02/when-humans-became-
meateaters/463305/.

_____. "Lab-Grown Beef Taste Test: 'Almost' Like a Burger." *Washington Post*, August
5, 2013. https://www.washingtonpost.com/national/health-science/lab-grown-beef-
taste-test-almost-like-a-burger/2013/08/05/921a5996-fdf4-11e2-96a8-d3b921c0924a_
story.html?utm_term=.f18052f20c2c.

_____. "Lab-grown Meat Is In Your Future, and It May Be Healthier Than the Real
Stuff." *Washington Post*, May 2, 2016. https://www.washingtonpost.com/national/
health-science/lab-grown-meat-is-in-your-future-and-it-may-be-healthier-than-
the-real-stuff/2016/05/02/aa893f34-e630-11e5-a6f3-21ccdbc5f74e_story.html?utm_
term=.58dd6c22adfc.

Zeng, Spencer. "The Evolution of Diet." *IMMpress Magazine*. April 13, 2017. http://www.
immpressmagazine.com/the-evolution-of-diet/.

Zimmer, Carl. "How the First Farmers Changed History." *New York Times*, October 17,
2016. https://www.nytimes.com/2016/10/18/science/ancient-farmers-archaeology-
dna.html."

Zoological Society of London. "The History of the Aquarium." https://www.zsl.org/zsl-
london-zoo/exhibits/the-history-of-the-aquarium.

주석

1. M1. Maggie Koerth-Baker, "Humans Are Dumb at Figuring Out How Smart Animals Are," *FiveThirtyEight*, May 18, 2018, https://fivethirtyeight.com/features/humans-are-dumb-at-figuring-out-how-smart-animals-are/.

2 William Hodos, "Scala Naturae: Why There is no Theory in Comparative Psychology," *Psychological Review* 76: 4 (1969): 337–50.

3 "Slime Molds: No Brains, No Feet, No Problem," *PBS News Hour*, April 5, 2012, https://www.pbs.org/newshour/science/the-sublime-slime-mold.

4 Jane Lee, "New Theory on How Homing Pigeons Find Home," *National Geographic*, January 30, 2013, https://news.nationalgeographic.com/news/2013/13/130130-homing-pigeon-navigation-animal-behavior-science/.

5 Peter Brannen, "Tracking the Secret Lives of Great White Sharks," *Wired*, December 19, 2013, https://www.wired.com/2013/12/secret-lives-great-white-sharks/.

6 Joseph Castro, "Wow! Dung Beetles Navigate by the Stars," *Live Science*, January 24, 2013, https://www.livescience.com/26557-dung-beetles-navigate-stars.html.

7 Pallab Ghosh, "Snails 'Have a Homing Instinct,'" *BBC*, August 3, 2010, https://www.bbc.com/news/science-environment-10856523.

8 Sarah Knapton, "Snails Have Homing Instinct and Will Crawl (Slowly) Back to Motherland if Moved, BBC Wildlife Film Proves," *Telegraph*, June 24, 2017, https://www.telegraph.co.uk/science/2017/06/24/snails-have-homing-instinct-will-crawl-slowly-back-motherland/.

9 Laura Helmuth, "Saving Mali's Migratory Elephants," *Smithsonian Magazine*, July 2005, https://www.smithsonianmag.com/science-nature/saving-malis-migratory-elephants-74522858/.

10 Vlastimil Hart, Petra Nováková, Erich Pascal Malkemper, Sabine Begall, Vladimír Hanzal, Miloš Ježek, Tomáš Kušta, Veronika Němcová, Jana Adámková, Kateřina

Benediktová, Jaroslav Červený, and Hynek Burda, "Dogs Are Sensitive to Small Variations of the Earth's Magnetic Field," *Frontiers in Zoology* 10: 80 (2013).

11   Karin Brulliard, "Your Dog Really Does Know What You're Saying, and a Brain Scan Shows How," *Washington Post*, August 31, 2016, https://www.washingtonpost.com/news/animalia/wp/2016/08/30/confirmed-your-dog–really-does-get-you/?utm_term=.7f008d837514.

12   Brian Hare and Vanessa Woods, "Opinion: We Didn't Domesticate Dogs. They Domesticated Us," *National Geographic*, March 3, 2013, https://news.nationalgeographic.com/news/2013/03/130302-dog-domestic-evolution–science-wolf-wolves-human/.

13   "Measuring Animal Intelligence," *CBS News*, March 18, 2018, https://www.cbsnews.com/news/measuring-animal-intelligence/.

14   Rosamund Young, *The Secret Life of Cows* (London: Faber & Faber, 2018), 78.

15   University of Lincoln, "It's not just a grunt: Pigs really do have something to say," *ScienceDaily*, June 29, 2016, https://www.sciencedaily.com/releases/2016/06/160629100349.htm.

16   "It's not just a grunt: pigs really do have something to say," *University of Lincoln*, June 29, 2016, http://www.lincoln.ac.uk/news/2016/06/1240.asp.

17   Denise Herzing, "Could We Speak the Language of Dolphins?" *TED*, https://www.ted.com/talks/denise_herzing_could_we_speak_the_language_of_dolphins/transcript#t-178120.

18   Jeremy Manier, "Dolphin Cognition Fuels Discovery," *University of Chicago*, September 3, 2013, https://www.uchicago.edu/features/dolphin_cognition_fuels_discovery/.

19   Chris Otchy, "The Hypnotic Power of Repetition in Music," *Medium*, May 5,2017, https://medium.com/@ChrisOtchy/the-hypnotic-power-of-repetition-in-music-8d59ab12b615.

20   Billy McQuay and Christopher Joyce, "It Took a Musician's Ear to Decode the Complex Song in Whale Calls," *NPR*, August 6, 2015, https://www.npr.org/2015/08/06/427851306/it-took-a-musicians-ear-to-decode-the–complex-song-in-whale-calls.

21   Kenneth Oakley, "The Earliest Tool-Makers," *Antiquity* 30: 117 (1956): 4–8.

22   Frans de Waal, *Are We Smart Enough to Know How Smart Animals Are?* (New York:

W. W. Norton & Company, 2016), 62.

23   Benedict Carey, "Washoe, a Chimp of Many Words, Dies at 42," *New York Times*, November 1, 2017, https://www.nytimes.com/2007/11/01/science/01chimp.html.

24   Victoria Gill, "Chimpanzees' 66 Gestures Revealed," *BBC News*, May 5, 2011, http://news.bbc.co.uk/earth/hi/earth_news/newsid_9475000/9475408.stm.

25   Claire Spottiswoode, Keith Begg, and Colleen Begg, "Reciprocal Signaling in Honeyguide–Human Mutualism," *Science* 353: 6297 (2016): 387–89.

26   Zoe Mendelson, "Traffic Is How City Birds Sing," *Next City*, February 19, 2016, https://nextcity.org/daily/entry/noise-pollution-bird-calls-san-francisco.

27   Joe Pinkstone, "Animals Take Turns to 'Speak' and Are Having Two-Way Conversations All Around Us, Claim Scientists," *Daily Mail*, June 5, 2018, https://www.dailymail.co.uk/sciencetech/article-5804697/Animals-turns-communicating-wait-turn-just-like-polite-humans-do.html.

28   Ashley Sullivan, "Wounda: The Amazing Story of the Chimp Behind the Hug with Dr. Jane Goodall," *The Jane Goodall Institute*, November 21, 2017, http://news.janegoodall.org/2017/11/21/tchimpounga-chimpanzee-of-the-month-wounda/.

29   Phillip Staines, *Linguistics and the Parts of the Mind* (Cambridge: Cambridge Scholars Publishing, 2018), 68.

30   Joseph Castro, "Animal Sex: How Sea Turtles Do It," *Live Science*, May 5, 2014, https://www.livescience.com/45354-animal-sex-sea-turtles.html.

31   Christine Peterson, "Ten Strange, Endearing and Alarming Animal Courtship Rituals," *The Nature Conservancy*, February 9, 2016, https://blog.nature.org/science/2016/02/09/ten-strange-endearing-and-alarming-mating-habits-of-the-animal-world/.

32   Noah Strycker, *The Thing with Feathers*(New York: Riverhead Books, 2014), 248.

33   Ibid.

34   University of Sheffield, "Biased sex ratios predict more promiscuity, polygamy and 'divorce' in birds," *ScienceDaily*, March 24, 2014, https://www.sciencedaily.com/releases/2014/03/140324090324.htm.

35   Sandra Guzman, "Think Pigeons Are a Nuisance? Meet New York City's Pigeon Whisperer," *NBC News*, October 16, 2015, https://www.nbcnews.com/news/latino/pigeons-nuisance-meet-new-york-city-s-pigon-whisperer n445506.

36   Brandon Keim, "What Pigeons Teach Us About Love," *Nautilus*, February 11, 2016,

http://nautil.us/issue/33/attraction/what-pigeons-teach-us-about-love.

37   "Slimy Leeches Are Devoted Parents," *Business Report*, July 2, 2004, https://www. iol.co.za/business-report/technology/slimy-leeches-are-devoted-parents–216206.

38   Rosamund Young, *The Secret Life of Cows* (London: Faber & Faber, 2018), 30.

39   Simon Worrall, "How the Current Mass Extinction of Animals Threatens Humans," *National Geographic*, August 20, 2014, https://news.nationalgeographic.com/ news/2014/08/140820-extinction-crows-penguins-dinosaurs-asteroid-sydney- booktalk/?utm_source=Twitter&utm_medium=Social&utm_content=link_ tw20140820news-extinct&utm_campaign=Content&sf4259638=1.

40   Kaeli Swift and John Marzluff, "Wild American Crows Gather Around Their Dead to Learn About Danger," *Animal Behaviour* 109 (2015): 187–97.

41   Konrad Lorenz, *The Year of the Greylag Goose* (San Diego: Harcourt Brace Jovanovich, 1979), 39.

42   Francie Diep, "How Do Gorillas Grieve?" *Pacific Standard*, June 9, 2016, https:// psmag.com/news/how-do-gorillas-grieve.

43   Roger Highfield, "Elephants Show Compassion in Face of Death," *Telegraph*, August 14, 2006, https://www.telegraph.co.uk/news/1526287/Elephants-show-compassion- in-face-of-death.html.

44   Jennifer Holland, "Surprise: Elephants Comfort Upset Friends," *National Geographic*, February 18, 2014, https://news.nationalgeographic.com/news/2014/02/140218- asian-elephants-empathy-animals-science-behavior/.

45   Brian Resnick, "Do Animals Feel Empathy? Inside the Decades-Long Quest for an Answer," *Vox*, August 5, 2016, https://www.vox.com/science-and- health/2016/2/8/10925098/animals-have-empathy.

46   Ibid.

47   Holly Cheever, "A Bovine Sophie's Choice," *All-Creatures.org*, Summer 2011, http:// www.all-creatures.org/articles/ar-bovine.html.

48   University of Portsmouth, "Great apes 'play' tag to keep competitive advantage," *ScienceDaily*, July 14, 2010, https://www.sciencedaily.com/ releases/2010/07/100713191223.htm.

49   Peter Gray, "Chasing Games and Sports: Why Do We Like to Be Chased?" *Psychology Today*, November 5, 2008, https://www.psychologytoday.com/us/blog/ freedom-learn/200811/chasing-games-and-sports-why-do-we-be-chased.

50 Karl Groos, *The Play of Animals* (New York: D. Appleton and Company, 1898), 75.

51 Michael Steele, Sylvia Halkin, Peter Smallwood, Thomas McKenna, Katerina Mitsopoulos, and Matthew Beam, "Cache Protection Strategies of a Scatter-Hoarding Rodent: Do Tree Squirrels Engage in Behavioural Deception?" *Animal Behaviour* 75: 2 (2008): 705–14.

52 Scott Nunes, Eva-Maria Muecke, Lesley Lancaster, Nathan Miller, Marie Mueller, Jennifer Muelhaus, and Lina Castro, "Functions and Consequences of Play Behaviour in Juvenile Belding's Ground Squirrels," *Animal Behaviour* 68: 1 (2004): 27–37.

53 Robert Fagen and Johanna Fagen, "Play Behaviour and Multi-Year Juvenile Survival in Free-Ranging Brown Bears, Ursus Arctos," *Evolutionary Ecology Research* 11 (2009): 1053–67.

54 Frans de Waal and Angeline van Roosmalen, "Reconciliation and Consolation Among Chimpanzees," *Behavioral Ecology and Sociobiology* 5: 1 (1979): 55–66.

55 Samina Farooqi and Nicola Koyama, "The Occurrence of Postconflict Skills in Captive Immature Chimpanzees," *International Journal of Primatology* 37: 2 (2016): 185–99.

56 Lynda Sharpe, "So You Think You Know Why Animals Play," *Scientific American*, May 17, 2011, https://blogs.scientificamerican.com/guest-blog/so-you-think-you-know-why-animals-play/.

57 Zazie Todd, "Why Do Dogs Play?" *Companion Animal Psychology*, November 8, 2017, https://www.companionanimalpsychology.com/2017/11/why-do-dogs-play.html.

58 Victoria Allen, "'Here's Looking at You Kid': Goats Can Recognise Happy Humans and Are More Drawn to Those With Smiling Faces, Study Finds," *Daily Mail*, August 28, 2011, https://www.dailymail.co.uk/news/article-6108275/Goats-recognise-happy-humans-drawn-smiling-faces-study-finds.html.

59 "The Hidden Lives of Pigs," *PETA*, https://www.peta.org/issues/animals-used–for-food/factory-farming/pigs/hidden-lives-pigs/.

60 "New Caledonian Crows Can Create Tools From Multiple Parts," *University of Oxford*, October 24, 2018, http://www.ox.ac.uk/news/2018-10-24-new-caledonian-crows-can-create-tools-multiple-parts.

61 Rachel Nuwer, "Ten Curious Facts About Octopuses," *Smithsonian.com*, October

31, 2013, https://www.smithsonianmag.com/science-nature/ten-curious-facts-about-octopuses-7625828/.

62 Michael Kuba, Ruth Byrne, and Daniela Meisel, "When Do Octopuses Play? Effects of Repeated Testing, Object Type, Age, and Food Deprivation on Object Play in *Octopus vulgaris*," *Journal of Comparative Psychology* 120: 3 (2006): 184–90.

63 Katherine Courage, "How the Freaky Octopus Can Help Us Understand the Human Brain," *Wired, October* 1, 2013, https://www.wired.com/2013/10/how-the-freaky-octopus-can-help-us-understand-the-human-brain/.

64 Rosemary McTier, *"An Insect View of Its Plain"* (Jefferson: McFarland & Company, 2013), 162.

65 Ingrid Newkirk, *The PETA Practical Guide to Animal Rights* (New York: St. Martin's Press, 2009), 216.

66 Ibid.

67 Bernice Bovenkerk and Jozef Keulartz, ed., *Animal Ethics in the Age of Humans: Blurring Boundaries in Human–Animal Relationships* (New York: Springer Publishing, 2016), 113.

68 Rachel Hajar, "Animal Testing and Medicine," *Heart Views* 12: 1 (2011): 42.

69 Nuno Franco, "Animal Experiments in Biomedical Research: A Historical Perspective," *Animals* 3: 1 (2013): 238–73.

70 "Experiments on Animals: Overview," *PETA*, https://www.peta.org/issues/animals-used-for-experimentation/animals-used-experimentation-factsheets/animal-experiments-overview/.

71 "8 Expert Quotes Admitting That Testing on Animals Is Unreliable," *PETA*, https://www.peta.org/features/expert-quotes-reasons-animal-testing-unreliable/.

72 "PVM Cancer Researcher Collaborates on Creating Device to Identify Risks for Breast Cancer," *Purdue University*, https://vet.purdue.edu/newsroom/2017/pvr-a2017-breast-cancer-research.php.

73 "Trauma Training 101," *PETA*, http://features.peta.org/TraumaTraining/101.asp.

74 Michael Miller, "Meet Chris, the insanely overgrown sheep that nearly died for the sake of our fashion," September 3, 2015, https://www.washingtonpost.com/news/morning-mix/wp/2015/09/03/meet-chris-the-insanely-overgrown-sheep-that-nearly-died-for-the-sake-of-our-fashion/?noredirect=on&utm_term=.8af09ae71717.

75 "Another Patagonia-Approved Wool Producer Exposed—Help Sheep Now,"

PETA, https://investigations.peta.org/another-patagonia-approved-wool-producer-exposed/.

76   "Dispatches from Paris: Stella McCartney," *Elle UK*, September 3, 2015, https://www.elle.com/uk/fashion/news/a25155/stella-mccartney-autumn-winter-2015-catwalk-review-rebecca-lowthorpe/.

77   Brooke Bobb, "Donatella Versace Says Fur Is Over," *Vogue*, March 14, 2018, https://www.vogue.com/article/donatella-versace-fur.

78   Georgina Safe, "Sans Beast: Vegan Accessories Brand Reflects Global Shift to Ethical Fashion," *Australian Financial Review*, February 26, 2018, https://www.afr.com/lifestyle/sans-beast-vegan-accessories-brand-reflects-global-shift-to-ethical-fashion-20180206-h0un3n.

79   Tess Kornfeld, "Eco-Friendly Stella McCartney Reveals 'Skin-Free Skin' Fabric During Fall '17 Show in Paris," *Us Magazine*, March 7, 2017, https://www.usmagazine.com/stylish/news/stella-mccartney-reveals-skin-free-skin-fabric-at-fall-17-show-w470838/.

80   Pete Norman, "Pamela Anderson Gives UGGs the Boot," *People,* February 23, 2007, https://people.com/celebrity/pamela-anderson-gives-uggs-the-boot/.

81   Hannah Parry, "EXCLUSIVE: Actor Alan Cumming is pleading for the release of his former chimpanzee co-star Tonka from 'cockroach-infested' Missouri sanctuary," *Daily Mail*, June 3, 2017, https://www.dailymail.co.uk/news/article-4568922/Alan-Cumming-pleads-release-chimp-costar-Tonka.html.

82   "Zoos: Pitiful Prisons," *PETA*, https://www.peta.org/issues/animals-in-entertainment/animals-used-entertainment-factsheets/zoos-pitiful-prisons/.

83   "Marine Animal Exhibits: Chlorinated Prisons," *PETA*, https://www.peta.org/issues/animals-in-entertainment/animals-used-entertainment-factsheets/marine-animal-exhibits-chlorinated-prisons/.

84   George Diaz, "Iditarod Dog Deaths Unjustifiable," *Orlando Sentinel*, March 5, 2000, https://www.orlandosentinel.com/news/os-xpm-2000-03-05-0003050070-story.html.

85   "Graveyard Races: Summary," *PETA*, https://www.peta.org/features/graveyard-races/summary/.

86   Petrine Mitchum and Audrey Pavia, *Hollywood Hoofbeats: The Fascinating Story of Horses in Movies and Television* (Los Angeles: i5 Publishing, 2014).

87   "Animal Actors: Command Performances," *PETA,* https://www.peta.org/issues/

animals-in-entertainment/animals-used-entertainment-factsheets/animal-actors-
command-performances/.

88 Rachel Abramowitz, "Every Which Way but Abuse'Should Be Motto," *Los Angeles
    Times*, August 27, 2008, http://articles.latimes.com/2008/aug/27/entertainment/et-
    brief27.

89 M. Dimesh Varma, "From Tent to the Stage, Transforming Circus," *The Hindu*,
    October 26, 2017, https://www.thehindu.com/news/cities/puducherry/from-tent-to-
    the-stage-transforming-circus/article19920134.ece.

90 Richard Bowie, "Jungle Book Film Awarded for Sparing Animal Lives," *Veg News*,
    April 10, 2016, https://vegnews.com/2016/4/jungle-book-film-awarded-for-sparing-
    animal-lives.

91 Beth Timmins, "Who Were the World's Very Earliest Vegans?" *Independent*, April 6,
    2017, http://www.independent.co.uk/life-style/who-were-the-world-s-very-earliest-
    vegans-a7668831.html.

92 "Are Humans Supposed to Eat Meat?" *PETA*, https://www.peta.org/features/are-
    humans-supposed-to-eat-meat/.

93 Kathy Freston, "Shattering the Meat Myth: Humans Are Natural Vegetarians,"
    Huffington Post, November 17, 2011, https://www.huffingtonpost.com/kathy-
    freston/shattering-the-meat-myth_b_214390.html.

94 Danny Hakim, "At Hamburger Central, Antibiotics for Cattle That Aren't Sick," *New
    York Times*, March 23, 2018, https://www.nytimes.com/2018/03/23/business/cattle-
    antiobiotics.html.

95 Russell Simmons and Chris Morrow, *The Happy Vegan* (New York: Avery, 2015), 166.

96 Bert Archer, "The Ethics, Emotion & Logic Behind Going Vegan," *Everything-
    Zoomer*, November 1, 2018, http://www.everythingzoomer.com/food/2018/11/01/
    going-vegan/.

97 Caldwell Esselstyn Jr., Gina Gendry, Jonathan Doyle, Mladen Golubic, and Michael
    Roizen, "A Way to Reverse CAD?" *Journal of Family Practice* 63: 7 (2014): 356–64.

98 Marl Wahlqvist, Tao Huang, Ju-Sheng Zheng, Guipu Li, Duo Li, and Young Bin,
    "Cardiovascular Disease Mortality and Cancer Incidence in Vegetarians: A Meta-
    Analysis and Systemic Review," *Annals of Nutrition and Metabolism* 60: 4 (2012):
    233–40.

99 Timothy Key, Elizabeth Spencer, Paul Appleby, and Ruth Travis, "Cancer incidence

in vegetarians: results from the European Prospective Investigation into Cancer and Nutrition (EPIC-Oxford)," *American Journal of Clinical Nutrition* 89: 5 (2009): 1620–26.

100 "Frequently Asked Questions," *Beyond Meat*, https://www.beyondmeat.com/faqs/.

101 Kat Eschner, "Winston Churchill Imagined the Lab-Grown Hamburger," *Smithsonian.com*, December 1, 2017, https://www.smithsonianmag.com/smart-news/winston-churchill-imagined-lab-grown-hamburger-180967349/.

102 Zara Stone, "The High Cost of Lab-To-Table Meat," *Wired*, March 8, 2018, https://www.wired.com/story/the-high-cost-of-lab-to-table-meat/.

103 Adele Peters, "Lab-Grown Meat Is Getting Cheap Enough for Anyone to Buy," *Fast Company*, May 2, 2018, https://www.fastcompany.com/40565582/lab-grown-meat-is-getting-cheap-enough-for-anyone-to-buy.

104 Rip Esselstyn, *Plant Strong: Discover the World's Healthiest Diet* (New York: Grand Central Life & Style, 2015), 95.

찾아보기

애니멀 카인드

1판 1쇄 발행　2021년 10월 20일

지은이　잉그리드 뉴커크, 진 스톤
옮긴이　김성한
펴낸이　심규완
책임편집　조민영
디자인　문성미

ISBN 979-11-91037-07-4　03490

펴낸곳　리리 퍼블리셔
출판등록　2019년 3월 5일 제2019-000037호
주소　10449 경기도 고양시 일산동구 호수로 336, 102-1205
전화　070-4062-2751　팩스　031-935-0752
이메일　riripublisher@naver.com

블로그　riripublisher.blog.me
페이스북　facebook.com/riripublisher
인스타그램　instagram.com/riri_publisher